AF240652

INSTITUTIONS

DE

PHYSIQUE.

INSTITUTIONS

DE

PHYSIQUE.

A PARIS;

Chez **PRAULT** fils, Quai de Conty, vis-à-vis la
descente du Pont-Neuf, à la Charité.

M. DCC. XL.

Avec Approbation & Privilége du Roi.

AVERTISSEMENT

DU LIBRAIRE.

CE premier Tome des *Insti-tutions de Physique* étoit prêt à être imprimé dès le 18. Septembre 1738. comme il paroît par l'Approbation, & l'Impreſſion en fut même commencée dans ce temps - là ; mais l'Auteur ayant voulu y faire quelques changemens, me la fit ſuſpendre ; ces changemens avoient pour objet la Métaphyſique de M. de Leibnits, dont on trouvera une Expoſition abrégée au commencement de ce Volume.

*

Chap.

INSTITUTIONS

INSTITUTIONS

DE PHYSIQUE.

AVANT-PROPOS.

I.

'A r toujours penſé que le de-
voir le plus ſacré des Hommes
étoit de donner à leurs Enfans
une éducation qui les empêchât
dans un âge plus avancé de ré-
gréter leur jeuneſſe, qui eſt le ſeul temps où

l'on puiſſe véritablement s'inſtruire ; vous êtes, mon cher fils, dans cet âge heureux où l'eſprit commence à penſer, & dans lequel le cœur n'a pas encore des paſſions aſſez vives pour le troubler.

C'eſt peut-être à préſent le ſeul tems de votre vie que vous pourrez donner à l'étude de la nature, bientôt les paſſions & les plaiſirs de votre âge emporteront tous vos momens; & lorſque cette fougue de la jeuneſſe ſera paſſée, & que vous aurez payé à l'ivreſſe du monde le tribut de votre âge & de votre état, l'ambition s'emparera de votre ame; & quand même dans cet âge plus avancé, & qui ſouvent n'en eſt pas plus mûr, vous voudriez vous appliquer à l'Etude des véritables Sciences, votre eſprit n'ayant plus alors cette fléxibilité qui eſt le partage des beaux ans, il vous faudroit acheter par une Etude pénible ce que vous pouvez apprendre aujourd'hui avec une extrême facilité. Je veux donc vous faire mettre à profit l'aurore de votre raiſon, & tâcher de vous garantir de l'ignorance qui n'eſt encore que trop commune parmi les gens de votre rang, & qui eſt toujours un défaut de plus, & un mérite de moins.

Il faut accoutumer de bonne heure votre eſprit à penſer, & à pouvoir ſe ſuffire à lui-même, vous ſentirez dans tous les tems de votre vie quelles reſſources & quelles conſolations on trouve dans l'Etude, & vous verrez qu'elle peut même fournir des agrémens, & des plaiſirs.

II.

II.

L'étude de la Physique, paroît faite pour l'Homme, elle roule sur les choses qui nous environnent sans cesse, & desquelles nos plaisirs & nos besoins dépendent : je tâcherai, dans cet Ouvrage, de mettre cette Science à votre portée, & de la dégager de cet art admirable, qu'on nomme Algébre, lequel séparant les choses des images, se dérobe aux sens, & ne parle qu'à l'entendement : vous n'étes pas encore à portée d'entendre cette Langue, qui paroît plûtôt celle des Intelligences que des Hommes, elle est reservée pour faire l'étude des années de votre vie qui suivront celles où vous étes ; mais la vérité peut emprunter différentes formes, & je tâcherai de lui donner ici celle qui peut convenir à votre âge, & de ne vous parler que des choses qui peuvent se comprendre avec le seul secours de la Géometrie commune que vous avez étudiée.

Ne cessez jamais, mon fils, de cultiver cette Science que vous avez aprise dès votre plus tendre jeunesse ; on se flatteroit en vain sans son secours de faire de grands progrès dans l'étude de la Nature, elle est la clef de toutes les découvertes ; & s'il y a encore plusieurs choses inexplicables en Physique, c'est qu'on ne s'est point assez appliqué à les rechercher par la Géométrie, & qu'on n'a peut-être pas encore été assez loin dans cette Science.

III.

I I I.

Je me fuis fouvent étonné que tant d'habiles gens que la France poſſéde ne m'ayent pas prévenu dans le travail que j'entreprens aujourd'hui pour vous, car il faut avoüer que, quoique nous ayons pluſieurs excellens livres de Phyſique en François, cependant nous n'avons point de Phyſique complette, ſi on en excepte le petit Traité de Rohaut, fait il y a quatre-vingt ans; mais ce Traité, quoique très-bon pour le tems dans lequel il a été compoſé, eſt devenu très-inſuffifant par la quantité de découvertes qui ont été faites depuis: & un homme qui n'auroit étudié la Phyſique que dans ce Livre, auroit encore bien des choſes à apprendre.

Pour moi, qui en déplorant cette indigence fuis bien loin de me croire capable d'y fuppléer, je ne me propoſe dans cet Ouvrage que de raſſembler ſous vos yeux les découvertes éparſes dans tant de bons Livres Latins, Italiens, & Anglois; la plûpart des vérités qu'ils contiennent font connuës en France de peu de Lecteurs, & je veux vous éviter la peine de les puiſer dans des fources dont la profondeur vous effrayeroit, & pourroit vous rebuter.

I V.

Quoi que l'Ouvrage que j'entreprens demande bien du tems & du travail, je ne regretterai point la peine qu'il pourra me coûter, & je la croirai bien employée s'il peut vous

inſpirer

inspirer l'amour des Sciences, & le desir de cultiver votre raison. Quelles peines & quels soins
ne se donne-t'on pas tous les jours dans l'espérance incertaine de procurer des honneurs &
d'augmenter la fortune de ses enfans ! La con-
naissance de la vérité & l'habitude de la rechercher & de la suivre est-elle un objet moins
digne de mes soins ; surtout dans un siécle où
le goût de la Physique entre dans tous les rangs,
& commence à faire une partie de la science
du monde ?

V.

Je ne vous ferai point ici l'histoire des révolutions que la Physique à éprouvée, il faudroit pour les rapporter toutes, faire un gros
Livre ; je me propose de vous faire connoître,
moins ce qu'on a pensé que ce qu'il faut sçavoir.

Jusqu'au dernier siécle, les Sciences ont été
un secret impénétrable, auquel les prétendus
Sçavans étoient seuls initiés, c'étoit une espéce
de Cabale, dont le chiffre consistoit en des mots
barbares, qui sembloient inventés pour obscur-
cir l'esprit & pour le rebuter.

Descartes parut dans cette nuit profonde
comme un Astre qui venoit éclairer l'univers ;
la révolution que ce grand homme a causé dans
les Sciences est sûrement plus utile, & est peut-
être même plus mémorable que celle des plus
grands Empires, & l'on peut dire que c'est à
Descartes que la raison humaine doit le plus ;
car il est bien plus aisé de trouver la vérité quand

Combien
nous avons
d'obliga-
tion à *Des-*
cartes.

A 3   on

on eſt une fois ſur ſes traces que de quitter celles de l'erreur. La Géometrie de ce grand homme , ſa Dioptrique , ſa Méthode , ſont des chefs-d'œuvres de ſagacité qui rendront ſon nom immortel , & s'il s'eſt trompé ſur quelques points de Phyſique, c'eſt qu'il étoit homme, & qu'il n'eſt pas donné à un ſeul homme , ni à un ſeul ſiécle de tout connoître.

Nous nous élevons à la connaiſſance de la vérité , comme ces Géans qui eſcaladoient les Cieux en montant ſur les épaules les uns des autres. Ce ſont Deſcartes & Galilée qui ont formé les Hughens , & les Leibnits , ces grands hommes dont vous ne connaiſſez encore que les noms , & dont j'eſpére vous faire connaître bientôt les ouvrages, & c'eſt en profitant des travaux de Kepler , & en faiſant uſage des Théoremes d'Hughens, que Monſieur Newton à découvert cette force univerſelle répanduë dans toute la Nature, qui fait circuler les Planettes autour du Soleil, & qui opere la péſanteur ſur la terre.

VI.

. Les ſiſtêmes de Deſcartes & de Newton partagent aujourd'hui le monde penſant , ainſi il eſt néceſſaire que vous connaiſſiez l'un & l'autre ; mais tant de ſçavans hommes ont pris ſoin d'expoſer & de rectifier le ſiſtême de Deſcartes, qu'il vous ſera aiſé de vous en inſtruire dans leurs ouvrages : une de mes vûës dans la premiere partie de celui-ci eſt de vous mettre ſous les yeux l'autre partie de ce grand

procès ,

procès, de vous faire connoître le fiftême de Monfieur Newton, de vous faire voir jufqu'où la connexion & la vraifemblance y font pouffées, & comment les Phenoménes s'expliquent par l'hipothefe de l'attraction.

Vous pouvez tirer beaucoup d'inftructions fur cette matiére, des Elemens de la Philofophie de Newton, qui ont paru l'année paffée; & je fupprimerois ce que j'ai à vous dire fur cela, fi leur illuftre Auteur avoit embraffé un plus grand terrain; mais il s'eft renfermé dans des bornes fi étroites, que je n'ai pas crû qu'il pût me difpenfer de vous en parler.

V I I.

Gardez-vous, mon fils, quelque parti que vous preniez dans cette difpute des Philofophes, de l'entêtement inévitable dans lequel l'efprit de parti entraîne: cet efprit eft dangereux dans toutes les occafions de la vie; mais il eft ridicule en Phyfique; la recherche de la vérité eft la feule chofe dans laquelle l'amour de votre païs ne doit point prévaloir, & c'eft affûrément bien mal-à-propos qu'on a fait une efpéce d'affaire nationale des opinions de Newton, & de Defcartes: quand il s'agit d'un livre de Phyfique il faut demander s'il eft bon, & non pas fi l'Auteur eft Anglois, Allemand, ou François.

Il me paraît d'ailleurs qu'il feroit auffi injufte aux Cartéfiens de refufer d'admettre l'attraction comme hipothefe, qu'il eft déraifonnable à quelques Newtoniens de vouloir en faire une

Difcuffion fur l'attraction.

A 4   propriété

propriété primitive de la matiere ; il faut avouer que quelques uns d'entre eux ont été trop loin en cela, & que c'eſt avec quelque raiſon qu'on leur reproche de reſſembler à un homme, aux mauvais yeux duquel échapperoient les cordes qui font les vols de l'Opera, & qui diroit en voyant Bellérophon, par Exemple, ſe ſoutenir en l'air : *Bellérophon ſe ſoutient en l'air parce qu'il eſt également attiré de tous côtés par les Couliſſes*, car pour décider que les effets que les Neutoniens attribuent à l'attraction ne font pas produits par l'impulſion, il faudroit connaître toutes les façons dont l'impreſſion peut être employée, mais c'eſt ce dont nous ſommes encore bien éloignés.

Nous ſommes encore en Phyſique, comme cet aveugle né à qui Cheselden rendit la vûe ; cet homme ne vit d'abord rien que confuſément : ce ne fut qu'en tâtonnant, & au bout d'un tems conſidérable qu'il commença à bien voir ; ce tems n'eſt pas encore tout-à-fait venu pour vous, & peut-être même ne viendra-t-il jamais entierement ; il y a vraiſemblablement des vérités qui ne font pas faites pour être apperçuës par les yeux de notre eſprit, de même qu'il y a des objets que ceux de notre corps n'appercevront jamais ; mais celui qui refuſeroit de s'inſtruire par cette conſidération, reſſembleroit à un boiteux qui ayant la fiévre, ne voudroit pas prendre les remédes qui peuvent l'en guérir, parce que ces remédes ne pourroient l'empêcher de boiter. §. 8.

VIII.

Un des torts de quelques Philofophes de ce
tems, c'eft de vouloir bannir les Hipothefes de
de la Phyfique ; elles y font auffi néceffaires que
les Echaffauts dans une maifon que l'on bâtit ;
il eft vrai que lorfque le Bâtiment eft achevé,
les Echaffauts deviennent inutiles, mais on
n'auroit pû l'élever fans leur fecours. Toute
l'Aftronomie, par Exemple, n'eft fondée que
fur des Hipothefes, & fi on les avoit toujours
évitées en Phyfique, il y a apparençe qu'on
n'auroit pas fait tant de découvertes ; auffi rien
n'eft-il plus capable de retarder les progrès des
Sciences que de vouloir les en bannir, & de
fe perfuader que l'on a trouvé le grand reffort
qui fait mouvoir toute la nature, car on ne
cherche point une caufe que l'on croit connaître, & il arrive par là que l'application des principes géométriques de la Mécanique aux effets
Phyfiques, qui eft très-difficile & très néceffaire, refte imparfaite, & que nous nous trouvons
privés des travaux & des recherches de plufieurs
beaux génies qui auroient peut-être été capables
de découvrir la véritable caufe des Phénoménes.

Il eft vrai que les Hipothefes deviennent le
poifon de la Philofophie quand on les veut faire paffer pour la vérité, & peut-être même
font-elles plus dangereufes alors que ne l'étoit
le jargon inintelligible de l'Ecole ; car ce jargon étant abfolument vuide de fens, il ne falloit qu'un peu d'attention à un efprit droit pour

en

en appercevoir le ridicule, & pour chercher ailleurs la vérité; mais une Hipothefe ingénieufe & hardie, qui a d'abord quelque vraifemblance, intereffe l'orgueil humain à la croire, l'efprit s'applaudit d'avoir trouvé ces principes fubtils, & fe fert enfuite de toute fa fagacité pour les défendre. La plûpart des grands hommes qui ont fait des Syftémes nous en fourniffent des Exemples, ce font de grands Vaiffeaux emportés par des courans, ils font les plus belles manœuvres du monde, mais le courant les entraîne.

I X.

Utilité de l'Expérience.

Souvenez-vous, mon fils, dans toutes vos Etudes, que l'Expérience eft le bâton que la nature a donné à nous autres aveugles, pour nous conduire dans nos recherches; nous ne laiffons pas avec fon fecours de faire bien du chemin, mais nous ne pouvons manquer de tomber fi nous ceffons de nous en fervir; c'eft à l'Expérience à nous faire connaître les qualités Phyfiques, & c'eft à notre raifon à en faire ufage & à en tirer de nouvelles connaiffances & de nouvelles lumieres.

X.

Jufqu'où l'on doit porter le refpect pour les grands hommes.

Si j'ai crû devoir vous précautionner contre l'efprit de parti, je crois encore plus néceffaire de vous recommander de ne point porter le refpect pour les plus grands hommes jufqu'à l'Idolatrie comme font la plûpart de leurs difciples; chaque Philofophe a vû quelque chofe

chofe, & aucun n'a tout vû ; il n'y a point
de fi mauvais livre où il n'y ait quelque
chofe à apprendre , & il n'y en a gueres
d'affez bon pour qu'on ne puiffe y rien reprendre. Quand je lis Ariftote, ce Philofophe
qui a effuyé des fortunes fi diverfes & fi injuf-
tes, je fuis étonné de lui trouver quelquefois
des idées fi faines fur plufieurs points de Phyfique générale, à côté des plus grandes abfurdi-
tés, & quand je lis quelques unes des queftions
que M. Newton a mifes à la fin de fon Optique, je fuis frappé d'un étonnement bien différent : cet Exemple des deux plus grands hommes de leur fiécle, doit vous faire voir que lorfqu'on a l'ufage de la raifon, il ne faut en croire
perfonne fur fa parole, mais qu'il faut toujours
examiner par foi-même, en mettant à part, la
confidération qu'un nom fameux emporte toujours avec lui.

XI.

C'eft une des raifons pour lefquelles je
n'ai point chargé ce livre de citations, je n'ai
point voulu vous féduire par des autorités ; &
de plus, il y en auroit trop eu ; je fuis bien loin
de me croire capable d'écrire un livre de Phyfique fans confulter aucun livre, & je doute
même que fans ce fecours on en puiffe faire un
bon. Le plus grand Philofophe peut bien ajouter de nouvelles découvertes à celles des autres,
mais quand une vérité eft une fois trouvée, il
faut qu'il la fuive, & il a fallu, par Exemple,

que

que Monsieur Newton commençât par établir les deux Analogies de Kepler lorsqu'il a voulu expliquer le cours des Planetes, sans quoi il ne seroit jamais parvenu à cette belle découverte de la gravitation des Astres.

La Physique est un Bâtiment immense, qui surpasse les forces d'un seul homme ; les uns y mettent une pierre, tandis que d'autres bâtissent des aîles entieres, mais tous doivent travailler sur les fondemens solides qu'on a donnés à cet Edifice dans le dernier siecle, par le moyen de la Géométrie, & des Observations ; il y en a d'autres qui levent le Plan du Bâtiment, & je suis du nombre de ces derniers.

Je n'ai point songé dans cet Ouvrage à avoir de l'esprit, mais à avoir raison ; & j'ai fait assez de cas de la vôtre pour croire que vous étiez capable de rechercher la vérité indépendamment de tous les ornemens étrangers dont on l'a accablée de nos jours. Je me suis contenté d'écarter les épines qui auroient pû blesser vos mains délicates, mais je n'ai point crû devoir y substituer des fleurs étrangeres, & je suis persuadé qu'un bon esprit, quelque foible qu'il soit encore, trouve plus de plaisir, & un plaisir plus satisfaisant dans un raisonnement clair & précis qu'il saisit aisément, que dans une plaisanterie déplacée.

XII.

Je vous explique dans les premiers Chapitres les principales opinions de Monsieur

de

de Leibnits fur la Métaphyfique ; je les ai pui-
fées dans les Ouvrages du célébre Wolf * ;
dont vous m'avez tant entendu parler avec un
de fes Difciples, qui a été quelque tems chez
moi, & qui m'en faifoit quelquefois des extraits.

Les idées de M. de Leibnits fur la Métaphyfique, font encore peu connues en France,
mais elles méritent affûrément de l'être : malgré les découvertes de ce grand homme, il
y a fans doute encore bien des chofes obfcures
dans la Métaphyfique ; mais il me femble qu'il
nous a fourni dans le principe de la raifon fuffifante, une bouffole capable de nous conduire
dans les fables mouvans de cette fcience.

Les obfcurités dont quelques-unes des parties
de la Métaphyfique font encore couvertes, fervent de prétexte à la pareffe de la plûpart des
hommes pour ne la point étudier, ils fe per-
fuadent que parce que l'on ne fçait pas tout, on
ne peut rien fçavoir ; cependant il eft certain
qu'il y a des points de Métaphyfique fufceptibles
de démonftrations auffi rigoureufes que les démonftrations géométriques, quoiqu'elles foient
d'un autre genre : il nous manque un calcul
pour la Métaphyfique pareil à celui que l'on a

* Voyez l'*Ontologie de Wolf*, & principalement les Chapitres
fuivans : *De Principio Contradictionis, de Principio Rationis Suffi-
cientis, de Poffibili, & Impoffibili, de Neceffario & Contingente,
de Extenfione, Continnitate, Spatio, Tempore,* &c.

trouvé

trouvé pour la Géométrie, par le moyen duquel,
avec l'aide de quelques *données*, on parvient
à connoître des *inconnuës*; peut-être quelque
génie trouvera-t'il un jour ce calcul. Monsieur
de Leibnits y a beaucoup penſé, il avoit ſur
cela des idées, qu'il n'a jamais par malheur communiquées à perſonne, mais quand même on
le trouveroit, il y a apparence qu'il y a des in-
connues dont on ne trouveroit jamais l'*équa-
tion*. La Métaphyſique contient deux eſpéces
de choſes; la premiere, ce que tous les gens
qui font un bon uſage de leur eſprit, peuvent
ſavoir; & la ſeconde, qui eſt la plus étendue,
ce qu'ils ne ſauront jamais.

Pluſieurs vérités de Phyſique, de Métaphyſique, & de Géométrie font évidemment liées
entre elles. La Métaphyſique eſt le faîte de
l'Edifice; mais ce faîte eſt ſi élevé, que la vûe
en devient ſouvent un peu confuſe. J'ai donc
crû devoir commencer par le rapprocher de
votre vûe, afin qu'aucun nuage n'obſcurciſſant
votre eſprit, vous puiſſiez voir d'une vûe nette
& aſſurée les vérités dont je veux vous inſtruire.

CHAPITRE

CHAPITRE PREMIER.

Des Principes de nos Connoiſſances.

I.

TOUTES nos Connoiſſances naiſſent les unes des autres, & ſont fondées ſur de certains Principes dont on connoît la vérité même ſans y réfléchir, par ce qu'ils ſont évidens par eux-mêmes.

Sur quoi nos Connoiſſances ſont fondées.

Il y a des vérités qui tiennent immédiatement à ces premiers Principes, & qui n'en découlent que par un petit nombre de concluſions; alors l'eſprit apperçoit aiſément la chaîne qui y conduit; mais il eſt facile de la perdre de vûë dans

dans la recherche des vérités aufquelles on ne peut arriver que par un grand nombre de conféquences tirées les unes des autres. Il y en a mille exemples dans la Géometrie ; il eſt très-aiſé , par exemple, de voir que le Diametre du Cercle le partage en deux parties égales , parce qu'il ne faut qu'une ſeule concluſion pour arriver de la nature du Cercle à cette propriété ; mais on ne voit pas ſi aiſément que le quarré de l'ordonnée B M eſt égal au rectangle de la Ligne A B par la Ligne B C, quoique cette propriété découle de la nature du Cercle comme la premiere , parce qu'il faut pluſieurs concluſions intermediaires avant d'arriver à cette derniere propriété. Il eſt donc très-important de ſe rendre attentif aux Principes , & à la façon dont les vérités en découlent ſi l'on ne veut point s'égarer.

Planche I.

Figure I.

Figure I.

I I.

On a beaucoup abuſé du mot de Principe , les Scholaſtiques qui ne démontroient rien donnoient pour principes des mots inintelligibles. Deſcartes qui ſentit combien cette maniere de raiſonner éloignoit les hommes du vrai, commença par établir qu'on ne doit raiſonner que ſur des idées claires ; mais il pouſſa trop loin ce principe : car il admit que l'on pouvoit s'en rapporter à un certain ſentiment vif & interne de clarté & d'évidence pour fonder nos raiſonnemens.

Ce que c'eſt que Principe.

Ce fut en ſuivant ce principe que ce Philoſophe ſe trompa ſur l'eſſence du Corps qu'il

faiſoit

faifoit confifter dans l'étenduë feulement, parce
qu'il croyoit avoir dans l'étenduë, une idée claire
& diftincte du Corps, fans fe mettre en peine
de prouver la poffibilité de cette idée que nous
verrons bien-tôt être très-incomplette, puifqu'il
y faut ajoûter la force d'inertie, & la force active. Cette méthode, d'ailleurs, ne ferviroit qu'à
éternifer les difputes, car ceux qui ont des fen-
timens oppofés, ont chacun ce fentimentvif &
interne de ce qu'ils avancent ; ainfi aucun ne
doit fe rendre, puifque l'évidence eft égale des
deux côtés ; il faut donc fubftituer des démonftrations aux illufions de notre imagination,
& ne rien admettre comme vrai, que ce qui découle, d'une maniere inconteftable, des premiers
principes que perfonne ne peut révoquer en
doute, & rejetter comme faux tout ce qui eft
contraire à ces principes, ou aux vérités que
l'on a établies par leur moyen, quoiqu'en puiffe
dire l'imagination.

§. 3 Un peu d'attention à la maniére dont on
procéde dans la Science, où l'incertitude eft
portée à fon plus haut point, fuffira pour faire
fentir l'utilité de cette méthode. Il n'y a guéres
d'idée plus claire par exemple, que celle de la poffibilité d'un triangle équilatéral, & que les deux
côtés d'un triangle font plus longs, pris enfemble, que le troifiéme : cependant, Euclide, ce
févére raifonneur, ne s'eft point contenté d'en
appeller au fentiment vif & interne que nous

avons de ces vérités, mais il les a démontrées en rigueur, en faisant voir comment il faut s'y prendre pour construire un triangle équilatéral, & qu'il implique contradiction que deux côtés d'un triangle, pris ensemble, ne soient pas plus grands que le troisiéme.

§. 4. On appelle *contradiction*, ce qui affirme & nie la même chose en même tems; ce principe est le premier Axiome, sur lequel toutes les vérités sont fondées. Tout le monde l'accorde sans peine, & il seroit même impossible de le nier sans mentir à sa propre conscience ; car nous sentons que nous ne pouvons point forcer notre esprit à admettre qu'une chose est, & n'est pas en même tems, & que nous ne pouvons point ne pas avoir une idée pendant que nous l'avons, ni voir un Corps blanc comme s'il étoit noir, pendant que nous le voyons blanc. Les Pirrhonniens même qui faisoient profession de douter de tout, n'ont jamais nié ce principe ; ils nioient bien à la vérité qu'il y eût aucune réalité dans les choses, mais ils ne doutoient point qu'ils eussent une idée pendant qu'ils l'avoient.

Cet Axiome est le fondement de toute certitude dans les connoissances humaines ; car si on accordoit une fois que quelque chose pût éxister & n'éxister pas en même tems, il n'y auroit plus aucune vérité, même dans les nombres, & chaque chose pourroit être, ou n'être pas

pas, selon la fantaisie de chacun, ainsi 2 & 2 pourroient faire 4 ou 6. également, & même à la fois.

§. 5. Il découle de ce que l'on vient de dire que l'impossible est ce qui implique contradiction, & le possible ce qui ne l'implique point. Plusieurs Philosophes donnent une autre définition du possible, & de l'impossible, & regardent comme impossible ce qui ne donne point d'idée claire & distincte, & comme possible, ce qu'on peut concevoir, & à quoi répond une idée claire. Cette définition bien expliquée, pouroit être admise ; mais il faut bien prendre garde qu'elle ne nous induise pas à prendre des notions trompeuses & déceptrices pour des notions claires : car il arrive quelquefois que nous nous formons des idées trompeuses qui nous paroissent évidentes faute d'attention, & parce que nous avons une idée de chaque terme en particulier, quoiqu'il soit impossible d'en avoir aucune de la phrase qui naît de leur combinaison. Ainsi on croira d'abord entendre ce que l'on veut dire par un triangle ; si on le définit *une Figure renfermée entre deux Lignes droites,* & on croiroit parler d'un Corps régulier, en parlant d'un Corps qui auroit neuf faces égales entr'elles, parce que l'on entend tous les termes qui entrent dans ces propositions : cependant il implique contradiction que deux Lignes droites renferment un espace, & fassent une Figure,

B 2   &

Définition du possible & de l'impossible.

Exemples d'idées déceptrices.

& vous avez vû dans la Géométrie, qu'il est impossible qu'un Corps ait neuf faces égales &
semblables.

On a encore un exemple de ces idées déceptrices dans le mouvement le plus rapide
d'une Rouë, dont M. de Leibnits s'est servi
contre les Cartésiens ; car il est aisé de faire voir
que le mouvement le plus rapide est impossible ; puisqu'en prolongeant un rayon quelconque, ce mouvement devient plus rapide à l'infini. On voit, par ces exemples, qu'il est très-possible de croire avoir une idée claire d'une chose
dont cependant nous n'avons réellement aucune idée.

Il est donc indispensablement nécessaire, pour
se préserver de l'erreur, de vérifier ses idées,
d'en démontrer la réalité, & de n'en point admettre comme indubitable, qu'on ne se soit as-
sûré par l'expérience ou par la démonstration ;
qu'elle ne renferme rien de faux, ni de chi-
mérique.

§. 6. Il naît de la définition de l'impossible que
je viens de vous donner, une régle bien importante, c'est que lorsque nous avançons qu'u-
ne chose est impossible, nous sommes tenus de
montrer qu'on y nie, & qu'on y affirme la même chose en même tems, ou bien qu'elle est
contraire à une vérité déja démontrée. Cette
régle éviteroit bien des disputes, si elle étoit
suivie, car elle ôteroit tout d'un coup le doute
des

des propofitions, & feroit voir l'infuffifance des preuves de ceux qui traitent d'impoffible tout ce qui n'eft pas conforme à leurs opinions.

Il faut avoir la même précaution pour affûrer qu'une chofe eft poffible ; car il faut être en état de montrer qu'elle ne contient aucune contradiction : fans cette condition nos idées ne font que des opinions plus ou moins probables, mais dans lefquelles il n'y a aucune certitude.

§. 7. Le principe de contradiction a été de tous tems en ufage dans la Philofophie. Ariftote, & après lui tous les Philofophes s'en font fervis, & Defcartes l'a employé dans fa Philofophie, pour prouver que nous éxiftons : car il eft certain que celui qui douteroit s'il éxifte, auroit dans fon doute même une preuve de fon éxiftence, puifqu'il implique contradiction que l'on ait une idée quelle qu'elle foit, & par confequent un doute, & que l'on n'éxifte pas.

Ce principe fuffit pour toutes les vérités néceffaires, c'eft-à-dire, pour les vérités qui ne font déterminables que d'une feule maniére, car c'eft ce que l'on entend par le terme de *néceffaire*; mais quand il s'agit de vérités contingentes, c'eft-à-dire, lorfqu'il eft poffible qu'une chofe éxifte de différentes maniéres, & qu'aucune de fes déterminations n'eft plus néceffaire qu'une autre, alors la néceffité d'un autre principe fe fait fentir, parce que celui de contradiction n'a plus lieu. Auffi les Anciens

Le principe de contradiction eft le fondement de toutes les vérités néceffaires.

qui ignoroient ce fecond principe de nos connoiffances, fe trompoient-ils fur les points les
plus importans de la Philofophie.

Du prin-
cipe d'une
raifon fuf-
fifante.

§. 8. Ce principe duquel toutes les vérités contingentes dépendent, & qui n'eft ni moins primitif, ni moins univerfel que celui de contradiction, eft *le principe de la raifon fuffifante* :
tous les hommes le fuivent naturellement ; car
il n'y a perfonne qui fe détermine à une chofe
plûtôt qu'à une autre, fans une raifon fuffifante
qui lui faffe voir que cette chofe eft préférable
à l'autre.

Il eft le
fondement
de toutes
les vérités
contingen-
tes.

Quand on demande compte à quelqu'un de
fes actions, on pouffe fes queftions jufqu'à ce
qu'on foit parvenu à découvrir une raifon qui
nous fatisfaffe, & nous fentons dans tous les
cas que nous ne pouvons point forcer notre efprit à admettre quelque chofe, fans une raifon
fuffifante, c'eft-à-dire, fans une raifon qui nous
faffe comprendre pourquoi cette chofe eft ainfi
plûtôt que tout autrement.

Si on vouloit nier ce grand principe, on tomberoit dans d'étranges contradictions : car dès
que l'on admet qu'il peut arriver quelque chofe,
fans raifon fuffifante, on ne peut affûrer d'aucune chofe, qu'elle eft la même qu'elle étoit le
moment d'auparavant, puifque cette chofe pourroit fe changer à tout moment, dans une autre
d'une autre efpéce ; ainfi il n'y auroit pour nous
de vérités que pour un inftant.

Abfurdi-
tés qui naî-
troient de
la négation
de ce prin-
cipe.

J'affure,

J'affure, par exemple, que tout eft encore dans ma chambre dans l'état où je l'ai laiffé, parce que je fuis affûré que perfonne n'y eft entré depuis que je fuis forti; mais fi le principe de la raifon fuffifante n'a pas lieu, ma certitude devient une chimére, puifque tout pourroit être bouleverfé dans ma chambre fans qu'il y fût entré perfonne capable de la déranger.

Sans ce principe il n'y auroit point de chofes identiques, car deux chofes font identiques lorfque l'on peut fubftituer l'une à la place de l'autre, fans qu'il arrive aucun changement par rapport à la propriété qu'on confidere. Cette définition eft reçuë de tout le monde, ainfi par exemple, fi j'ai une boule de pierre, & une boule de plomb, & que je puiffe mettre l'une à la place de l'autre dans le baffin d'une balance, fans que la balance change de fituation, je dis que le poids de ces boules eft *identique*, qu'il eft le même, & qu'elles font identiques quant à leurs poids : cependant, s'il pouvoit arriver quelque chofe fans une raifon fuffifante, je ne pourrois prononcer que le poids de ces boules eft identique, dans l'inftant même que j'affûre qu'il eft identique ; puifqu'il pourroit arriver fans aucune raifon un changement dans l'une, qui n'arriveroit pas dans l'autre ; & par conféquent leur poids ne feroit plus identique, ce qui eft contre la définition.

Sans le principe de la raifon fuffifante, on ne pourroit plus dire que cet Univers, dont toutes

les parties font fi bien liées entre elles, n'a pû
être produit que par une fageſſe fuprême, car
s'il peut y avoir des effets fans raiſon fuffiſante,
tout cela eût pû être produit par le hazard,
c'eſt-à-dire, par rien.

Ce qui arrive quelquefois en ſonge nous
fournit l'idée d'un monde fabuleux, où tous les
événemens arriveroient fans raiſon fuffiſante.

Je rêve que je fuis dans ma chambre, occupé
à écrire ; tout d'un coup ma chaiſe ſe change
en un cheval aîlé, & je me trouve en un inſtant
à cent lieuës de l'endroit où j'étois, & avec
des perſonnes qui font mortes depuis longtems,
&c. Tout cela ne peut arriver dans ce monde,
puiſqu'il n'y auroit point de raiſon fuffiſante
de tous ces effets ; car lorſque je ſors de ma
chambre, je puis dire comment, & pourquoi
j'en ſors, & je ne vais point d'un lieu dans un
autre fans paſſer par les lieux intermediaires : cependant toutes ces chiméres feroient également
poffibles, s'il pouvoit y avoir des effets fans raiſon fuffiſante : c'eſt ce principe qui diſtingue le
ſonge de la veille, & le monde réel, du monde
fabuleux que l'on nous dépeint dans les Con-
tes des Fées. Ainſi ceux qui nient le principe de
la raiſon fuffiſante, font des habitans d'un monde fabuleux qui n'éxiſte point, mais dans celui-
ci, tout doit ſe faire ſelon ce principe.

Dans la Géométrie où toutes les vérités font
néceſſaires, on ne ſe ſert que du principe de
contradiction : car par exemple, dans un triangle

gle la fomme des angles n'eft déterminable que d'une feule maniere , & il faut abfolument qu'ils foient égaux à deux droits ; mais lorfqu'il eft poffible qu'une chofe fe trouve en différens états, je ne puis affurer qu'elle fe trouve dans un tel état plûtôt que dans un autre, à moins que je n'allégue une raifon de ce que j'affirme : ainfi , par exemple, je puis être affis, couché, ou de bout, toutes ces déterminations de ma fituation font également poffibles , mais quand je fuis de bout , il faut qu'il y ait une raifon fuffifante, pourquoi je fuis de bout, & non pas affis, ou couché.

Archimede paffant de la Géométrie à la Méchanique, reconnut bien le befoin de la raifon fuffifante ; car voulant démontrer qu'une balance à bras égaux chargée de poids égaux reftera en équilibre, il fit voir que dans cette égalité de bras & de poids la balance devoit refter en repos, parce qu'il n'y auroit point de raifon fuffifante , pourquoi l'un des bras defcendroit plûtôt que l'autre.

Archimede a le premier employé ce principe dans la Méchanique.

M. de Leibnits qui étoit très - attentif aux fources de nos raifonnemens, faifit ce principe, le développa , & fut le premier qui l'énonça diftinctement, & qui l'introduifit dans les Sciences.

Il faut avoüer qu'on ne pouvoit leur rendre un plus grand fervice , car la plûpart des faux raifonnemèns , n'ont d'autres fources que l'oubli de la raifon fuffifante ; & vous verrez bientôt que ce principe eft le feul fil qui puiffe nous conduire dans ces labyrinthes d'erreur que l'efprit

Mais c'eft M. de Leibnits qui en a fait voir toute l'étenduë & toute l'utilité.

prit humain s'eſt bâti pour avoir le plaiſir de s'y égarer.

Il ne faut donc rien admettre de ce qui viole cet axiome fondamental, il eſt la bride de l'imagination qui fait des écarts ſans nombre dès qu'on ne l'aſſujettit pas aux régles d'un raiſonnement ſévére.

§. 9. Il faut bien diſtinguer entre poſſible & actuel. Vous avez vû ci-deſſus, que tout ce qui n'implique point contradiction eſt poſſible; mais il n'eſt pas actuel. Il eſt poſſible, par exemple, que cette table qui eſt quarrée devienne ronde, cependant cela n'arrivera peut-être jamais; ainſi tout ce qui éxiſte étant néceſſairement poſſible, on peut conclure de l'éxiſtence à la poſſibilité, mais non pas de la poſſibilité à l'éxiſtence.

Afin qu'une choſe ſoit, il ne ſuffit donc pas qu'elle ſoit poſſible, il faut encore que cette poſſibilité ait ſon accompliſſement, & c'eſt ce qu'on appelle *Exiſtence* : or une choſe ne peut parvenir à l'éxiſtence ſans une raiſon ſuffiſante, par laquelle un Etre Intelligent puiſſe comprendre pourquoi cette choſe devient actuelle de poſſible qu'elle étoit auparavant. Ainſi il faut qu'une cauſe contienne non-ſeulement le principe de l'actualité de la choſe dont elle eſt cauſe; mais encore la raiſon ſuffiſante de cette choſe, c'eſt-à-dire, ce par où un Etre intelligent puiſſe comprendre pourquoi cette choſe éxiſte : car tout homme

homme qui fait uſage de ſa raiſon, ne doit pas ſe contenter de ſçavoir qu'une telle choſe eſt poſſible, & qu'elle exiſte, mais il doit encore ſçavoir la raiſon pourquoi elle exiſte ; & s'il ne voit pas cette raiſon, comme il arrive ſouvent, quand les choſes ſont trop compliquées,il faut du moins qu'il ſoit aſſuré qu'on ne ſçauroit démontrer que la choſe dont il s'agit ne peut pas avoir de raiſon ſuffiſante de ſon exiſtence ; ainſi il faut qu'il y ait dans tout ce qui exiſte quelque choſe par où l'on puiſſe comprendre pourquoi ce qui eſt a pû exiſter, & c'eſt ce qu'on appelle *raiſon ſuffiſante.*

§. 10. Ce principe bannit de la Philoſophie tous les raiſonnemens à la Scholaſtique ; car les Scholaſtiques admettoient bien qu'il ne ſe fait rien ſans cauſe, mais ils alléguoient pour cauſes des natures plaſtiques, des ames végétatives, & d'autres mots vuides de ſens ; mais quand on a une fois établi qu'une cauſe n'eſt bonne qu'autant qu'elle ſatisfait au principe de la raiſon ſuffiſante, c'eſt-à-dire, qu'autant qu'elle contient quelque choſe par où on puiſſe faire voir comment, & pourquoi un effet peut arriver, alors on ne peut plus ſe payer de ces grands mots qu'on mettoit à la place des Idées.

Quand on explique, par exemple, pourquoi les Plantes naiſſent, croiſſent & ſe conſervent, & que l'on donne pour cauſe de ces effets, une ame végétative qui ſe trouve dans toutes les

Plantes

Le principe d'une raiſon ſuffiſante bannit de la Philoſophie tous les raiſonnemens à la ſcholaſtique.

Plantes, on allégue bien une caufe de ces effets ; mais une caufe qui n'eft point recevable, parce qu'elle ne contient rien par où je puiffe comprendre comment la végétation dont je recherche la caufe, s'opere ; car cette ame végétative étant pofée, je n'entens point de là pourquoi la Plante que je confidere, a plûtôt une telle ftructure que toute autre, ni comment cette ame peut former une Machine telle que celle de cette Plante.

§. 11. Le principe de la raifon fuffifante eft encore le fondement des regles & des coûtumes qui ne font fondées que fur ce qu'on appelle *convenance*, car les mêmes hommes peuvent fuivre des coûtumes différentes, ils peuvent déterminer leurs actions en plufieurs manieres; & lorfqu'on choifit préférablement à d'autres, celles où il y a le plus de raifon, l'action devient bonne & ne fçauroit être blâmée; mais on la nomme déraifonnable, dès qu'il y a des raifons fuffifantes pour ne la point commettre, & c'eft fur ces mêmes principes que l'on peut prononcer qu'une coûtume eft meilleure que l'autre, c'eft-à-dire, quand elle a plus de raifon de fon côté.

§. 12. De ce grand Axiome d'une raifon fuffifante, il en naît un autre que Monfieur de Leibnits appelle *le principe des Indifcernables* : ce principe bannit de l'univers toute matiere fimilaire, car s'il s'il y avoit deux parties de matiere abfolument fi-milaires & femblables, enforte qu'on pût mettre l'une à la place de l'autre fans qu'il arrivât le moindre changement (car c'eft ce qu'on entend par entierement femblable) il n'y auroit point de raifon fuffifante pourquoi l'une de ces parti-cules feroit placée dans la Lune, par exemple, & l'autre fur la Terre, puifqu'en les changeant & mettant celle qui eft dans la Lune fur la Ter-re, & celle qui eft fur la Terre dans la Lune, toutes chofes demeureroient les mêmes. On eft donc obligé de reconnoître que les moindres parties de matiere font difcernables, ou que chacune eft infiniment différente de toute autre, & qu'elle ne pourroit être employée dans une autre place que celle qu'elle occupe fans déran-ger tout l'univers. Ainfi chaque particule de ma-tiére eft deftinée à faire l'effet qu'elle produit, & c'eft de là que naît la diverfité, qui fe trouve entre deux grains de fable comme entre notre Globe & celui de Saturne, laquelle nous fait voir que la fageffe du Créateur n'eft pas moins admirable dans le plus petit Etre, que dans le plus grand.

Comment il découle de celui d'une raifon fuffifante.

Il bannis toute matiere fimilaire de l'univers.

Cette infinie diverfité qui regne dans la natu-re, fe fait fentir à nous auffi loin que la portée de nos organes peut s'étendre. Monfieur de Lei-bnits qui avança le premier cette vérité, eut le plaifir de la voir confirmer par les yeux même de ceux qui la nioient dans une promenade avec Madame l'Electrice d'Hanover, dans le jardin d'Heurenaufen,

d'Heurenaufen : car ce Philofophe ayant affu-
ré qu'on ne trouveroit jamais deux feuilles entierement femblables dans la quantité prefqu'innombrable de celles qui les entouroient, plufieurs courtifans qui étoient préfens pafferent
inutilement une partie de la journée dans cette
recherche , & ils ne purent jamais trouver deux
feuilles qui n'euffent des différences fenfibles ,
même à l'œil.

Il y a d'autres objets que leur petiteffe nous
fait voir comme femblables, parce que nous les
voyons confufément, mais les microfcopes nous
découvrent leurs différences : ainfi les Expériences , qui même ne font pas néceffaires à la vérité de ce principe, le confirment encore.

§. 13. De l'Axiome d'une raifon fuffifante découle encore un autre principe qu'on appelle *la
Loi de continuité* , c'eft encore à Monfieur
de Leibnits que nous fommes redevables de ce
principe qui eft d'une grande fécondité dans la
Phyfique; c'eft lui qui nous enfeigne que rien ne
fe fait par fault dans la nature , & qu'un Etre ne
paffe point d'un état à un autre, fans paffer par tous
les différens états qu'on peut concevoir entre eux.

Le principe de la raifon fuffifante prouve aifément cette vérité, car chaque état dans lequel
un Etre fe trouve doit avoir fa raifon fuffifante,
pourquoi cet Etre fe trouve dans cet état plûtôt
que dans tout autre , & cette raifon ne peut fe
trouver que dans l'état antécedent. Cet état antécedent

De la
loi de con-
tinuité.

cedent contenoit donc quelque chofe qui a fait
naître l'état actuel qui l'a fuivi, enforte que ces
deux états font tellement liés enfemble qu'il eft
impoffible de mettre un autre état entre deux :
car s'il y avoit un état poffible entre l'état actuel & celui qui l'a précedé immédiatement,
la nature auroit quitté le premier état fans être
encore déterminée par le fecond à abandonner
le premier ; il n'y auroit donc point de raifon
fuffifante pourquoi elle pafferoit plûtôt à cet état
qu'à tout autre état poffible, ainfi aucun Etre
ne paffe d'un état à un autre fans paffer par les
états intermédiaires, de même que l'on ne va
point d'une Ville à une autre fans parcourir le
chemin qui eft entre deux.

Dans la Géométrie où tout fe fait dans le plus
grand ordre, on voit que cette regle s'obferve
avec une extreme exactitude, car tous les changemens qui arrivent dans les lignes qui font unes
c'eft-à-dire dans une ligne qui eft la même, ou
dans celles qui font enfemble un feul & même
tout, tous ces changemens, dis-je, ne fe font
qu'après que la figure a paffé par tous les changemens poffibles qui conduifent à l'état qu'elle
acquiert : ainfi une ligne qui eft concave vers
un axe comme la ligne A. B. vers l'axe A. D.
ne devient pas tout d'un coup convexe fans paffer par tous les états qui font entre la concavité
& la convexité, & par tous les degrés qui peuvent mener de l'une à l'autre ; ainfi la concavité commence par diminuer par des dégrés infiniment

himent petits jufques au point B. où la ligne
n'eft ni concave, ni convexe, & que l'on nomme le point d'inflexion ; c'eft à ce point que la
concavité finit, & que la convexité commence, & il fe forme à ce point B. une ligne infiniment petite paralelle à l'axe A. D., mais paffé
ce point B., la convexité commence & s'accroît
par des degrés infiniment petits comme le fça-
vent les Mathématiciens.

Fig. 3. — Les points de rebrouffement qui fe trouvent
dans plufieurs courbes, & qui paroiffent violer
cette loi de continuité, parce que la ligne paroît
fe terminer en ce point & rebrouffer fubitement
en un fens contraire, ne la violent cependant
point ; car on peut faire voir qu'à ces points de
rebrouffement il fe forme des nœuds comme
dans la Fig. 3. dans lefquels on voit évidemment que la loi de continuité eft fuivie, car ces
nœuds étant ferrés à l'infini, prennent à la fin la
forme d'un point fenfible.

Fig. 4. — On ne retrouve point la loi de continuité dans
les Figures batardes, defquelles on ne peut pas
dire qu'elles forment un véritable tout, parce
qu'elles n'ont point été produites par la même
loi, mais compofées de plufieurs piéces, comme fi on ajoutoit à un arc de cercle A. B., une
ligne droite B. C. pour faire une feule Figure
A. B. C. & ces Figures violent la loi de continuité, parce que la loi par laquelle on décrit le
cercle A. B. ceffe en B. & ne contient rien en
elle qui puiffe faire naître la ligne B. C. mais

au

au point B. une autre loi commence, selon laquelle la ligne B. C. est décrite, & cette seconde loi n'a nul rapport à la premiere qui a fait décrire le cercle A. B.

Il arrive dans la nature la même chose que dans la Géométrie, & ce n'étoit pas sans raison que Platon appelloit le Créateur, *l'éternel Géometre.* Ainsi il n'y a point d'angles proprement dits dans la nature, point d'inflexion ni de rebroussement subits ; mais il y a de la gradation dans tout, & tout se prépare de loin aux changemens qu'il doit éprouver, & va par nuances à l'état qu'il doit subir. Ainsi, un rayon de lumiere qui se réfléchit sur un miroir, ne rebrousse point subitement, & ne fait point un angle pointu au point de la réfléxion ; mais il passe à la nouvelle direction qu'il prend en se réfléchissant par une petite courbe qui le conduit insensiblement & par tous les degrés possibles qui sont entre les deux points extrêmes de l'incidence & de la réfléxion.

Il en est de même dans la réfraction, le rayon de lumiere ne se rompt pas au point qui sépare le milieu qu'il pénetre & celui qu'il abandonne, mais il commence à s'infléchir avant d'avoir pénetré dans le nouveau milieu ; & le commencement de sa réfraction est une petite courbe qui sépare les deux lignes droites qu'il décrit en traversant deux milieux hétérogenes & contigus.

Ce principe sert à démontrer les loix du mouvement.

§. 14. C'est par cette loi de continuité que l'on peut trouver & démontrer les véritables loix du mouvement, car un corps qui se meut dans une direction quelconque, ne sauroit se mouvoir dans une direction opposée, sans passer de son premier mouvement au repos par tous les degrés de retardation intermediaires, pour repasser ensuite, par des degrés insensibles d'accelération, du repos au nouveau mouvement qu'il doit éprouver.

Le principe de la continuité prouve qu'il n'y a point de Corps durs dans l'univers.

§. 15. Cette loi montre qu'il n'y a point de Corps parfaitement durs dans la nature, car dans le choc des Corps parfaitement durs cette gradation ne sçauroit avoir lieu, parce que les Corps durs passeroient tout d'un coup du repos au mouvement, & du mouvement dans un sens au mouvement en sens contraire; ainsi, tous les Corps ont un degré d'élasticité qui les rend capables de satisfaire à cette loi de continuité que la nature ne viole jamais.

§. 16. Il suit de ce que je viens de dire, que lorsque les conditions qui font naître une propriété, viennent à se changer en d'autres conditions d'où une autre propriété doit naître, ensorte qu'enfin ces conditions deviennent les mêmes, ou identiques; la propriété qui découloit des premieres conditions doit se changer, par la même gradation, dans la propriété qui est une suite des dernieres conditions dans lesquelles les premieres se sont changées.

La

La Géométrie fournit une infinité d'exemples qui confirment & éclaircissent cette regle, l'Ellipse & la Parabole, par exemple, sont des lignes fort différentes, mais lorsqu'on fait varier les déterminations de l'Ellipse (qui sont les conditions qui rendent l'Ellipse possible) pour les faire approcher de celles de la Parabole : les propriétés de l'Ellipse varient aussi continuellement, & s'approchent de celles de la Parabole jusqu'à ce qu'enfin les lignes deviennent les mêmes. Ainsi, un des foyers de l'Ellipse demeurant immobile, si l'autre s'en éloigne continuellement, les nouvelles Ellipses qui seront engendrées approcheront continuellement de la Parabole, & elles coïncideront enfin avec elle, lorsque la distance des foyers sera devenuë infinie. Ainsi, toutes les propriétés de la Parabole conviendront à une Ellipse dont les foyers seront infiniment éloignés, & l'on peut considérer la Parabole comme une Ellipse dont les foyers sont infiniment distans. C'est par ce même principe qu'un mouvement décroissant, devient enfin du repos, & que l'inégalité toujours diminuée, se change en égalité, de sorte même qu'on peut considérer le repos comme un mouvement très-petit, & l'égalité comme une inégalité infiniment petite. Toutes les fois donc que cette continuité d'évenement n'a pas lieu, on doit conclure qu'il y a des défauts dans le raisonnement dont on s'est servi.

C 2.   §. 17.

§. 17. Defcartes, par exemple , auroit réfoꝛmé fes loix du mouvement s'il avoit fait plus d'attention à cette regle; il commença par établir pour premiere loi, que deux Corps égaux qui fe choquent avec des vîtefſes égales doivent retourner en arriere avec la même vîtefſe , & cela eſt très-vrai , car n'y ayant point de raifon pourquoi l'un des deux continueroit fon chemin plûtôt que l'autre , & ces Corps ne pouvant pénétrer les dimenfions l'un de l'autre , ni demeurer en repos, parce que la force fe perdroit, ce qui ne peut arriver, il faut néceffairement qu'ils retournent tous deux en arriere avecla même vîtefſe avec laquelle ils s'étoient choqués.

Mais la feconde loi du mouvement de M. Defcartes & prefque toutes les autres font fauffes , parce qu'elles violent le principe de continuité : car la feconde , par exemple , veut que fi deux corps B. & C. fe rencontrent avec des vîtefſes égales : mais que le Corps B. foit plus grand que le Corps C. alors le feul Corps C. retournera en arriere & le Corps B. continuera fon chemin , tous deux avec la même vîtefſe qu'ils avoient avant le choc : cette regle eſt démentie par l'expérience, & elle eſt fauffe parce qu'elle ne s'accorde point avec la premiere regle du mouvement, & avec le principe de continuité , car en diminuant toujours l'inégalité des Corps , l'effet qui eſt une fuite de l'inégalité, doit toujours s'approcher de celui qui eſt une fuite de leur égalité (§. 16.),

en forte

enforte que diminuant toujours le plus grand
Corps, fa vîteffe vers C. doit diminuer auffi,
& enfin devenir nulle quand on fera parvenu à
une certaine proportion entre B. & C. paffé lequel point, l'inégalité étant abfolument éva-
noüie, l'effet produit par l'égalité des deux
Corps commencera, c'eft-à-dire qu'alors le
mouvement du plus grand Corps B. commencera dans un fens contraire, & les Corps s'en
retourneront en arriere avec la même vîteffe;
felon la premiere loi de M. Defcartes. Ainfi, la feconde ne peut avoir lieu, puifque, felon cette feconde loi, on a beau diminuer la
grandeur de B. & la faire approcher de C. enforte que la différence foit prefqu'inaffignable,
les effets demeureront cependant très-différens,
& ne s'approcheront point l'un de l'autre, ce
qui eft entierement contraire à la loi de continuité: car lorfque l'inégalité vient à ceffer entierement, l'effet fait un grand fault, puifque le
mouvement du Corps B. change tout-à-coup
de direction, paffant tous les cas intermédiaires comme par un fault, tandis qu'il ne fe fait
qu'un changement imperceptible dans la grandeur de ce Corps qui eft cependant la caufe du
grand changement qui arrive dans la direction
de fon mouvement: ainfi, l'effet eft alors plus
grand que la caufe. On voit par cet Exemple
combien il eft important de fe rendre attentif à
cette loi de continuité, & d'imiter en cela la
nature qui ne l'enfreint jamais dans aucune de
fes operations.   C 3.   CHAP.

CHAPITRE II.

De l'Existence de Dieu.

§. 18.

L'étude
de la Phy-
sique nous
conduit à
la connoif-
sance d'un
Dieu.

L'ETUDE de la nature nous éleve à la connoissance d'un Etre suprême ; cette grande vérité est encore plus nécessaire, s'il est possible, à la bonne Physique qu'à la Morale, & elle doit être le fondement & la conclusion de toutes les recherches que nous faisons dans cette science.

Précis
des preu-
ves de cet-
te grande
vérité.

Je crois donc indispensable de commencer par vous mettre sous les yeux un précis des preuves de cette importante vérité, par lequel vous pourrez juger par vous-même de son évidence.

§. 19.

§. 19. I°. Quelque chose existe , puisque j'e-
xiste.

2°. Puisque quelque chose existe , il faut que
quelque chose ait existé de toute éternité , sans
cela il faudroit que le néant qui n'est qu'une
négation eût produit tout ce qui existe , ce qui
est une contradiction dans les termes , car , c'est
dire qu'une chose a été produite , & ne reconnoître cependant aucune cause de son existence.

3°. L'Etre qui a existé de toute éternité doit
exister nécessairement & ne tenir son existence d'aucune cause , car s'il avoit reçû son existence d'un autre Etre , il faudroit que cet autre
Etre existât par lui-même , & alors c'est lui
dont je parle , & c'est Dieu , ou bien il tiendroit encore son existence d'un autre : on voit
aisément qu'en remontant ainsi à l'infini , il faut
arriver à un Etre nécessaire qui existe par lui-
même , ou bien admettre une chaîne infinie
d'Etres , lesquels pris tous ensemble , n'auront
aucune cause externe de leur existence (puisque
tous les Etres entrent dans cette chaîne infinie)
& qui, chacun en particulier, n'en auront aucune cause interne , puisqu'aucun n'existe par lui-
même , & qu'ils tiennent tous l'existence les
uns des autres dans une gradation à l'infini.
Ainsi, c'est supposer une chaîne d'Etres qui séparément ont été produits par une cause , & qui
tous ensemble n'ont été produits par rien, ce qui
est une contradiction dans les termes. Il y a donc

                    une

un Etre qui exiſte néceſſairement , puiſqu'il implique contradiction qu'un tel Etre n'exiſte pas.

4°. Tout ce qui nous environne naît & perit ſucceſſivement ; rien ne joüit d'un état néceſſaire , tout ſe ſuccede , & nous nous ſuccedons nous-mêmes les uns aux autres ; il n'y a donc que de la contingence dans tous les Etres qui nous environnent, c'eſt-à-dire,que le contraire eſt également poſſible , & n'implique point contradiction, (car c'eſt ce qui diſtingue un Etre contingent d'un Etre néceſſaire.)

5°. Tout ce qui exiſte a une raiſon ſuffiſante de ſon exiſtence , ainſi il faut que la raiſon ſuffiſante de l'exiſtence d'un Etre ſoit dans lui , ou hors de lui : or la raiſon de l'exiſtence d'un Etre contingent ne peut être dans lui , car s'il portoit la raiſon ſuffiſante de ſon exiſtence en lui , il ſeroit impoſſible qu'il n'exiſtât pas , ce qui eſt contradictoire à la définition d'un Etre contingent ; la raiſon ſuffiſante de l'exiſtence d'un Etre contingent doit donc néceſſairement être hors de lui , puiſqu'il ne ſauroit l'avoir en lui-même.

6°. Cette raiſon ſuffiſante ne peut ſe trouver dans un autre Etre contingent, ni dans une ſuite de ces Etres, puiſque la même queſtion ſe retrouvera toujours au bout de cette chaîne quelque loin qu'on la puiſſe étendre : il faut donc en venir à un Etre néceſſaire qui contienne la raiſon ſuffiſante de l'exiſtence de tous les Etres contingens, & de la ſienne propre, & cet Etre c'eſt Dieu.

§. 20.

§. 20. Les attributs de cet Etre suprême font une fuite de la néceffité de fon exiftence.

Ainfi il eft éternel, c'eft-à-dire, qu'il n'a point eu de commencement, & qu'il n'aura jamais de fin, car fi l'Etre néceffaire avoit commencé, il faudroit ou qu'il eût agi, avant que d'être, pour fe produire, ce qui eft abfurde, ou bien que quelque chofe l'eût produit, ce qui eft contre la définition de l'Etre néceffaire.

Il ne peut avoir de fin, parce que la raifon fuffifante de fon exiftence refidant en lui, elle ne peut jamais l'abandonner ; de plus, ce qui eft contraire à une chofe néceffaire, implique contradiction, & eft par conféquent impoffible : il eft donc impoffible que l'Etre néceffaire ceffe d'exifter, de la même façon qu'il eft impoffible que trois fois 3. faffent 8.

Il eft immuable, car s'il changeoit il ne feroit plus ce qu'il étoit, & par conféquent il n'auroit pu exifter néceffairement : il faut de plus que chaque état fucceffif ait fa raifon fuffifante dans un état precedent, celui-là dans un autre, & ainfi de fuite : or comme dans l'Etre néceffaire on ne parviendroit jamais au dernier état, puifque l'Etre n'a jamais commencé, un état fucceffif quelconque feroit fans raifon fuffifante, s'il étoit fufceptible de fucceffion ; ainfi, il ne peut point y avoir de changement, ni de fucceffion dans l'Etre néceffaire.

Il fuit clairement de ce qu'on vient de dire, que

Les attributs de Dieu..

Il eft éternel.

Immuable.

Simple.

que l'Etre néceſſaire ne ſçauroit être un Etre
compoſé, qui n'exiſte qu'autant que ſes parties
ſont liées enſemble, & qui peut être détruit
par la diſſociation de ces mêmes parties, & que
par conſéquent l'Etre exiſtant par lui-même eſt
un Etre ſimple.

Le Mon-
de ni notre
Ame ne
peuvent ê-
tre l'Etre
néceſſaire.

§. 21 Le Monde que nous voyons ne ſçauroit
êtrel'Etre néceſſaire, car il eſt compoſé de parties
& il y a une ſucceſſion continuelle en lui, ce
qui eſt abſolument contradictoire aux attributs
que je viens de montrer appartenir à l'Etre néceſſaire.

Par la même raiſon, la Matiere ni les Elé-
mens de la Matiere ne peuvent point être l'E-
tre néceſſaire.

Notre Ame ne peut point être non plus cet
Etre néceſſaire, car ſes perceptions changeant
continuellement, elle eſt dans des variations
perpétuelles, mais l'Etre néceſſaire ne peut varier: notre Ame n'eſt donc point l'Etre néceſſaire.

L'Etre exiſtant par lui-même eſt donc un
Etre différent du Monde que nous voyons, de
la Matiere qui compoſe ce Monde, des élemens
qui compoſent cette Matiere, & de no-
tre Ame; & il contient en lui la raiſon ſuffiſante de ſon exiſtence, & de celle de tous les Etres
qui exiſtent.

§. 22. On voit aiſément par tout ce qui vient
d'être

d'être dit, qu'il ne peut y avoir qu'un Etre néceſſaire, car s'il y avoit deux Etres qui exiſtaſſent néceſſairement, & indépendamment l'un de l'autre,
il ſeroit poſſible que chacun exiſtât ſeul , & par
conſéquen tni l'un ni l'autre n'exiſteroit néceſſairement.

§. 2 3. Il eſt évident que tout ce qui eſt poſſible n'e-
xiſte pas , & qu'une infinité de choſes qui pourroient arriver, n'arrivent point. Alexandre, par
exemple, au lieu de détruire l'Empire des Perſes,
pouvoit tourner ſes armes contre les Peuples de
l'Occident, ou bien vivre paiſiblement dans
ſon Royaume : il pouvoit prendre enfin une
infinité de partis différens de celui qu'il a pris ,
qui auroient tous fait naître une infinité de combinaiſons qui étoient poſſibles alors, & qui auroient produit des évenemens tous différens de
ceux qui ſont arrivés ; les évenemens que contiennent les Romans ſont dans le même cas ; ils
pourroient arriver ſi une autre ſuite de choſes
avoit lieu, ce ſont des hiſtoires d'un Monde
poſſible auquel il manque l'actualité, car chaque ſuite de choſes conſtituë un Monde qui ſeroit différent de tout autre par les évenemens
qui lui ſeroient particuliers ; ainſi, l'on peut concevoir une telle ſuite de cauſes qui auroit fait
naître les évenemens qui ſont dans Zaïde, ou
ceux de la Reine de Navarre , car ces évenemens ſont poſſibles , & il ne leur manque que
l'actualité ; de même, on peut concevoir des

Univers

Univers poſſibles, dans leſquels il y auroit d'autres Etoiles & d'autres Planetes ; & comme les différens rapports de ces Univers peuvent être combinés d'une infinité de manières, il y a une infinité de Mondes poſſibles, dont un ſeul éxiſte actuellement.

Lorſqu'il n'y avoit encore rien de produit, & qu'aucun de ces Mondes poſſibles n'éxiſtoit, ils étoient tous également en pouvoir de parvenir à l'éxiſtence ; & ils attendoient, pour ainſi dire, qu'une puiſſance externe les y appellât, & les rendît actuels ; car ce qui n'éxiſte point, ne peut contribuer à ſon éxiſtence qu'idéalement ; c'eſt-à-dire, autant qu'il renferme certaines déterminations, que le reſte ne renferme pas, & qui peuvent déterminer un Etre Intelligent à le choiſir pour lui donner l'éxiſtence.

Il faut qu'il y ait une raiſon ſuffiſante de l'actualité du Monde que nous voyons, puiſqu'une infinité d'autres Mondes étoient poſſibles : or cette raiſon ne peut ſe trouver que dans les différences qui diſtinguent ce Monde-ci, de tous les autres Mondes: il faut donc que l'Etre néceſſaire ſe ſoit repréſenté tous les Mondes poſſibles, qu'il ait conſidéré leurs arrangemens divers, & leurs différences, pour avoir pû ſe déterminer enſuite à donner l'actualité à celui qui lui plaiſoit le plus.

Dieu eſt un Etre Intelligent. La repréſentation diſtincte des choſes fait l'entendement, or l'Etre néceſſaire qui a dû ſe repréſenter tous les Mondes poſſibles avant de

créer

créer celui-ci, eſt donc un Etre intelligent, dont l'entendement eſt infini, car tous les Mondes poſſibles renferment tous les arrangemens poſſibles de toutes les choſes poſſibles; ainſi, cet Etre que nous nommons Dieu eſt un Etre intelligent, qui voit non-ſeulement tout ce qui arrive actuellement ; mais encore tout ce qui arriveroit dans quelque Combinaiſon des choſes poſſibles que ce puiſſe être, car tout ce qui eſt poſſible entre dans les Mondes qu'il contemple ſans ceſſe, & qui ſe jouënt, pour ainſi dire, devant lui.

§. 24. Comme la ſucceſſion eſt une imperfection attachée au fini, il n'y a point de ſucceſſion dans les perceptions de Dieu, qui ſe repréſente à la fois tous les Mondes poſſibles avec tous leurs changemens poſſibles ; & comme il y a dans nos idées une infinité de choſes confuſes, & que nous ne diſtinguons point à cauſe de leur multiplicité, les idées que Dieu a des choſes étant infiniment diſtinctes, elles ſont infiniment différentes des nôtres, comme feroit à peu près l'idée que nous avons de la Lune d'avec celle qu'en auroit un homme qui auroit demeuré longtems dans cette Planete. La façon dont Dieu voit & ſe repréſente toutes les choſes poſſibles, eſt donc incompréhenſible pour nous. Ainſi nous ne pouvons nous former d'idée diſtincte de l'entendement Divin, il eſt comme la Création, au nombre des choſes qu'il

Et ſon intelligence eſt infiniment au-deſſus de la nôtre.

qu'il nous eſt impoſſible de comprendre & de nier. Souvenons-nous toujours quand nous voudrons comprendre l'entendement de Dieu, de cet Enfant que Saint Auguſtin vit au bord de la mer qui eſſayoit de mettre l'Océan dans une cocque de Noiſette ; & nous aurons par là une foible idée de la préſomption d'un Etre, dont l'entendement eſt fini , & qui veut ſe faire une idée claire de l'entendement du Créateur.

Il eſt libre. §. 25. Le choix que Dieu a fait parmi tous les Mondes poſſibles du Monde que nous voyons, eſt une preuve de ſa liberté , car ayant donné l'actualité à une ſuite de choſes qui ne contribuoit en rien par ſa propre force à ſon éxiſtence , il n'y a point de raiſon qui pût empêcher de donner l'éxiſtence aux autres ſuites poſſibles, qui étoient toutes dans le même cas, quant à la poſſibilité : il a donc choiſi la ſuite de choſes qui compoſent cet Univers pour la rendre actuelle, par ce qu'elle lui plaiſoit le plus ; l'Etre néceſſaire eſt donc un Etre libre : car agir ſuivant le choix de ſa propre volonté , c'eſt être libre.

Infiniment ſage. §. 26. Mais le choix qu'il a fait de ce Monde il ne la pas fait ſans raiſon , car l'intelligence ſuprême ne ſe conduira pas ſans intelligence : or puiſque nous jugeons ici-bas qu'un Etre eſt plus ou moins intelligent, ſuivant qu'il ſe détermine par des raiſons plus ou moins ſuffiſantes, Dieu étant

le

le plus parfait de tous les Etres, aucune de ſes actions ne peut être ſans une raiſon ſuffiſante : il a donc eu une raiſon pour ſe déterminer à créer un Monde, & cette raiſon eſt l'a ſatisfaction qu'il a trouvé à communiquer une partie de ſes perfections, & la raiſon qui l'a déterminé à donner l'actualité à ce Monde-ci plûtôt qu'à tout autre, a été la plus grande perfection qu'il a trouvé dans celui-ci : car tous les Mondes poſſibles étant des ſuites de choſes coëxiſtantes, & ſucceſſives, ces ſuites poſſédent différens degrés de perfection, ſelon qu'elles ſont plus ou moins bien liées enſemble, & qu'elles tendent avec plus ou moins d'harmonie à une fin générale ; or la contemplation de la perfection eſt la ſource du plaiſir dans les Etres intelligens, car ce qui a le plus de perfection plaît d'avantage, & un Etre raiſonnable ne deſire les choſes qu'à proportion qu'il y remarque des perfections ; mais comme notre entendement eſt borné, & que nous ſommes ſujets à nous tromper dans les jugemens que nous portons, nous prenons ſouvent une perfection apparente pour une perfection réelle ; mais Dieu voyant les choſes avec un entendement infini, il ne peut être trompé par les apparences, ni choiſir le mauvais, faute de connoître le meilleur ; il apperçoit donc parmi tous les Mondes poſſibles le meilleur & le plus parfait, & cette plus grande perfection eſt la raiſon ſuffiſante de la préférence qu'il a donnée à ce Monde-ci ſur tous les autres Mondes

des possibles : l'Etre nécessaire est donc infiniment sage, car il n'appartient qu'à un Etre dont la Sagesse est infinie de choisir le plus parfait.

§.27. C'est de cette Sagesse infinie du Créateur que les causes finales, ce principe si fécond dans la Physique, & que quelques Philosophes en ont voulu bannir bien mal-à-propos, tirent leur origine ; tout marque un dessein, & c'est être aveugle, ou vouloir l'être, que de ne pas appercevoir que le Créateur s'est proposé dans le moindre de ses Ouvrages des fins, qu'il obtient toujours, & que la Nature travaille sans cesse à exécuter : ainsi, cet Univers n'est point un cahos, une masse désordonnée, sans harmonie & sans liaison, comme quelques déclamateurs voudroient le persuader ; mais toutes les parties y sont arrangées avec une sagesse infinie, & aucune ne pourroit être transplantée ni ôtée de sa place, sans nuire à la perfection du tout.

En étudiant la Nature, on découvre quelque partie des vûës, & de l'art du Créateur dans la construction de cet Univers : ainsi, Virgile a eû raison de dire : *Felix qui potuit rerum cognoscere causas* ; puisque la connoissance des causes nous éleve jusqu'au Créateur, & nous fait entrer dans le mystére de ses desseins, en nous faisant voir l'ordre admirable qui régne dans l'Univers & les rapports de ses différentes parties qui ne font pas seulement des rapports nécessaires de

situation

situation , comme d'être en haut ou en bas ; mais des rapports d'un deffein dont tout porte l'empreinte ; & plus le Monde vieillit , plus les hommes pouffent loin leurs découvertes, & plus on trouve un deffein marqué dans la fabrique du Monde, & de la moindre de fes parties.

§. 28. Ce monde-ci eft donc le meilleur des Mondes poffibles , celui où il régne le plus de varieté avec le plus d'ordre , & où le plus d'effets font produits par les Loix les plus fimples. C'eft l'Univers qui occupe la pointe de la piramide *, & qui n'en a point au-deffus de lui , mais bien une infinité au deffous qui décroiffent en perfection, & qui n'étoient point dignes par conféquent d'être choifis par un Etre infiniment fage.

Ce Monde-ci eft le meilleur des Mondes poffibles.

Toutes les objections tirées des maux qu'on voit régner dans ce Monde s'évanoüiffent par ce principe , Dieu les fouffre dans l'Univers en tant qu'ils entrent dans la meilleure fuite des chofes poffibles , & dont ils ne fçauroient être ôtés, fans ôter quelques perfections au tout; car tout l'Univers eft lié enfemble , le moindre événement tient à une infinité d'autres qui

Les imperfections des parties contribuent à la perfection du tout dans cet Univers.

---

* M. de Leibnits continuant dans fa Théodicée le Dialogue entre Boëce & Valla , introduit le Prêtre d'Apollon, qui veut favoir l'origine des malheurs de Sexte Tarquin, & qui cherche cette origine dans le Palais des deftinées, qui étoit une piramide compofée de tous les Mondes poffibles , dans laquelle le meilleur, qui étoit celui-ci, où Tarquin commettoit les crimes qui ont été la caufe de la liberté Romaine, occupoit la pointe.

l'ont précédé , & une infinité d'autres tiennent à lui , & en naîtront. Pour juger donc d'un événement, il n'en faut point juger en particulier, & hors de la liaison , & de la suite des choses ; mais il en faut juger par rapport à l'Univers entier, & par les effets qu'il produit dans tous les lieux, & dans tous les tems. Car de vouloir juger par un mal apparent de la perfection de l'Univers, c'est juger d'un tableau entier par un seul trait , & c'est une chimére de s'imaginer que toutes les imperfections puissent être ôtées, & le tout rester le même , ou devenir plus parfait : l'imperfection dans la partie contribue souvent à la perfection du tout ; car lorsqu'il faut satisfaire à plusieurs régles à la fois pour arriver à une perfection générale , les régles se contredisent souvent, & forcent à des exceptions qu'il est impossible d'éviter , d'où naissent les imperfections dans la partie, lesquelles ne laissent pas de contribuer au tout le plus parfait qu'il soit possible d'éxécuter. L'œil humain, par exemple, ne pourroit voir les moindres parties d'un objet sans perdre la vûë du tout ; nous verrions quelques points , très-distinctement, si nos yeux étoient des Microscopes, mais nous en perdrions l'ensemble. Il faut donc que notre vûë soit moins distincte pour se proportionner à nos besoins, puisque la distinction des moindres parties , & la vûë totale de l'ensemble ne peuvent être réünis ; car il nous est plus utile de voir l'objet entier que de distinguer

guer tous ſes points les uns après les autres : ainſi
c'eſt une chimére de croire que l'œil de l'homme eût été plus parfait , s'il eût diſtingué les
moindres parties des choſes, puiſqu'au contraire une telle vûë nous eût été preſqu'inutile.

La volonté générale de Dieu va ſans doute
au bien & à la perfection de chaque choſe en
particulier ; mais ſa volonté conſequente, qui
eſt le réſultat de toutes ſes volontés antécedentes,& qui peut ſeule s'éxécuter, va au bien ,
& à la plus grande perfection du tout , à laquelle la perfection des parties doit céder.

Il eſt vrai que nous ne pouvons voir tout ce
grand tableau de l'Univers, ni montrer en détail
comment la perfection du tout réſulte des imperfections apparentes que nous croyons voir dans
quelques parties , car il faudroit pour cela ſe
repréſenter l'Univers entier, & pouvoir le comparer avec tous les autres Univers poſſibles , ce
qui eſt un attribut de la Divinité (§. 23.) Mais
notre impuiſſance ſur cela ne peut nous faire
douter que l'Intelligence ſuprême n'ait choiſi
le meilleur des Mondes pour lui donner l'éxiſtence : car l'Etre néceſſaire qui ſe ſuffit à lui-
même, & qui n'a beſoin d'aucune choſe hors
de lui , n'a pû ſe propoſer d'autres fins dans
la Création de cet Univers , que de communiquer une partie de ſes perfections à ſes Créatures , & de faire un ouvrage digne de lui , puiſqu'il ſe ſeroit manqué à lui-même , & qu'il auroit dérogé à ſes perfections , s'il avôit pro-

D 2　　duit

duit un Monde indigne de fa Sageffe.

Une fuite de l'enchaînement des parties &
du tout, c'eft que toute imperfection ne peut
être ôtée à l'homme ; l'homme eft un être fini,
borné & limité dans tout par fon effence : or
combien de maux ne nous arrive-t'il pas, parce-
que notre entendement eft limité, parce que
nous ne faurions tout favoir, tout entendre,
ni nous trouver par tout où notre préfence feroit néceffaire ? Mais ce font là des facultés
que la Créature ne pourroit avoir fans devenir
un Dieu : ainfi, les imperfections qui font dans
la Créature une fuite de fes limitations', font
des imperfections néceffaires.

L'Etre fu-
prême eft
infiniment
bon.

§ 29. Il fuit de tout ce que je viens de dire,
que l'Etre fuprême eft infiniment bon ; car
s'étant déterminé à créer un Monde pour communiquer une partie de fes perfections infinies,
il s'eft déterminé à accorder l'actualité à la
meilleure fuite de chofes poffibles ; il a accordé à chaque chofe en particulier, autant de
perfection effentielle qu'elle en pouvoit recevoir ; & il a dirigé par fa Sageffe les maux qui
étoient inévitables dans cette fuite de chofes à
de plus grands biens.

Et infini-
ment puif-
fant.

§. 30. Il eft infiniment puiffant ; car Dieu
s'étant repréfenté de toute éternité, tout ce qui
eft poffible, fon entendement eft la fource de
toute poffibilité, & rien ne pouvant jamais devenir

venir poſſible que ce que Dieu a conçu comme tel , & rien n'étant actuel que ce à quoi il a bien voulu accorder l'éxiſtence , il eſt le principe de la poſſibilité , & de l'actualité de tout ce qui eſt actuel & poſſible.

§. 3 1. Dieu eſt le Maître abſolu de cette ſuite de choſes à laquelle il a accordé l'éxiſtence, il peut la changer & l'anéantir; car de même qu'on a vû qu'un Etre contingent ne peut ſe donner l'éxiſtence, il ne peut non plus ſe la conſerver un moment par ſa propre force. Ainſi, la raiſon de l'éxiſtence continuée ne peut être dans la Créature , qui ne peut ni commencer , ni continuer d'être , que par la volonté du Créateur , dont elle a beſoin à tout moment pour ſe ſoutenir dans l'actualité qu'il lui a donnée.

Son entendement eſt le principe de la poſſibilité, & ſa volonté, la ſource de l'actualité des choſes.

CHAPITRE III.

De l'Essence, des Attributs & des Modes.

§. 32.

C OMME je serai obligé d'employer souvent dans cet Ouvrage les termes d'*essence*, de *modes*, & d'*attributs*, & qu'il est assez ordinaire que ceux qui les prononcent ayent des idées fort différentes de leur signification, je crois qu'il ne sera pas inutile de fixer ces idées, & de vous apprendre ce que vous devez entendre par ces mots ; car de la véritable notion de l'essence, & de l'attribut dépendent

dépendent des vérités très-importantes en Phyſique.

§. 33. Ce qui eſt impoſſible ne peut exiſter, car on appelle impoſſible ce qui implique contradiction ; or ſi ce qui implique contradiction pouvoit exiſter , une choſe pourroit être, & n'être pas en même tems : ce qui eſt démontré faux pour tous les hommes.

§. 34. Tout ce qui eſt poſſible peut exiſter, car lorſqu'une choſe ne renferme rien de contradictoire, on ne peut rien imaginer qui s'oppoſe à la poſſibilité de ſon exiſtence ; la poſſibilité des choſes dépend donc de la non-contradiction de leurs déterminations ; & dès qu'une choſe ne renferme rien de contradictoire, par cela même elle eſt poſſible. Un triangle, par exemple, peut être décrit parce qu'il n'eſt point contradictoire que trois lignes puiſſent être aſſemblées à leurs extrémités & renferment un eſpace : ainſi, quel'on décrive un triangle , ou que l'on n'en décrive point, le triangle reſte toujours également poſſible : la deſcription execute ce qui étoit poſſible auparavant , mais elle n'ajoute rien de nouveau ; cela fait voir la néceſſité de diſtinguer , comme j'ai fait ci deſſus , entre actuel & poſſible. Tout ce qui eſt poſſible n'eſt pas actuel, quoique tout ce qui eſt actuel ſoit poſſible : ainſi, il faut une cauſe externe pour l'actualité , c'eſt-à-dire, pour l'exiſtence, qui eſt le complement de la poſſibilité ; & ſans l'actualité un

Etre

Etre resteroit éternellement dans le pays des possibles, (si je puis m'exprimer ainsi) & ne parviendroit jamais à l'existence.

*Défini-
tion de ce
qu'on ap-
pelle un
Etre.*

§. 35. On appelle donc, *un Etre*, ce qui peut exister, & dont les déterminations n'impliquent aucune contradiction, soit que cet Etre existe, soit qu'il soit seulement possible : car nous parlons souvent d'Etres passés, ou futurs, & donnons par conséquent le nom d'*Etre* à tout ce qui est possible, soit qu'il existe ou non, mais on appelle *Etre de raison*, *chimere*, ce qui implique contradiction, & ne peut jamais exister, c'est-à-dire, ce qui est impossible.

*Les Etres
ont des dé-
termina -
tions varia-
bles & des
détermina-
tions cons-
tantes.*

§. 36. Lorsque nous considerons les Etres qui nous environnent, nous y remarquons des déterminations variables & des déterminations constantes : une pierre, par exemple, est tantôt chaude & tantôt froide, mais elle est toujours dure, composée de parties, & pesante. La dureté, la pesanteur, la divisibilité sont donc les déterminations constantes de l'Etre que nous appellons une pierre ; & la chaleur, la couleur, &c. sont ses déterminations variables. Ainsi, l'Horloge à Pendule qui est sur cette cheminée, a toujours les mêmes rouës, le même ressort, &c. mais la situation de ses différentes parties entre elles varie à tout moment pendant qu'elle va. De même les côtés & les angles d'un triangle demeurent inalterables, soit qu'on inscrive

ce

ce triangle dans un cercle, ou qu'on le circonſ-
crive à ce cercle, ou que l'on abaiſſe une perpendiculaire de ſon ſommet ſur ſa baſe-

§. 37. Lorſque l'on conſidere avec attention
les déterminations conſtantes, & qu'on les
compare entre elles, on remarque que quelques unes dépendent tellement des autres,
qu'elles ne ſçauroient ſubſiſter, ni avoir lieu dans
l'Etre ſans les premieres, au lieu que les premieres ne dépendent nullement les unes des autres, & ne ſe déterminent point mutuellement ;
mais qu'elles ſont ſeulement telles, qu'elles
peuvent ſubſiſter enſemble, & être combinées,
ſans s'entredétruire. On voit, par exemple,
que trois côtés & trois angles ſont également
des déterminations permanentes & invariables
dans un triangle, cependant avec plus d'attention, on s'apperçoit que lorſque deux lignes droites ſont jointes par leurs extrêmités, elles ne ſe
déterminent point l'une l'autre, & qu'elles peuvent faire un angle, ou n'en point faire ; & faire un angle d'une certaine grandeur, ou d'une
autre : mais cet angle & ces deux côtés une
fois déterminés, les deux autres angles & le
troiſiéme côté le ſont auſſi ; & il faut abſolument les faire de la grandeur que ces premieres
déterminations exigent, car toute autre maniere eſt impoſſible. Ainſi, le troiſiéme côté, &
les deux autres angles d'un triangle, dépendent
des deux côtés & de l'angle compris.

§. 38.

Ce que c'eſt qu'eſ-
ſence, & en quoi el-
le conſiſte.

§. 38. Lorſque l'on veut concevoir comment un Etre eſt poſſible, ce n'eſt point les déterminations variables qu'il faut conſidérer, car ces déterminations ſubſiſtant tantôt, & tantôt ne ſubſiſtant plus, elles ne peuvent point entrer dans le nombre de celles qui conſtituent un Etre, puiſque cet Etre peut ſubſiſter malgré leurs variations.

On ne peut point non plus poſer, pour concevoir cet Etre, les déterminations conſtantes qui découlent, & ſont elles-mêmes déterminées par d'autres déterminations qui les précedent ; car on veut ſçavoir ici comment l'Etre eſt poſſible, & ce qui le rend poſſible : il faut donc aſſembler les déterminations de cet Etre qui ne ſe repugnent point l'une à l'autre, & qui ne ſont point des ſuites néceſſaires d'autres déterminations antécedentes, comme ſont, par exemple, dans un triangle, les deux côtés & l'angle compris ; car comme le troiſiéme côté & les deux autres angles ne ſont poſſibles, qu'autant que les deux côtés & l'angle compris ſont poſés, il faut poſer les deux côtés & cet angle avant le troiſiéme côté, & les deux autres angles : ainſi, les déterminations primordiales ſont celles qui conſtituent l'eſſence d'un Etre.

Puiſque c'eſt par ſon eſſence qu'un Etre devient poſſible, quand on veut connoître la poſſibilité d'un Etre, il faut connoître ſon eſſence, c'eſt-à-dire, la maniere dont cet Etre peut être produit : ainſi, l'eſſence eſt la premiere
choſe

chofe que l'on puiſſe concevoir dans un Etre ;
& aucun Etre ne ſçauroit ſubſiſter ſans eſſence.

§. 39. Tout ce qui ſe déduit de l'eſſence appartient conſtamment à l'Etre, & c'eſt ce qu'on appelle, *attribut* ou *propriété.* Tout ce qui repugne à l'eſſence d'un Etre, c'eſt-à-dire, à ſes déterminations primordiales & eſſentielles, ne ſçauroit ſe trouver dans cet Etre, mais tout ce qui n'eſt point contradictoire à ces déterminations peut s'y trouver, quoiqu'il ne s'y trouve pas toujours ; & c'eſt là l'origine des attributs, & des proprietés variables, ou des modes. Il répugne, par exemple, à l'eſſence d'un triangle d'avoir quatre côtés, parce que l'eſſence du triangle exclut le quatriéme côté ; mais il ne repugne point à cette eſſence que le triangle ſoit partagé en deux par une ligne tirée du ſommet ſur la baſe.

Les attributs ou proprietés découlent de l'eſſence.

Tout ce qui ſe trouve dans un Etre doit donc ſe rapporter ou aux proprietés eſſentielles & primordiales, ou aux attributs, ou aux modes. Ainſi, les proprietés eſſentielles & primordiales, ou l'eſſence d'un triangle ſont deux côtés & l'angle compris : ſes attributs ſont un côté & deux angles ; & ſes modes ſont d'être inſcrit, circonſcrit, &c.

§. 40. Les proprietés primordiales & les attributs ſont conſtamment dans l'Etre, & ne l'abandonnent

bandonnent jamais ; mais les modes peuvent s'y trouver, & ne s'y trouver pas : & il n'y a que leur possibilité de nécessaire, & d'invariable.

§. 41. Il n'y a point de raison primitive & intrinsèque pour que les déterminations essentielles d'un Être se trouvent dans cet Être, car ces déterminations étant ce que l'on peut concevoir de premier dans l'Être, on y peut concevoir quelqu'autre chose d'anterieur d'où les déterminations premieres dépendent elles-mêmes : ainsi, par exemple, il y a une raison premiere & interne pourquoi le triangle équilateral a ses trois angles égaux ; mais il n'y en a point pourquoi ses trois côtés sont égaux. Car ces trois côtés égaux sont ce que l'on prend pour démontrer l'égalité des trois angles : car un triangle est déterminable de plusieurs façons ; il peut être équilateral, ou scalene ; mais c'est moi qui le détermine à être équilateral ; en faisant ses trois côtés égaux. Il en est des déterminations essentielles d'un Être, comme des données d'un problême, qui sont des déterminations simplement possibles, qui ne se contredifent & ne s'entredétruisent point ; & qui font naître par leur combinaison quelque nouvelle détermination qu'on doit chercher. Si ces premieres déterminations qu'on nomme les *déterminantes*, avoient une raison intrinsèque pourquoi elles sont ensemble, le

problême

Différence entre déterminations essentielles & attributs.

problême feroit plus que déterminé ; pour
trouver, par exemple, le quatriéme côté L.
d'un trapefe, on donneroit plus de déterminations qu'il n'en faut pour la folution du problême, en donnant les trois côtés A. B. C. &
les trois angles *o. u. r.* puifque les trois côtés
A. B. C. avec les deux angles *o.* & *u.* fuffifent
pour déterminer tout ce qui convient à ce trapefe, & le troifiéme angle *r.* étant déja déterminé lui-même par ces données, il ne doit
point entrer dans le nombre des déterminantes :
car ces données n'ont point de déterminations
intrinfeques, & leur grandeur peut varier, &
être telle que celui qui donne le problême le
juge à propos ; mais l'angle *r.* eft déterminé par
les trois côtés A. B. C. & les deux angles *o.*
& *u.* & fa grandeur ne fçauroit varier.

§. 42. Il eft évident par-là que les proprietés ou attributs, ont leur raifon fuffifante dans
les déterminations effentielles ; car puifque ces
effentielles étant pofées, les proprietés le font
auffi, on peut comprendre par la nature des
déterminations effentielles pourquoi les attributs ou proprietés, font plutôt telles, que tout
autrement. Ainfi, on voit que la grandeur des
angles *r.* & *s.* & du côté L. du trapefe A. B.
C. L. découle de la grandeur des trois autres
côtés, & des deux autres angles qui font les
déterminations effentielles du trapefe A. B. C.
& qui font fon effence ; & ces effentielles déterminantes

Planche
1e.

Fig. 5.
Num. 2.

Fig. 5.
Num. 2.

terminantes variant, les attributs ou proprietés varient auffi néceffairement : elles font les
inconnuës d'un problême , qui doivent avoir
leur raifon fuffifante dans les données, puifque
fans cela il feroit impoffible de refoudre le problême , & de les déterminer

§. 43. Les modes font la limitation du fujet
dont ils font les modes : tout ce qui ne repugne point aux déterminations effentielles, quoique les effentielles ne le déterminent point ,
eft un *mode* : ainfi, l'on peut comprendre par
ces effentielles, pourquoi un mode eft poffible,
mais non pas pourquoi il devient actuel ; car
fi les déterminations effentielles contenoient la
raifon de l'actualité des modes, les modes deviendroient des attributs, puifqu'il feroit impoffible qu'ils ne fe trouvaffent pas dans l'Etre.

§. 44. Ainfi la fimple poffibilité des modes re-
connoit fa raifon fuffifante dans l'effence ; mais
leur actualité dépend, ou d'autres modes antécedens, ou d'Etres extérieurs ; ou de l'un
& de l'autre à la fois.

Les attributs ne peuvent pas non plus contenir la raifon de l'actualité des modes, car ce
qui eft fondé dans les attributs, eft originai-
rement fondé dans l'effence, d'où les attributs
dépendent ; & ainfi les modes actuels feroient
néceffaires & immuables comme les attributs
mêmes , fi la raifon de leur actualité fe trouvoit

dans

dans les attributs : or puifque cette raifon ne
fe peut trouver dans l'effence ni dans les attributs d'un Etre, fi elle fe trouve dans l'Etre même, il faut qu'elle foit fondée dans les modes
antécédens; car un Etre n'a que fon effence, fes
attributs, & fes modes: fi elle n'eft pas dans
l'Etre même, il faut qu'elle fe trouve dans les
Etres extérieurs, & fi une partie feulement de
cette raifon fe trouve dans l'Etre, il faut que le
refte fe trouve dans les Etres extérieurs, pour
que la raifon de l'actualité des modes devienne
fuffifante.

Un exemple éclaircira tout ceci, la pofition
donnée des parties d'un Horloge, par exemple, ne dépend point de fon effence, parce
qu'elle peut changer ; la poffibilité de cette pofition dérive feulement de l'effence : mais fon
actualité vient de la pofition précédente ; & fi
un agent extérieur faifoit tourner les roues de
cet Horloge, l'actualité de la nouvelle pofition
que fes parties acquerroient, dependroit en partie de cet Etre extérieur, qui applique fa force
à faire remuer les rouës, & en partie de la pofition précédente, dans laquelle il a trouvé
les rouës de cet Horloge avant de les faire
tourner.

Les mouvemens du Corps humain peuvent
encore fervir d'exemple ; car tous les mouvemens que je puis faire avec mon bras font poffibles par mon effence ; mais l'actualité d'un
mouvement quelconque, dépend en partie des
objets

objets extérieurs qui m'y déterminent, & en partie de la fituation antécédente de mon bras.

§. 45. Comme l'effence confifte dans la-non répugnance de l'affemblage de plufieurs déterminations pour faire un feul Etre, on voit que la poffibilité des effences actuelles eft néceffaire, & qu'il implique contradiction, qu'il y ait eû un tems où une effence qui eft poffible à préfent, ait été impoffible, parce qu'il faudroit pour cela qu'une chofe pût être poffible & impoffible, en même tems. L'effence d'un triangle, par exemple, confifte en ce qu'il ne repugne point que trois Lignes données, dont deux prifes enfemble font plus grandes que la troifiéme, renferment une efpace, & l'on ne peut jamais concevoir que cela devienne impoffible, fans admettre que les mêmes déterminations puffent fe repugner, & ne fe point repugner en même tems.

Ces effences font néceffaires.

Elles font invariables comme les nombres.

§. 46. De même que les effences font poffibles de toute éternité, elles font invariables : car fi on fubftituë à la place d'une des déterminations qui conftituent l'effence d'un Etre, une autre détermination qui puiffe fubfifter avec les autres, (car fans cela cette fubftitution de détermination ne pourroit avoir lieu) on aura un Etre nouveau ; mais le premier n'aura pas été changé pour cela dans fa poffibilité, ni dans fon effence. Anfi, par exemple, fi à la place

d'un

d'un des côtés d'un triangle, on en met deux autres, on ne détruit ni on ne change pas pour
cela l'essence du triangle; mais on fait une Figure à quatre côtés, c'est-à-dire, un Etre d'une
nouvelle espéce.

Ainsi, les Scholastiques avoient raison de
dire que les essences sont comme les Nombres:
rien n'est plus juste que cette comparaison, qui
même est une espece de démonstration qui
éclaircit merveilleusement cette doctrine des
essences; car, pour faire un nombre, on combi-
ne quelques unités, dont la combinaison n'est
point nécessaire, mais seulement possible : or
si vous ôtez une de ces unités, ou que vous
leur en ajoutiez une, vous aurez un autre nombre; ainsi rien ne peut être ôté, ni ajoûté à un
nombre, *salvo Numero*, sans la destruction de
ce nombre. Il en est de même des essences ;
quelques déterminations qui ne sont point nécessairement ensemble, mais qui ne se repugnent point, constituent l'essence; & quoique
vous en ôtiez ou y ajoûtiez, l'essence ne demeure plus la même, ce n'est plus le même
Etre; mais il en nait l'essence d'un autre Etre
très-différent du premier.

§. 47. Il suit encore de ce qu'on a dit sur
le fondement des attributs, qu'ils sont incommunicables : car ayant leur raison suffisante dans
l'essence, il est impossible de les transporter
ailleurs ; & il ne peut se trouver d'attributs dans

un fujet que ceux qui découlent de fon effence. Ce qui finit cette difpute fi fameufe parmi les Philofophes, fi Dieu a pû donner la penfée à la matiere ou non ; car il fuit néceffairement de la Doctrine des effences, qu'il ne peut y avoir de propriétés dans un fujet que celles qui naif-fent de fon effence, c'eft-à-dire, de la Combinai-fon de fes déterminations effentielles & in-variables. Tous les Philofophes avouent que la matiére, en tant que matiére, c'eft-à-dire, en tant qu'étenduë & impénétrable ne peut for-mer une penfée ; mais ils difent, *que Dieu a peut-être donné à la matiére l'attribut de la pen-fée, quoiqu'elle ne l'ait point par fon effence, & qu'ainfi, comme on ne fait point ce qu'il a plû à Dieu de faire, on ne peut favoir non plus fi ce qui penfe en nous eft matiére ou non.* Puifqu'ils avouent que la penfée n'eft point fondée dans l'effence de la matiére, & qu'elle n'eft point un attribut de la matiére, elle ne peut pas non plus lui avoir été communiquée, puifque par la Doctrine des effences, les attributs font incommunicables, & qu'ils doivent tous avoir leur fondement dans l'effence : il eft donc im-poffible que la penfée puiffe être un attribut de la matiére.

§. 48. J'ai dit dans le Chapitre précédent (§. 30.) que l'entendement de Dieu étoit la fource des poffibles, mais comme cette ma-tiére eft de la derniére importance dans la Phy-fique

fique, je crois néceffaire de l'éclaircir ici.

L'entendement Divin eft la fource de tout ce qui eft poffible, parce que toutes les chofes poffibles avec toutes leurs déterminations poffibles y font contenues, mais les effences des chofes, c'eft à-dire, les premieres déterminations, par la combinaifon defquelles elles deviennent poffibles, & dont toutes leurs propriétés découlent, ont leur fondement dans le principe de contradiction, & font póffibles, parce qu'il n'implique point contradiction que de telles ou telles déterminations puiffent être affemblées d'une telle, ou d'une telle maniére. Ainfi l'effence d'un Cercle confifte dans une Ligne dont tous les points font également éloignés d'un autre point qu'on nomme centre : or il n'implique point contradiction qu'une Ligne puiffe être tournée autour d'un point fixe pour décrire un Cercle, & il eft impoffible de concevoir que cela ait jamais impliqué contradiction. Ainfi, les effences des chofes ne font point arbitraires, & ne dépendent point de Dieu : car fi les chofes n'étoient poffibles que parce que Dieu l'a voulu ainfi, elles deviendroient impoffibles s'il le vouloit autrement, c'eft-à-dire, que tout feroit poffible & impoffible en même temps, ce qui eft une contradiction dans les termes : ainfi dire que les effences ne dépendent pas de Dieu, c'eft dire fimplement que Dieu ne peut pas les contradictoires, ce qui n'eft pas une négation de puiffance.

E 2 §.

Si l'on accordoit que les eſſences des choſes dépendiſſent de la volonté de Dieu, il s'en-
ſuivroit encore une autre contradiction bien
palpable; car l'entendement de Dieu conſiſtant
dans la repréſentation des poſſibles, ſi la poſſibilité des choſes dépendoit de ſa volonté, il
faudroit dire que Dieu a été ſans entendement,
pendant que ſa volonté étoit occupée à créer des
poſſibles : or il n'y auroit point eu alors de raiſon pour laquelle il eût pû ſe déterminer à
accorder la poſſibilité à certaines choſes plûtôt
qu'à d'autres, puiſqu'il ne les connoiſſoit pas.
Ainſi, c'eſt comme ſi l'on diſoit que l'entendement ou la repréſentation des choſes étoit
en Dieu, avant l'entendement & la repréſentation des choſes, ce qui eſt une contradiction
dans les termes.

§. 49. Quoique l'eſſence des choſes ne dé-
pende pas de Dieu, cependant il ne s'enſuit
pas qu'il y ait rien hors de lui; car les idées qui
repréſentent la poſſibilité des choſes ſont eſſentielles à Dieu, & ſon entendement contient
tout ce qui eſt poſſible, & tout ce qui ne s'y
trouve point eſt impoſſible. Ainſi, l'entendement
Divin eſt la région éternelle des vérités, &
la ſource des poſſibilités, de même que ſa volonté eſt la ſource de l'actualité & de l'éxiſtence.

On doit donc dire que l'actualité des choſes
dépend de la volonté de Dieu, car ayant donné
l'éxiſtence

l'éxiftence à ce Monde plûtôt qu'à tout autre Monde poffible, le Monde éxifte, parce que Dieu l'a voulu, & un autre éxifteroit s'il l'avoit voulu autrement; mais la poffibilité des chofes a fa fource dans l'entendement de Dieu qui a conçû néceffairement tout ce qui eft poffible de toute éternité, mais non pas dans fa volonté qui ne peut fe déterminer que conféquemment à ce que fon entendement fe repréfente. Ainfi, on ne doit rien admettre comme vrai en Philofophie, quand on ne peut donner d'autre raifon de fa poffibilité que la volonté de Dieu, car cette volonté ne fait point comprendre comment une chofe eft poffible. Ainfi, on ne peut concevoir comment un auffi grand homme que Defcartes a pû penfer que les effences étoient arbitraires, puifque cette opinion eft entierement renverfée par le principe de contradiction, que lui-même avoit pofé dans le commencement de fa Philofophie.

L'actualité des chofes dépend de la volonté de Dieu.

§. 50. Ainfi quand il eft queftion d'admettre quelques propriétés dans un Etre, il faut voir fi cette propriété découle de fon effence, c'eft-à-dire, des déterminations primordiales qui le rendent poffible; car en tant qu'un Etre eft confidéré feul, il faut montrer fa poffibilité intrinféque par le principe de contradiction, & fa poffibilité externe, ou fon actualité par le principe de la raifon fuffifante & de là déduire les attributs de cet Etre, & les modes dont

Comment on doit juger quelles propriétés appartiennent à un Etre.

il eſt ſuſceptible. Et quand on conſidere cet Etre comme placé dans la ſuite des choſes , & lié avec les autres Etres qui l'environnent ; il faut montrer comment un Etre dépend de ſon voiſin , & quelles cauſes ont donné l'actualité aux modes qui étoient ſimplement poſſibles , lorſque l'Etre étoit conſideré comme iſolé & hors de la ſuite des choſes : c'eſt de cette ma-niére que Dieu a exécuté ſa volonté , & que l'on doit chercher à rendre raiſon des choſes dans la Philoſophie.

Cette ſeule vérité de l'immuabilité des eſſen-ces , bannit tout d'un coup de la Philoſophie toutes les hipotheſes précaires, & tous les mon-ſtres ſortis de l'imagination des hommes, qui ont tant retardé le progrès des Sciences & de l'eſprit humain : telles ſont les forces primiti-ves des Scholaſtiques qui ſe trouvoient dans la matiére, ſans autre raiſon que la volonté de Dieu : telle ſeroit l'attraction ſi on en vouloit faire une propriété inhérente de la matiére : telle eſt enfin, comme je l'ai dit ci-deſſus , (§. 47.) l'idée du célébre Locke ſur la poſſibi-lité de la matiére penſante.

De la Sub- §. 51. On peut expliquer par ce principe de
ſtance. l'immutabilité des eſſences , ce que c'eſt que Subſtance dont tout le monde parle,& dont per-ſonne n'a encore donné une bonne définition.

Les Scholaſtiques définiſſoient la Subſtance , *Ens quod per ſe ſubſiſtit & ſuſtinet accidentia ,* c'eſt-à-dire ,

c'eft-à-dire , *un Etre qui fubfifte par lui-même
& eft le foutien des accidens :* mais quand on
veut fçavoir ce que c'eft que *fubfifter par foi-
même , foutenir des accidens, & la maniére dont
ils font foutenus ,* on ne reçoit pour toute ré-
ponfe que de nouveaux mots à définir , & aufquels aucune idée diftinéte n'eft attachée.

Defcartes n'a pas été plus loin que les Scho-
laftiques fur ce fujet, car il définit la Subftance,
*un Etre qui éxifte tellement qu'il n'a befoin d'au-
cun autre Etre pour fon éxiftence :* or on voit bien
que cela revient au *per fe fubfiftere* des Scho-
laftiques, & que de plus, fi on prend cette définition à la rigueur , il n'y aura que Dieu qui
foit une véritable Subftance, puifque toutes les
Créatures fubfiftent par lui   & que lui feul fubfifte par lui-même.

M. Locke lui-même s'arrête à la notion imaginaire de la Subftance, telle que les fens &
l'imagination la donnent au vulgaire , il dit :
*que la Subftance n'eft autre chofe qu'un fujet que
nous ne connoiffons pas , & que nous fuppofons être le foutien des qualités dont nous dé-
couvrons l'éxiftence , & que nous ne croyons pas
pouvoir fubfifter ,* fine re fubftante, *fans quelque chofe qui les foutienne , & que nous donnons
à ce foutien le nom de Subftance qui , rendu net-
tement en François veut dire , ce qui eft deffous ,
ou ce qui foutient.* On voit aifément que cette
notion de la Subftance eft entierement con-
fufe , comme M. Locke l'avoue lui - même ,

E 4   . &

Défini-
tion de la
Subftance
par les
Scholafti-
ques.

Idée de
M. Locke
fur la Sub-
ftance.

Locke liv.
2. ch. 23.

& qu'elle n'eſt autre choſe qu'une eſpéce de comparaiſon qui a quelque reſſemblance avec la notion véritable.

D'autres Philoſophes ont nié la diſtinction entre Modes & Subſtances, croyant que tout ce qui appartient à l'Etre étoit également néceſſaire, & que les Modes devenoient des Subſtances, & les Subſtances des Accidens ſelon qu'on les conſidéroit, confondant ainſi les ſubſtantifs de la Grammaire qui ſont des Subſtances par fiction, avec les véritables Subſtances de la Nature. Ainſi, quand je dis *blanc*, j'exprime un mode; mais j'en fais une Subſtance par fiction, quand je dis *blancheur*, quoique la blancheur ne puiſſe jamais être une véritable Subſtance.

Véritable notion de la Subſtance.

§. 52. On a vû ci deſſus (§. 36.) que chaque Etre a des déterminations conſtantes, qui demeurent toujours les mêmes pendant que l'Etre ſubſiſte, & des déterminations variables qui changent pendant que les autres durent. Nous avons vû de plus, que les attributs découlent néceſſairement des déterminations eſſentielles, ainſique la poſſibilité des modes, dont l'actualité ſeule eſt variable (§. 39. & 43.) Or il ſuit de-là, que les déterminations eſſentielles ſont le ſoutien de l'Etre, où ce *ſubſtratum*, qui a tant embarraſſé les Philoſophes ; car les déterminations eſſentielles étant ôtées, les attributs tombent comme en ruine, de même que les modes, & alors l'Etre n'éxiſte plus, n'eſt plus lui.

Ainſi

Ainſi, l'eſſence eſt la ſource des attributs & de la poſſibilité des modes, ainſi elle eſt comme le ſupport & le ſoutien de tout ce qui peut convenir à l'Etre; & l'on peut définir la Subſtance, *ce qui conſerve des déterminations eſſentielles & des attributs conſtans, pendant que les modes y varient & ſe ſuccedent*; c'eſt-à-dire, un ſujet durable & modifiable : car en tant qu'il a une eſſence & des propriétés qui en découlent, il dure & continuë d'être le même, & en tart que ſes modes varient, il eſt modifiable : mais un Etre qui n'eſt point modifiable eſt un accident, comme le blanc, par exemple; car la moindre modification de cette couleur la change en une autre, & elle ne peut être modifiée ſans être changée.

Tout Etre durable & modifiable eſt une Subſtance.

CHAPITRE

CHAPITRE IV.

Des Hipotheses

§. 53.

L Es véritables caufes des effets natu-rels & des Phénomenes que nous ob-fervons, font fouvent fi éloignées des principes fur lefquels nous pouvons nous appuyer, & des Expériences que nous pouvons faire, qu'on eft obligé de fe conten-ter de raifons probables pour les expliquer : les probabilités ne font donc point à rejetter dans les fciences, non feulement parce qu'el-les font fouvent d'un grand ufage dans la pra-tique, mais encore parce qu'elles frayent le chemin qui méne à la verité.

Utilité des proba-bilités dans la Phyfi-que.

§. 54.

§. 54. Il faut un commencement dans toutes les recherches , & ce commencement doit
presque toujours être une tentative très-impar-
faite, & souvent sans succès. Il y a des verités
inconnuës comme des pays , dont on ne peut
trouver la bonne route qu'après avoir essayé de
toutes les autres. Ainsi, il faut nécessairement
que quelques-uns risquent de s'égarer , pour
marquer le bon chemin aux autres : ce seroit
donc faire un grand tort aux sciences , & retarder infiniment leurs progrès que d'en bannir
avec quelques Philosophes modernes , les hipotheses .

Utilité des hipotheses.

§. 55. Descartes qui avoit établi une bonne
partie de sa Philosophie sur des hipotheses, parce
qu'il étoit presqu'impossible de faire autrement
dans son tems , mit tout le Monde sçavant dans
le goût des hipotheses ; & l'on ne fut pas long-
tems sans tomber dans celui des fictions. Ainsi , les livres de Philosophie qui devoient être
un recueil de verités , furent remplis de fables,
& de rêveries.

Abus des hipotheses par les disciples de M. Descartes.

M. Newton, & surtout ses disciples, ont
tombé dans l'excès contraire : dégoutés des
suppositions , & des erreurs dont ils trouvoient
les livres de Philosophie remplis , ils se sont
elevés contre les hipotheses , & ont tâché de
les rendre suspectes & ridicules, en les appel-
lant, *le poison de la raison , & la peste de la Philosophie.* Cependant, celui-là seul qui seroit en

Les disciples de M. Newton sont tombés dans le défaut contraire.

état

état d'affigner & de démontrer les caufes de tout ce que nous voyons, feroit en droit de bannir entierement les hipothefes de la Phyfique; mais pour nous autres, qui ne femblons pas faits pour de telles connoiffances, & qui ne pouvons fouvent arriver à la verité qu'en nous traînant de vraifemblance en vraifemblance, il ne nous appartient pas de prononcer fi hardiment contre les hipothefes.

Comment on fait une hipothefe.

§. 56. Lorfque l'on prend certaines chofes pour rendre raifon de ce qu'on obferve, & que l'on n'eft pas encore en état de démontrer la verité de ces chofes que l'on a fuppofées, on fait une hipothefe. Ainfi, les Philofophes établiffent des hipothefes pour expliquer par leur moyen les Phénomenes dont nous ne fommes point en état de découvrir la caufe par l'Expérience, ni par la démonftration.

Les hipothefes font le fil qui nous a conduit aux plus fublimes découvertes.

§. 57. Pour peu qu'on fe rende attentif à la façon dont les plus fublimes découvertes ont été faites, on verra que l'on n'y eft parvenu qu'après avoir fait bien des hipothefes inutiles, & ne s'être point rebuté par la longueur & l'inutilité de ce travail; car les hipothefes font fouvent le feul moyen de découvrir des verités nouvelles qui foit à notre portée; il eft vrai que le moyen eft lent, & demande un travail d'autant plus pénible, que l'on eft longtemps fans pouvoir s'affurer s'il fera utile ou infructueux :

de

de même que lorsque l'on fait une route in-
connuë, & que l'on trouve plusieurs chemins,
ce n'est qu'après avoir marché long-temps, que
l'on peut s'assûrer si l'on a pris la bonne route,
ou si l'on s'est égaré : mais si l'incertitude dans
laquelle on est, lequel de ces chemins est le
bon, étoit une raison pour n'en prendre aucun,
il est certain qu'on n'arriveroit jamais; au lieu que
lorsqu'on a le courage de se mettre en chemin,
on ne peut douter que de trois chemins, dont
deux nous ont égaré, le troisiéme nous conduira infailliblement au but.

C'est de cette maniere que l'Astronomie a
été portée au point où nous l'admirons aujour-
d'hui ; car si l'on avoit voulu attendre pour calculer le cours des Astres, que l'on eût trouvé la
véritable théorie des Planetes, nous serions
actuellement sans Astronomie.

La premiere idée de ceux qui se sont appli-
qués à cette science, aussi bien que celle de
tous les hommes, a dû être que le Soleil &
tous les Astres tournoient autour de la Terre en
vingt-quatre heures. On commença donc à
expliquer, & à prédire les Phénomenes par
cette hipothese que l'on a appellé *l'hipothese de
Ptolomée*, jusqu'à ce que les difficultés insur-
montables des conséquences que l'on en tiroit,
comparées avec les observations, & l'impossibilité de construire selon cette hipothese des
tables qui fussent d'accord avec les Phénomenes du Ciel, porterent Copernic à l'abandonner

Sans hi-
pothese on
auroit fait
peu de dé-
couvertes
dans l'As-
tronomie.

C'est à el-
les que l'on
doit le vé-
ritable sys-
téme du
Monde.

ner entierement, & à s'attacher à l'hipothefe contraire ; laquelle fe trouve tellement d'accord avec les Phénomenes, que fa certitude n'eft pas loin à préfent de la démonftration ; & qu'il n'y a aucun Aftronome qui ofe adopter celle de Ptolomée.

§. 58. Les hipothefes doivent donc trouver place dans les fciences, puifqu'elles font propres à nous faire découvrir la verité, & à nous donner de nouvelles vûës ; car une hipothefe étant une fois pofée, on fait fouvent des expériences pour s'affûrer fi elle eft la bonne, dont on ne fe feroit jamais avifé fans cela. Si l'on trouve que ces expériences la confirment, & que non feulement elle rende raifon du Phénomene qu'on s'étoit propofé d'expliquer par fon moyen, mais encore que toutes les conféquences qu'on en tire s'accordent avec les obfervations, la probabilité croît à un tel point, que nous ne pouvons lui refufer notre affentiment, & qu'elle équivaut prefque à une démonftration.

L'exemple des Aftronomes peut encore fervir merveilleufement à éclaircir cette matière ; car on eft venu à déterminer les véritables orbites des Planetes, en fuppofant d'abord qu'elles faifoient leurs révolutions dans des cercles dont le Soleil occupoit le centre : mais la variation de leur vîteffe & leurs diametres apparens étant contradictoires à cette hipothefe, on fuppofa qu'elles fe mouvoient dans des cercles

cles excentriques, c'eſt-à-dire dans des cercles dont le Soleil n'occupoit point le centre.
Cette ſuppoſition qui ſatisfaiſoit aſſez bien aux
mouvemens de la Terre, s'éloignoit beaucoup
de ce que l'on obſerve de la Planete de Mars ;
& pour y remedier, on chercha à faire une
nouvelle correction à la courbe que les Planetes décrivent dans leur révolution annuelle.
Cette façon de proceder réuſſit ſi bien, qu'enfin Kepler allant de ſuppoſition en ſuppoſition,
trouva leur véritable orbite, qui ſatisfait admi-
rablement à toutes les apparences, & cet orbite eſt une Ellipſe dont le Soleil occupe un
des foyers.

C'eſt par le moyen de cette hipotheſe de l'El-
lipticité des orbites que Képler parvint à découvrir la proportionnalité des aires & des tems,
& celle des tems & des diſtances ; & ce ſont
ces deux fameux théorêmes, qu'on appelle les
Analogies de Képler, qui ont mis M. Newton à
portée de démontrer que la ſuppoſition de l'El-
lipticité des orbes des Planetes s'accorde avec
les loix de la Méchanique, & d'aſſigner la proportion des forces qui dirigent les mouvemens
des Corps Céleſtes.

Il eſt donc évident que c'eſt aux hipotheſes
ſucceſſivement faites & corrigées que nous
ſommes redevables des belles & ſublimes connoiſſances dont l'Aſtronomie & les ſciences qui
en dépendent ſont à préſent remplies ; & l'on
ne voit point comment il auroit été poſſible

aux

aux hommes d'y parvenir par un autre moyen.

C'eſt par ce même moyen que nous ſçavons aujourd'hui que Saturne eſt entouré d'un anneau qui réfléchit la lumiere , & qui eſt ſeparé du corps de la Planete, & incliné à l'Ecliptique : car M. Hughens qui l'a découvert le premier, ne l'a point obſervé tel que les Aſtronomes le décrivent à préſent ; mais il en obſerva pluſieurs phaſes, qui ne reſſembloient quelquefois à rien moins qu'à un anneau ; & comparant enſuite les changemens ſucceſſifs de ces phaſes , & toutes les obſervations qu'il en avoit faites , il chercha une hipotheſe qui pût y ſatisfaire , & rendre raiſon de ces différentes apparences. Celle d'un anneau réuſſit ſi bien, que par ſon moyen , non ſeulement on rend raiſon des apparences, mais on prédit encore, les phaſes de cet anneau avec préciſion.

Cet accord entre l'hipotheſe & les obſervations ont enfin converti cette ſuppoſition de M. Hughens en certitude ; & l'on ne doute plus à préſent que cet anneau ne ſoit très-réel : ainſi, les hipotheſes nous ont valu cette belle découverte de l'anneau de Saturne.

On peut en dire autant de l'ingénieuſe explication que le même M. Hughens a donné des Halos, c'eſt-à-dire, de ces eſpeces de couronnes colorées qui paroiſſent quelquefois autour des Aſtres. Perſonne avant lui n'avoit imaginé quelle pouvoit être la cauſe de ces Phénomenes ; mais M. Hughens, après pluſieurs

ſuppoſitions

C'eſt par le moyen des hipotheſes que M. Hughens a découvert que Saturne étoit entouré d'un anneau.

suppofitions inutiles, trouva enfin qu'en fuppofant dans l'air des grains de grêle glacés avec un noyau de neige au milieu, on pouvoit rendre raifon de toutes les circonftances qui accompagnent ces Phénomenes ; & perfonne ne s'eft avifé de révoquer cette explication de M. Hughens en doute.

§. 59. Il en eft de même dans les nombres : la divifion, par exemple, n'eft fondée que fur des hipothefes, & fans hipothefe, vous ne pourriez divifer ; car lorfque vous commencez la divifion, vous fuppofez que le divifeur eft contenu dans le dividende autant de fois que le premier chifre du divifeur eft contenu dans le premier chifre, ou dans les deux premiers chifres du dividende ; & alors vous vérifiez cette fuppofition en multipliant le divifeur par le quotient, & en foûtrayant du dividende le produit de cette multiplication. Si vous trouvez que cette fouftraction ne peut point fe faire, vous concluez que vous avez trop mis au quotient ; & alors vous le corrigez. Ainfi, toute cette operation fe fait par le moyen des hipothefes.

§. 60. Il eft donc permis, & il eft même très-utile de faire des hipothefes dans tous les cas, où nous ne pouvons point découvrir la véritable raifon d'un Phénomene & des circonftances qui l'accompagnent, ni *à priori*, par le

La divifion n'eft fondée que fur des hipothefes.

Les hipothefes font non feulement très-utiles, mais même quelquefoistrès-néceffaires.

moyen des vérités que nous connoiſſons déja ;
ni *à poſteriori*, par le ſecours des Experiences.

Comment
il faut ſe
conduire,
quand on
fait une hi-
potheſe.

§. 61. Il y a ſans doute des regles à ſuivre,
& des écueils à éviter dans les hipotheſes. La
premiere de toutes eſt, qu'elle ne ſoit point en
contradiction avec le principe de la raiſon ſuffiſante, ni avec aucun de ceux qui ſervent de
fondement à nos connoiſſances. La ſeconde regle eſt de ſe bien aſſûrer des faits qui ſont à notre portée, & de connoître toutes les circonſtances qui accompagnent le Phénomene que nous
voulons expliquer. Ce ſoin doit préceder toute hipotheſe inventée pour en rendre raiſon ;
car celui qui hazarderoit une hipotheſe ſans
cette précaution, coureroit le riſque de voir
renverſer ſon explication par des faits nouveaux dont il avoit négligé de s'inſtruire ; c'eſt
ce qui ſeroit arrivé à celui qui auroit voulu
rendre raiſon de l'Electricité, après avoir vû
ſeulement que la cire d'Eſpagne, frottée avec
force, attire des brins de papier : car il lui étoit
facile de faire ſur les autres corps ce qu'il faiſoit ſur la cire d'Eſpagne ; & en les frottant de
même, ils auroient été auſſi électriſés. Ainſi,
l'explication de l'électricité de la cire d'Eſpagne
ſeule eût été inſuffiſante & précipitée.

Mais lorſque l'on peut ſe flatter de connoître le plus grand nombre des circonſtances qui
accompagnent un Phénomene, alors on peut

en chercher la raison par des hipotheses, au
hazard fans doute de fe corriger , & d'être cor-
rigé bien fouvent : mais ces efforts que l'on fait
pour trouver la vérité font toujours glorieux ,
quand même ils feroient fans fruit.

§. 62. Les hipothefes n'étant faites que pour
découvrir la vérité , on ne les doit point faire
paffer pour la vérité elle - même , avant d'en
pouvoir donner dès preuves inconteftables. Il
eft donc très - important pour le progrès des
fciences, de ne point fe faire illufion à foi-même & aux autres fur les hipothefes que l'on a
inventées, mais il faut eftimer le degré de probabilité qui s'y trouve , & n'en jamais impofer
par des détours & un air de démonftration, qui
n'a que trop fouvent fait prendre le change aux
perfonnes qui cherchent à s'inftruire.

Avec cette précaution on ne coure point le
danger de faire prendre pour certain ce qui ne
l'eft pas ; & l'on excite ceux qui nous fuivent à
corriger les défaus qui fe trouvent dans nos hipothefes, & à fuppléer ce qui leur manque
pour les rendre certaines.

§. 63. La plûpart de ceux qui depuis Defcartes , ont remplis leurs Ecrits d'hipothefes ,
pour expliquer des faits, que bien fouvent ils
ne connoiffoient qu'imparfaitement , ont pé-
ché contre cette regle , & ont voulu faire paffer leurs fuppofitions pour des vérités : & c'eft

là en partie la source du dégoût que l'on a pris pour les hipothefes dans ce fiecle. Mais l'abus d'une chofe utile ne lui ôte point fon utilité, & ne doit point nous empécher d'en faire ufage, quand on le peut faire avec fruit.

Une feule experience contraire, fuffit pour rejetter une hipothefe.

§. 64. Une experience ne fuffit pas pour admettre une hipothefe, mais une feule fuffit pour la rejetter lorfqu'elle lui eft contraire. Il fuit, par exemple, de l'hipothefe, dans laquelle on fuppofe que le Soleil fe meut autour de la Terre qui lui fert de centre, que les diametres du Soleil doivent être égaux dans tous les tems de l'année; mais l'experience montre qu'ils paroiffent inégaux. On peut donc conclure de cette obfervation, avec fûreté, que l'hipothefe dont cette égalité eft une conféquence, eft fauffe; & que la Terre n'occupe point le centre de l'orbe du Soleil.

Une hipothefe peut être vraye dans une de fes parties & fauffe dans l'autre.

§. 65. Une hipothefe peut être vraie dans une de fes parties, & fauffe dans l'autre : alors la partie qui fe trouve en contradiction avec l'experience, doit être corrigée.

Mais il faut bien prendre garde de ne mettre dans la conclufion que ce qui doit y être; & de ne point charger l'hipothefe entiere d'un défaut qui ne tombe que fur l'une de fes parties. Par exemple, M. Defcartes a attribué la chûte des Corps vers le centre de la Terre, à un tourbillon de matiere fluide qui pouffe les

Corps

Corps vers ce centre par son tournoyement rapide autour de la Terre : mais M. Hughens a
fait voir par une experience incontestable, que
selon cette supposition, les Corps devroient
être dirigés dans leur chûte perpendiculairement à l'axe de la Terre, & non pas à son
centre : l'on peut donc conclure de là, qu'un
tourbillon de matiere fluide, tel que M Descartes l'a conçû, ne sçauroit produire la chûte
des Corps vers le centre de la Terre ; mais on
se précipiteroit trop, si on en vouloit conclure
qu'aucune matiere fluide n'opere le Phénoméne de la chûte des Corps. Il en est de même
des autres tourbillons, qui, selon M. Descartes,
emportent les Planetes autour du Soleil ; car
M. Newton a fait voir que cette supposition
ne s'accorde point avec les loix de Képler. On
en doit donc inferer que les mouvemens des
Planetes ne sont point l'effet des tourbillons
de matiere fluide que M. Descartes avoit sup-
posés pour les expliquer : mais on ne peut
point en conclure légitimement, qu'aucun
tourbillon, ou plusieurs de ces tourbillons,
conçûs d'une autre maniere, ne peuvent être la
cause de ces mouvemens.

Preuve
tirée des
tourbillons
de Descar-
tes.

§. 66. Ainsi, quand on fait une hipothese,
on doit déduire toutes les conséquences qui
peuvent en être légitimement déduites, & les
comparer ensuite avec l'experience ; car s'il arrive que toutes ces conséquences soient confir-

F 3   mées.

mées par les experiences, la probabilité acquiere
son plus haut degré : mais s'il y en a une seule
à laquelle elles soient contraires, on doit rejetter, ou l'hipothese entiere, si cette conséquence est une suite de l'hipothese entiere, ou
cette partie de l'hipothese dont elle est une suite nécessaire.

Les Astronomes nous donnent encore l'e-
xemple de cette regle ; car une infinité de
découvertes n'auroient point été faites dans
l'Astronomie, si l'on n'avoit point cherché à vérifier par l'experience les conséquences que l'on
tiroit des hipotheses. Il suit, par exemple, de
l'hipothese de Copernic, que si la distance d'u-
ne Etoile à la Terre a une raison comparable au
diametre de son orbite, la hauteur du pole &
des Etoiles Fixes doit varier dans les différens
tems de l'année. Le desir de verifier cette conséquence, a porté plusieurs Astronomes à faire
des observations sur cette Parallaxe annuelle,
ou hauteur des fixes ; entr'autres, M. Brad-
ley, entre les mains duquel cette conséquence
s'est non-seulement confirmée, mais a fait naître encore cette belle théorie de l'aberration
des Fixes, dont on ne se seroit jamais avisé
auparavant.

<table>
<tr><td>Défini-
tion des
hipotheses</td><td>§. 67. Les hipotheses ne sont donc que des
propositions probables qui ont un plus grand,
ou un moindre degré de certitude, selon qu'el-
les satisfont à un nombre plus ou moins grand</td></tr>
</table>

des

des circonſtances qui accompagnent le Phénomene que l'on veut expliquer par leur moyen;&
comme un très-grand degré de probabilité entraîne notre aſſentiment, & fait ſur nous prefque le même effet que la certitude, les hipotheſes deviennent enfin des verités, quand leur
probabilité augmente à un tel point, qu'on
peut la faire moralement paſſer pour une certitude : & c'eſt ce qui eſt arrivé au ſiſtême du
Monde de Copernic, & à celui de M. Hughens ſur l'anneau de Saturne

Une hipotheſe devient au contraire impro-
bable, à proportion qu'il s'y rencontre des circonſtances dont cette hipotheſe ne rend point
raiſon, comme dans l'hipotheſe de Ptolomée.

§. 68. Quand on fait une hipotheſe ; on
doit avoir des raiſons pour préferer la ſuppoſition ſur laquelle elle eſt fondée, à toute autre
ſuppoſition ; car ſans cela on débite des chi-
meres, & des principes précaires qui n'ont aucun fondement.

§. 69. Il eſt donc néceſſaire, non-ſeulement
que tout ce qu'on ſuppoſe ſoit poſſible, mais
encore qu'il ſoit poſſible de la maniere qu'on
l'employe ; & que les Phénomenes en découlent néceſſairement, & ſans qu'on ſoit obligé
de faire des ſuppoſitions nouvelles : ſans cela,
la ſuppoſition ne merite pas le nom d'hipothe-

F 4   ſe ;

Ce qui
les rend
probables.

Ce qui
les infirme.

ſe ; car une hipotheſe eſt une ſuppoſition qui rend raiſon d'un Phénomene. Or quand elle n'en rend point raiſon par des conſéquences néceſſaires, & qu'on eſt obligé de faire des hipotheſes nouvelles pour faire uſage de la premiere, ce n'eſt qu'une fiction indigne d'un Philoſophe.

§. 70. Si ceux qui ont voulu expliquer tant d'effets ſurprenans par le moyen des particules crochuës, branchuës, & canelées, avoient fait attention à ce qui eſt requis pour faire une hipotheſe véritablement philoſophique, ils n'auroient point retardé comme ils ont fait, les progrès des ſciences, en créant des monſtres qu'il falloit enſuite combattre comme des réalités.

§. 71. En diſtinguant entre le bon & le mauvais uſage des hipotheſes, on évite les deux extrémités, & ſans ſe livrer aux fictions, on n'ôte point aux ſciences une méthode très - néceſſaire à l'art d'inventer, & qui eſt la ſeule qu'on puiſſe employer dans les recherches difficiles qui demandent la correction de pluſieurs ſiecles, & les travaux de pluſieurs hommes, avant d'atteindre à une certaine perfection ; & l'on ne doit point craindre que par cette méthode la Philoſophie devienne un amas de fables : car on a vû qu'on ne peut faire une bonne hipotheſe que lorſqu'on a un grand nombre des faits & des circonſtances qui accompagnent

Les hipotheſes ſont un des grands moyens de l'art d'inventer.

gnent le Phénomene qu'on veut expliquer, (§.
61.)& que l'hipothefe n'eft vraie & ne mérite
d'être adoptée que lorfqu'elle rend raifon de
de toutes les circonftances , (§. 66.) Les bonnes
hipothefes feront donc toujours l'ouvrage des
plus grands hommes. Copernic , Képler , Hughens, Defcartes , Leibnits , M. Newton lui
même ont tous imaginé des hipothefes uti-
les pour expliquer des Phénomenes compliqués & difficiles ; & les exemples de ces
grands hommes & leur fuccès doivent nous
faire voir combien ceux qui veulent bannir les
hipothefes de la Philofophie , entendent mal
les interêts des fciences.

Les bon-
nes hipo-
thefes ont
toujours é-
té faites par
les plus
grands
hommes.

CHAPITRE V.

De l'Espace.

§. 72.

L A question sur la nature de l'Espace, est une des plus fameuses qui ait partagé les Philosophes anciens & modernes; aussi est-elle une des plus essentielles par l'influence qu'elle a sur les plus importantes vérités de Physique & de Métaphysique.

Définitions de l'Espace très-opposées.

Quelques-uns ont dit: *l'Espace n'est rien hors des choses, c'est une abstraction mentale, un Etre idéal, ce n'est que l'ordre des choses en tant qu'elles coéxistent, & il n'y a point d'Espace sans corps.* D'autres au contraire ont soutenu, *que l'Espace l'Espace est un Etre absolu, réel, & distinct des corps qui y sont placés, que c'est une étenduë impalpable, pénétrable, non solide, le vase universel qui reçoit les Corps qu'on y place; en un mot, une espéce de fluide immateriel & étendu à l'infini, dans lequel les Corps nagent.* Les premiers ont allégué plusieurs raisons Métaphysiques pour soutenir leur opinion, & les autres, l'idée que l'imagination se peut former de l'Espace, & ils ont appuyé cette idée, que l'imagination se forme, de beaucoup d'objections contre l'opinion contraire, tirées des Phenoménes, & sur-tout de la difficulté qu'il y a que les Corps se meuvent dans le plein absolu.

La moitié des Philosophes a crû, & croit encore l'espace vuide, & l'autre le croit rempli de matiére.

§. 73. Le sentiment d'un Espace distingué de la matiére a été autrefois soutenu par Epicure, Démocrite & Leucippe, qui regardoient l'Espace comme un Etre incorporel, impalpable, & incapable d'action & de passion. Gassendi a renouvellé de nos jours cette opinion, & le célébre Locke dans son Livre *de l'Entendement Humain*, ne distingue l'Espace pur des Corps qui le remplissent, que par la pénétrabilité : ce Philosophe fait dériver la véritable notion de l'Espace, de la vûë & du contact, parce que, dit-il, on ne peut ni le voir ni le toucher, mais on voit & on touche les Corps.

M. Keill dans son *Introduction à la véritable Physique*, aussi-bien que tous les Disciples du Livre *de l'Entendement Humain*, a soutenu

tenu

tenu la même opinion ; il a même donné des
Théorèmes, par lesquels il prétend prouver que
toute la matiére est parsemée de petits espaces ou
interstices absolument vuides, & qu'il y a dans
les Corps beaucoup plus de vuide que de matiére
solide. Mais le vuide disseminé repugne aussi-bien
que les atomes, au principe de la raison suffisante, ainsi il ne peut-être admis ; en effet si les
petits atomes ou particules premieres de la matiére nageoient dans le vuide, leur grandeur &
leur figure seroient sans raison suffisante ; car
la figure limite l'étenduë, & l'actualité d'une
figure quelconque devient compréhensible,
lorsqu'on peut expliquer comment & pourquoi
l'étenduë est limitée. Or l'on s'apperçoit bien
que le vuide ne renferme point cette raison,
parce qu'il ne contient rien par où l'on puisse
comprendre pourquoi les particules ont une figure quelconque plûtôt que toute autre figure
possible, & pourquoi elles sont d'une certaine
grandeur. Il faut donc chercher cette raison dans
les Corps extérieurs environans, car la figure
est un mode de l'étenduë : on est donc obligé
d'admettre une matiére environante qui limite
les parties de l'étenduë, & qui soit la raison de
leurs différentes figures ; ainsi il faut remplir les
interstices vuides pour satisfaire au principe de
la raison suffisante.

L'autorité de M. Newton a fait embrasser
l'opinion du vuide absolu à plusieurs Mathema-
ticiens. Ce grand homme croyoit, au rapport
dé

de M. Locke, qu'on pouvoit expliquer la création de la matiére par l'Espace, en se figurant
que Dieu auroit rendu plusieurs parties de l'Espace impénétrables : on voit dans le *Scholium
generale* qui est à la fin des principes de Monsieur Newton , qu'il croyoit que l'Espace étoit
l'immensité de Dieu, il l'appelle dans son Optique le *Sensorium* de Dieu; c'est-a-dire, ce, par le
moyen de quoi Dieu est présent à toutes choses.

§. 74. M. Clarke s'est donné beaucoup de
peine pour soutenir les sentimens de M. Newton, & les siens propres sur l'Espace absolu,
contre M. de Leibnits , qui prétendoit que
l'Espace n'étoit que l'ordre des choses coéxistantes.

Il est certain que si, on consulte le principe
de la raison suffisante que j'ai établi dans le premier Chapitre, on ne peut se dispenser d'avoüer
que M. de Leibnits avoit raison de bannir l'Espace absolu de l'Univers, & de regarder l'idée
que quelques Philosophes croyent en avoir ,
comme une illusion de l'imagination ; car non-
seulement il n'y auroit , comme on vient de le
voir , aucune raison de la limitation de l'étenduë; mais, si l'Espace est un Etre réel & subsistant
sans les Corps , & qu'on puisse les y placer ; il
est indifférent dans quel endroit de cet Espace
similaire on les place , pourvû qu'ils conservent
le même ordre entre eux : ainsi il n'y auroit
point eû de raison suffisante pourquoi Dieu auroit

roit placé l'Univers dans la place où il est maintenant, plûtôt que dans toute autre, puisqu'il
pouvoit le placer dix mille lieuës plus loin, &
mettre l'Orient où est l'Occident ; ou bien il
pouvoit le renverser, faisant garder aux choses
la même situation entre elles.

M. Clarke sentit bien la force de cé raisonnement, & il ne put y opposer autre chose, si-
non, que la simple volonté de Dieu étoit la raison suffisante de la place de l'Univers dans l'Espace, & qu'il n'y en avoit point d'autre : mais
on sent bien que cet aveu fait crouler son opinion, & découvre le foible de sa cause ; car
Dieu ne sauroit agir sans des raisons prises dans
son Entendement, & sa volonté doit toujours
se déterminer avec raison. Ainsi être obligé de
recourir à une volonté arbitraire de Dieu, laquelle n'est point fondée sur une raison suffisante, c'est être réduit à l'absurde. Ainsi, la raison
de la place de l'Univers dans l'Espace, & celle
du limite de l'étenduë n'étant ni dans les choses
mêmes, ni dans la volonté de Dieu, on doit
conclure que l'hipothése du vuide est fausse,
& qu'il n'y en a point dans la Nature.

Le raisonnement de M. de Leibnits contre
l'Espace absolu est donc sans replique, & l'on est
forcé d'abandonner cet Espace, si l'on ne veut
point renoncer au principe de la raison suffisante,
c'est-à-dire, au fondement de toute vérité.

Difficultés   §. 79. Il y a encore une grande absurdité à
                                    dévorer

dévorer dans l'opinion de l'Espace abſolu, c'eſt que tous les attributs de Dieu lui conviennent; car cet Espace, s'il étoit poſſible, ſeroit réellement infini, immuable, incréé, néceſſaire, incorporel, préſent par tout. C'eſt en partant de cette ſuppoſition que M. Raphſon à voulu démontrer géométriquement que l'Espace eſt un attribut de Dieu, & qu'il exprime ſon eſſence infinie & illimitée : & c'eſt effectivement ce qui ſuit très-naturellement de la ſuppoſition de l'Espace abſolu, quand on l'a une fois admiſe.

qui naiſſent de l'opinion de l'Espace pur.

§. 76. On fait trois objections principales, contre le plein abſolu, auſquelles il eſt aiſé de répondre; la premiere, roule ſur l'impoſſibilité apparente du mouvement dans le plein ; la ſeconde, ſur la différente péſanteur des différens Corps ; & la troiſiéme, ſur la réſiſtance de la matiére par laquelle les Corps qui ſe meuvent dans le plein, doivent perdre leur mouvement en très-peu de tems.

Trois principales objections contre le plein, auſquelles il eſt facile de répondre.

On répond à la premiere Objection, que le mouvement eſt poſſible dans le plein à cauſe du mouvement circulaire, par lequel les parties environnantes ſuccedent au Corps qui ſe meut en occupant la place qu'il abandonne : la ſeconde Objection, eſt fondée ſur cette ſuppoſition, que toute matiére eſt péſante, mais c'eſt ce qui eſt entierement faux ; car par le principe de la raiſon ſuffiſante, la péſanteur eſt l'effet du choc d'une matiére environnante : or cette matiére

n'eſt

n'eſt pas péſante ; car ſi elle l'étoit, il faudroit
recourir à une autre matiére qui la choquât, &
remonter ainſi à l'infini, & ainſi cette Objection
fondée ſur la peſanteur générale de la matiére
ne peut ſubſiſter. Enfin, dans la troiſiéme, on ne
conſidére que la matiére morte & ſans mouvement , & alors les raiſonnemens que l'on fait
ſur ſa réſiſtance ſont très-ſolides : mais ils ne
prouvent rien , ſi on conſidére la matiére vivi-
fiée par le mouvement , telle qu'elle l'eſt en effet ; car une matiére très-fine & muë en tout
ſens , peut ſe mouvoir avec une telle rapidité ,
qu'elle n'apportera aucune réſiſtance ſenſible au
mouvement des Corps placés dans cette matiére ; ainſi , on aura un vuide phyſique, qui ſera le Phenoméne qui réſulte de la fineſſe &
du mouvement très-rapide de cette matiére :
or le vuide eſt tout ce que prouvent les expériences dont on fait des objections invincibles
contre le plein.

**Comment
nous nous
formons
l'idée de
l'Eſpace,&
de ſes pro-
priétés.**

§. 77. Il ne ſera pas inutile d'éxaminer ici comment nous venons à nous former les idées de
l'étenduë, de l'Eſpace, & du continu ; cet exa-
men ſervira à vous découvrir la ſource des illu-
ſions que l'on s'eſt fait ſur la nature de l'Eſpace,
& à vous en préſerver à l'avenir.

Nous ſentons que , lorſque nous conſidérons
deux choſes comme différentes , & que nous
les diſtinguons l'une de l'autre , nous les plaçons dans notre eſprit l'une hors de l'autre ;

ainſi,

ainſi, nous voyons comme hors de nous tout
ce que nous regardons comme différent de nous,
les exemples s'en préſentent en foule. Si nous
nous repréſentons dans notre imagination un
édifice que nous n'aurons jamais vû, nous nous
le repréſentons comme hors de nous, quoique
nous ſachions bien que l'idée que nous en avons
éxiſte en nous, & qu'il n'y a peut-être rien
d'éxiſtant de cet édifice hors de notre idée; mais
nous nous le repréſentons comme hors de nous,
parce que nous ſavons qu'il eſt différent de nous;
de même, ſi nous repréſentons idéalement deux
hommes, ou que nous répétions dans notre eſprit la repréſentation du même homme deux
fois, nous les plaçons l'un hors de l'autre, parce
que nous ne pouvons point forcer notre eſprit à
imaginer qu'ils ſont *un*, & *deux*, en même tems.

Il ſuit de-là que nous ne pouvons point nous
repréſenter pluſieurs choſes différentes comme
faiſant un, ſans qu'il en réſulte une notion attachée à cette diverſité & à cette union des
choſes, & cette notion nous la nommons
Etenduë; ainſi, nous donnons de l'étenduë à
une ligne, en tant que nous faiſons attention à
pluſieurs parties diverſes que nous voyons comme éxiſtant les unes hors des autres, qui ſont
unies enſemble, & qui ſont par cette raiſon un
ſeul tout.

Il eſt ſi vrai que la diverſité & l'union font
naître en nous l'idée de l'étenduë, que quelques Philoſophes ont voulu faire paſſer notre

ame pour quelque chose d'étendu, parce qu'ils y remarquoient plusieurs facultés différentes, qui cependant constituënt un seul sujet; en quoi ils se trompoient : c'est abuser de la notion de l'étenduë, que de regarder les attributs & les modes d'un Etre comme des Etres séparés, éxistans les uns hors des autres ; car ces attributs & ces modes sont inséparables de l'Etre qu'ils modifient.

Puisque nous nous représentons dans l'étenduë plusieurs choses qui éxistent les unes hors des autres, & font *un* par leur union, toute étenduë a des parties qui éxistent les unes hors des autres & qui font *un*, & dès que nous nous représentons des parties diverses, & unies, nous avons la notion d'un Etre étendu.

§. 78. Pour peu que l'on fasse attention à cette notion de l'étenduë, on s'apperçoit que les parties de l'étenduë, considérées par abstraction, & sans faire attention ni à leurs limites, ni à leurs figures, ne doivent avoir aucune différence interne ; elles doivent être similaires, & ne différer que par le nombre : car puisque pour former l'idée de l'étenduë, on ne considére que la pluralité des choses & leur union, d'où naît leur éxistance l'une hors de l'autre, & que l'on exclut toute autre détermination, toutes les parties étant les mêmes quant à la pluralité & à l'union, l'on peut substituer l'une à la place de l'autre, sans détruire ces deux déterminations,

de

de la pluralité, & de l'union, aufquelles feules
on fait attention, & par conféquent deux parties quelconques d'étenduë ne peuvent différer
qu'en tant qu'elles font deux & non pas une.
Ainſi toute l'étenduë doit être conçûë comme
étant uniforme, fimilaire, & n'ayant point de
détermination interne, qui en diftingue les parties les unes des autres ; puifqu'étant pofées
comme l'on voudra, il en réfultera toujours le
même Etre, & c'eft de-là que nous vient l'idée
de l'Efpace abfolu que l'on regarde comme fimilaire, & indifcernable.

Cette notion de l'étenduë eft encore celle du
corps géométrique ; car que l'on divife une ligne, comme & en autant de parties que l'on
voudra, il en réfultera toujours la même ligne
en raffemblant fes parties, quelque tranfpofi-
tion que l'on faffe entre elles : il en eft de même des furfaces & des corps géométriques.

§. 79. Lorfque nous nous fommes ainfi formé dans notre imagination un Etre, de la diverfité de l'éxiftence de plufieurs chofes & de leur
union, l'étenduë, qui eft cet Etre imaginaire,
nous paroît diftinéte du tout réel, dont nous
l'avons féparée par abftraction, & nous nous
figurons qu'elle peut fubfifter par elle-même,
parce que nous n'avons point befoin, pour la
concevoir, des autres déterminations que les
Etres, que l'on ne confidére qu'en tant qu'ils
font divers & unis, peuvent renfermer ; car

notre efprit appercevant à part les déterminations, qui conftituent cet Etre idéal que nous
nommons *étenduë*, & concevant enfuite les
autres qualités que nous en avons féparées mentalement, & qui ne font plus partie de l'idée
que nous avons de cet Etre, il nous femble que
nous portons toutes ces chofes dans cet Etre
idéal, que nous les y logeons, & que l'étenduë les reçoit & les contient, comme un vafe
reçoit la liqueur qu'on y verfe. Ainfi, en tant que
nous confidérons la poffibilité qu'il y a, que plufieurs chofes différentes puiffent éxifter enfemble dans cet Etre abftrait, que nous nommons
étenduë, nous nous formons la notion de l'Efpace, qui n'eft en effet que celle de l'étenduë
jointe à la poffibilité de rendre aux Etres coëxiftans & unis, dont elle eft formée, les déterminations dont on les avoit d'abord dépoüil-
lées par abftraction. Ainfi, l'on a raifon de définir l'Efpace, *l'ordre des Coëxiftans*, c'eft-à-dire,
la reffemblance dans la maniére de coëxifter
des Etres: car l'idée de l'Efpace naît de ce que
l'on ne fait uniquement attention qu'à leur
maniére d'éxifter l'un hors de l'autre, & que
l'on fe repréfente que cette coëxiftance de
plufieurs Etres, produit un certain ordre ou reffemblance dans leur maniére d'éxifter ; enforte
qu'un de ces Etres étant pris pour le premier,
un autre devient le fecond, un autre le troifiéme, &c.

L'Efpace eft l'ordre des chofes qui coëxif-tent.

§. 80.

§. 80. On voit bien que cet Etre idéal d'étenduë, que nous nous formons de la pluralité & de l'union de tous ces Etres, doit nous paroître une subſtance : car, en tant que nous nous figurons pluſieurs choſes éxiſtantes enſemble , & dépouillées de toutes déterminations internes , cet Etre nous paroît durable; & en tant qu'il eſt poſſible par un acte de l'entendement de rendre à ces Etres les déterminations dont nous les avions dépouillés par abſtraction, il ſemble à l'imagination que nous y tranſportons quelque choſe qui n'y étoit pas ; & alors cet Etre nous paroît modifiable. (§. 52.) Ainſi, nous ſommes portés à nous repréſenter l'Eſpace comme une ſubſtance indépendante des Etres qu'on y place.

§. 81. Nous appellons un Etre *continu* lorſqu'il a des parties rangées les unes auprès des autres , enſorte qu'il ſoit impoſſible d'en ranger d'autres entre deux dans un autre ordre , & généralement on conçoit de la continuité par tout où on ne peut rien placer entre deux parties. Ainſi, nous diſons que le poli d'une glace eſt continu , parce que nous ne voyons point de parties non polies entre celles de cette glace , qui en interrompent la continuité , & nous appellons le ſon d'une trompette continu , lorſqu'il ne ceſſe point , & qu'on ne peut point mettre d'autres ſons entre deux : mais lorſque deux parties d'étenduë ſe touchent ſim-

G 3　　plement

plement & ne font point liées enfemble, enforte qu'il n'y a point de raifon interne, comme celle de la cohéfion ou de la preffion des Corps environnans, pourquoi on ne pourroit point les féparer, & mettre quelqu'autre chofe entre deux, alors on les nomme *contigues*. Ainfi, dans le contigu, la féparation des parties eft actuelle, au lieu que dans le continu, elle n'eft que poffible ; deux hémifphéres de plomb, par exemple, font deux parties actuelles de la boule dont ils font les moitiés, & qui eft actuellement féparée & divifée en deux parties qui deviendront contigues, fi on les place l'une auprès de l'autre ; enforte qu'il n'y ait rien entre deux : mais fi on les réuniffoit par la fufion en un feul tout, ce tout deviendroit un continu, & fes parties feroient alors fimplement poffibles, en tant que l'on conçoit qu'il eft poffible de féparer cette boule en deux hémifphéres, comme avant la fufion.

On comprend par-là que l'Efpace doit nous paroître continu ; car nous admettons de l'Efpace en tant que nous nous repréfentons, qu'il eft poffible que plufieurs Corps A B C. coéxiftent. Or fi les Corps ne font point contigus, on en pourra placer un ou plufieurs entre deux, & par là même on admet de l'Efpace entre deux : ainfi, on doit confiderer l'Efpace comme continu, foit que la coéxiftance contigue des Corps A B C. foit actuelle, foit qu'elle foit fimplement poffible.

Le

Le principe de la raifon fuffifante nous fait
voir, comme je l'ai déja dit ci-deffus, que cette
contiguité eft actuelle, & qu'il ne peut y avoir
aucun Efpace vuide, enforte que les Etres qui
éxiftent, coéxiftent, de façon qu'il n'eft pas
poffible de mettre rien de nouveau dans l'Univers.

§. 82. De même l'Efpace doit nous paroître
vuide & pénétrable : il nous paroît vuide en tant
que nous faifons abftraction de toutes les déterminations internes des coéxiftences ; car alors il
nous femble qu'il ne refte rien dans cet Efpace :
& il nous paroît pénétrable, parce que nous
étant poffible d'appliquer notre attention à la
fois à la maniére d'éxifter, & aux déterminations internes des Etres qui éxiftent, nous appercevons alors, outre l'Efpace qui eft leur maniére d'éxifter l'un hors de l'autre, quelques.
chofes que nous n'appercevions pas auparavant
lorfque nous confidérions cet Efpace feul, &
par conféquent il doit nous paroître comme fi
ces chofes y étoient entrées, & y avoient été
placées par un Agent externe.

§. 83. L'Efpace doit auffi nous paroître immuable ; car nous fentons que nous pouvons
rendre aux différens Coéxiftans les déterminations dont nous les avions dépouillés ; & nous
fentons même que nous ne pouvons jamais.
concevoir que nous ne puiffions point leur

G 4

rendre

rendre ces déterminations : donc nous ne pouvons point ôter l'Espace, puisqu'il faut toujours qu'il reste la même chose que nous aurions ôtée, c'est à dire, de l'Etendue capable de recevoir ces déterminations. Ainsi, lorsque nous avons dépouillé les Etres coéxistans de toutes leurs déterminations, nous ne pouvons plus faire d'abstraction, ni nous former un Etre idéal, qui renferme moins que celui que nous avons déja fait, en ne conservant que la coéxistence des Etres : car de considérer la manière d'éxister, & rien que cela, c'est la moindre abstraction que l'on puisse faire, & il faut ou la garder, ou se représenter tout à fait *rien*. L'Espace doit donc nous paroître immuable : d'où il découle qu'il doit nous paroître éternel, puisqu'on ne peut jamais l'ôter.

§. 84. Il doit encore nous paroitre infini, car nous admettons autant d'Espace que nous concevons de possibilité d'éxister ; or comme des Coéxistans dépouillés de toutes déterminations, tels qu'on les conçoit pour se former l'idée de l'Etendue & de l'Espace, ne renferment rien qui empêche qu'on puisse continuer de placer de ces Coéxistans les uns hors des autres, on en conçoit en effet à l'infini, & par cette raison l'Espace doit paroître une Etendue infinie, & illimitée.

§. 85. Voilà l'origine de toutes les propriétés

tés que l'on donne à l'Espace, quand on dit
que c'est une Etendue similaire, uniforme, continue, qu'il est subsistant par lui-même, pénetra-
ble, immuable, éternel, infini, &c. enfin, le vase
universel qui contient toutes choses : mais avec
un peu d'attention on voit que toutes ces pré-
tenduës proprietés, ainsi que l'Etre dans lequel
nous les supposons, n'ont de réalité que dans
les abstractions de notre esprit, & qu'il n'éxiste
ni ne peut éxister rien de semblable à cette
idée.

§. 86. Notre esprit a donc le pouvoir de se
former par abstraction des Etres imaginaires, qui
ne contiennent que les déterminations que nous
voulons examiner, & d'exclure de ces Etres
toutes les autres déterminations, par le moyen
desquelles ils peuvent être conçûs d'une autre
maniére. Cette façon de méditer est très-utile ;
car alors l'imagination secourt l'Entendement,
& lui aide à contempler son idée, il faut seulement prendre garde qu'elle ne l'égare pas ;
car les notions imaginaires, qui aident infiniment dans la recherche des vérités qui dépendent des déterminations, qui constituent
ces Etres que l'imagination a formés, deviennent très-dangereuses, lorsqu'on les prend
pour des réalités. Ainsi, quand on veut mesurer
une distance, on peut se la représenter comme
une Ligne sans largeur ni épaisseur, & sans aucune détermination interne, on peut de même
considérer

Utilité des
abstrac-
tions.

confidérer une largeur, une étenduë, fans épaiſ-
feur, quand on ne veut pas confidérer le reſte;
& pourvû que l'on ne s'imagine pas qu'il éxiſte
rien de femblable à ces abſtractions de notre
efprit, ces fictions l'aident à trouver de nouvelles vérités & de nouveaux rapports; car il
a rarement aſſez de force pour contempler les
Abſtraits * dans les Concrets, fans être diſtrait
par la multiplicité des chofes qu'il faut qu'il fe
repréſente. Auſſi toutes les Sciences, & furtout
les Mathématiques, font-elles pleines de ces fortes de fictions, qui font un des plus grands fecrets de l'art d'inventer, & une des plus grandes reſſources pour la folution des Problêmes les
plus difficiles, aufquels l'Entendement feul
ne peut fouvent atteindre? Ainſi, il faut donner place à ces notions imaginaires, toutes les
fois qu'on peut les fubſtituer à la place des notions réelles fans préjudice de la vérité, comme
on fe fert du fiſtême de Prolomée pour refoudre
pluſieurs Problêmes d'Aſtronomie, dont la folution deviendroit beaucoup plus difficile par
le fiſtême de Copernic, parce que l'on peut
dans ces cas fubſtituer une hipothefe à l'autre,
fans faire tort à la vérité.

§. 87. Quoique nous puiſſions confidérer

---

* On appelle *Concret*, le fujet dont on fait l'abſtraction, &
Abſtrait, ce que l'on fépare de ce fujet par cette abſtraction.

l'Etenduë

l'Etenduë, fans faire attention aux déterminations des Etres qui la conftituent, & que nous
acquerions par çe moyen l'idée de l'Efpace, cependant, comme l'Abftrait ne peut fubfifter
fans un Concret, c'eft-à-dire, fans un Etre réel
& déterminé duquel on fait l'abftraction, il eft
certain qu'il n'y a d'Efpace qu'en tant qu'il y
a des chofes réelles & coëxiftantes; & fans ces
chofes il n'y auroit point d'Efpace : cependant,
l'Efpace n'eft pas les chofes mêmes, c'eft un
Etre qu'on en a formé par abftraction, qui ne
fubfifte point hors des chofes, mais qui n'eft
pourtant pas la même chofe que les fujets, dont
on a fait cette abftraction ; car ces fujets renferment une infinité de chofes qu'on a négligées
en formant l'idée de l'Efpace. Ainfi, l'Efpace eft
aux Etres réels, comme les Nombres aux chofes nombrées, lefquelles chofes deviennent femblables, & forment chacune une unité à l'égard
du Nombre, parce qu'on fait abftraction des déterminations internes de ces chofes, & qu'on ne
les confidére qu'en tant qu'elles peuvent faire
une multitude, c'eft-à-dire, plufieurs unités ; car
fans une multitude de chofes qu'on compte, il
n'y auroit point de Nombres réels & éxiftants,
mais feulement des Nombres poffibles. Ainfi, de
même qu'il n'y a pas plus d'unités réelles, qu'il
n'y a de chofes actuellement éxiftantes, il n'y
a pas non plus d'autres parties actuelles de l'Efpace, que celles que les chofes étenduës actuellement éxiftantes défignent, & on ne peut admettre

L'Efpace
eft aux E-
tres, com-
me le nom-
bre aux
chofes
nombrées.

mettre des parties dans l'Efpace actuel qu'entant qu'il exifte des Etres réels qui coéxiftent les uns avec les autres : ceux donc qui ont voulu appliquer à l'Efpace actuel les démonf-trations qu'ils avoient déduites de l'Efpace imaginaire, ne pouvoient manquer de s'embarraffer dans des labyrinthes d'erreurs dont ils ne pouvoient trouver l'iffue.

Défini-tion du lieu.

§. 88. On appelle le *lieu* ou la *place* d'un Etre, fa maniere déterminée de coéxifter avec les autres Etres : ainfi, lorfque nous faifons attention à la maniere dont une table exifte dans une chambre avec le lit, les chaifes, la porte, &c. nous difons que cette table a une place ; & un autre Etre occupe la même place que cette table lorfqu'il obtient la même maniere de coéxifter qu'elle avoit avec tous les Etres.

Cette table change de place, lorfqu'elle obtient une autre fituation à l'égard de ces mêmes chofes, qu'on regarde comme n'en ayant point changé. Ainfi, pour que l'on puiffe affûrer qu'un Etre a changé de lieu, & pour qu'il en change réellement, il faut que la raifon de fon changement, c'eft-à-dire, la force qui l'a produit, foit en lui dans le moment qu'il fe rémue, & non dans les coéxiftans ; car fi on ignore où eft la véritable raifon du changement, on ignore auffi lequel de ces Etres a changé de place : c'eft par cette raifon que nous n'avons point de

démonftration

démonſtration proprement dite qui décide ſi c’eſt le Soleil qui tourne autour de la Terre, ou la Terre autour du Soleil; parce que les apparences ſont les mêmes dans les deux ſuppoſitions.

§. 89. On diſtingue ordinairement le lieu d’un corps, en *lieu abſolu*, & *lieu relatif* ; le lieu abſolu eſt celui qui convient à un Etre, entant qu’on conſidere ſa maniere d’exiſter avec l’univers entier conſidéré comme immobile ; & ſon lieu relatif eſt ſa maniere de coéxiſter avec quelques Etres particuliers. Ainſi, on peut concevoir que le lieu abſolu change ſans que le lieu relatif ſoit changé ; & cela arrive lorſqu’une certaine quantité d’Etres changent leur lieu abſolu ſans changer leur ſituation les uns à l’égard des autres, comme un homme qui navigue dans un batteau, par exemple ; car ſi cet homme, ni aucune choſe de ce qui eſt dans le batteau ne remuë, tandis que le batteau s’éloigne du rivage, le lieu relatif de cet homme & de tout ce qui eſt dans le batteau ne change point ; mais leur lieu abſolu change à tout moment : car toutes les parties de ce batteau changent également leur maniere d’exiſter par rapport au rivage qu’on regarde comme immobile. Mais ſi cet homme ſe promenoit dans ce batteau, il changeroit ſon lieu relatif & ſon lieu abſolu en même tems.

Du lieu
abſolu &
du lieu re-
latif.

Puiſque

Puifque le lieu n'eft que la maniere d'exifter d'un Etre avec plufieurs autres, on voit bien que le lieu n'eft pas la chofe placée elle-même ; mais qu'il differe de la chofe placée comme un abftrait de fon concret ; car lorfqu'on confidere le lieu d'un Etre, on fait abftraction de toutes fes déterminations internes & de celles de fes coéxiftans : & on ne confidere alors que leur maniere préfente de coéxifter, & la poffibilité qu'il y a qu'ils coéxiftent de plufieurs autres manieres : on fait même abftraction de la figure & de la grandeur des Corps ; & l'on confidere leur lieu comme un point. Car puifque nous déterminons la maniere d'exifter d'un Etre par fa diftance à fes coéxiftans, & que ces diftances font mefurées par des lignes droites, les extrémités des lignes étant des points, le lieu doit être confideré comme un point.

§. 90. On détermine un lieu par les diftances d'un Etre à deux ou plufieurs Etres coéxiftans ; lefquelles diftances ne peuvent convenir à aucun autre Etre dans le même moment. Ainfi, par exemple, on détermine un lieu fur la furface de la Terre, par l'interfection de la ligne de longitude, & de celle de latitude, parcequ'il n'y a qu'un feul point auquel cette diftance des lieux que l'on a pris comme fixes pour en tirer ces lignes, puiffe convenir : c'eft de la même façon que dans l'Aftronomie on détermine

Comment on détermine le lieu d'un Etre.

termine les lieux des Etoiles par l'interfection
de deux cercles.

§. 91. On s'apperçoit qu'un Etre a changé
de lieu, lorfque fa diftance à d'autres Etres immobiles, du moins pour nous, eft changé. Ainfi, on a fait des catalogues des fixes pour fçavoir fi une Etoile change de lieu, parce qu'on
regarde les autres comme fixes, & qu'effectivement elles le font par rapport à nous.

§. 92. On appelle *place*, l'affemblage de plufieurs lieux, c'eft-à-dire tous les lieux des parties d'un Corps pris enfemble : ainfi, nous difons, la place d'un livre dans une bibliotheque
d'où on le tire, parce que nous voyons que
dans cette place toutes les parties de ce livre y
peuvent exifter enfemble ; & nous difons : *il
n'y a pas affez de place* pour ce livre, lorfque
nous voyons que quelques parties de ce livre
feulement y pourroient exifter enfemble.

§. 93. Enfin on appelle *fituation* l'ordre que
plufieurs coéxiftans non contigus, obfervent
dans leur coéxiftance, enforte que prenant
l'un d'eux pour le premier, nous donnons une
fituation aux autres qui en font éloignés par
rapport à celui-là : ainfi, prenant une maifon
dans une ville pour la premiere, toutes les autres obtiennent une fituation à l'égard de cette
maifon,

maiſon, parce qu'elles ſont ſéparées les unes des autres, & qu'on peut déterminer leur ſituation par leur diſtance de celle qu'on a pris pour la premiere. Deux choſes donc ont la même ſituation à l'égard d'une troiſiéme lorſqu'elles en ſont à la même diſtance; c'eſt par cette raiſon que l'on dit que tous les points d'une circonference ont la même ſituation à l'égard du centre, en tant qu'on peut mettre la même étendue entre deux.

CHAPITRE

CHAPITRE VI.

Du Tems.

§. 94.

L E s notions du Tems & de l'Espace ont beaucoup d'analogie entre elles : dans l'Espace, on considere simplement l'ordre des coéxistans, en tant qu'ils coéxistent ; & dans la durée, l'ordre des choses successives, en tant qu'elles se succedent, en faisant abstraction de toute autre qualité interne que de la simple succession.

Analogie entre le Tems & l'Espace.

§. 95. On considere ordinairement le Tems de même que l'Espace sous une image produite par des idées confuses : ainsi, on se le fi-

L'idée ordinaire que l'on se fait du Tems est fausse.

gure comme un Etre composé de parties continuës, successives, qui coule uniformément, qui subsiste indépendamment des choses qui existent dans le Tems, qui a été dans un flux continuel de toute éternité, & qui continuera de même. Mais il est évident que cette notion du Tems comme d'un Etre composé de parties continuës & successives, qui coule uniformément, étant une fois admise, conduit aux mêmes difficultés que celle de l'Espace absolu ; c'est-à-dire, que selon cette notion, le Tems

Elle mene dans les mêmes difficultés que celle de l'Espace pur.

seroit un Etre nécessaire, immuable, éternel, subsistant par lui-même , & que par conséquent tous les attributs de Dieu lui conviendroient.

§. 96. C'est de cette idée qu'on se forme du Tems qu'est venue la fameuse question que M. Clarke faisoit à M. de Leibnits : *pourquoi Dieu n'avoit pas créé l'univers six mille ans plûtôt , ou plus tard.*

Le principe de la raison suffisante prouve que le Tems n'est rien hors des choses.

M. de Leibnits n'eût pas de peine à renverser cette objection du Docteur Anglois , & son opinion sur la nature du Tems, par le principe de la raison suffisante ; il n'eût besoin pour y parvenir que de l'objection même de M. Clarke sur le tems de la création : car si le Tems est un Etre absolu qui consiste dans un flux uniforme , la question pourquoi Dieu n'a pas créé le monde six mille ans plûtôt ou plus tard , devient réelle, & force à reconnoître qu'il est arrivé tivé quelque chofe fans raifon fuffifante ; car la même fucceffion des Etres de l'univers étant confervée , Dieu pouvoit faire commencer le monde plûtôt ou plus tard , fans y caufer aucun dérangement. Or puifque tous les inftans font égaux, quand on ne fait attention qu'à la fimple fucceffion, il n'y a rien en eux qui eût pû faire préferer l'un à l'autre , dès qu'aucune diverfité ne feroit provenuë dans le monde par ce choix. Ainfi un inftant auroit été choifi par Dieu préferablement à un autre pour donner l'actualité à ce monde fans raifon fuffifante ; ce qu'on ne peut point admettre. (§. 8.)

Mais nous allons voir de plus, par l'analife de nos idées, que le Tems n'eft qu'un Etre abftrait , qui n'eft rien hors des chofes , & qui n'eft point par conféquent fufceptible des proprietés que l'imagination lui attribuë.

§. 97. Lorfque nous faifons attention à la fucceffion continuë de plufieurs Etres, & que nous nous repréfentons l'exiftence du premier A. diftincte de celle du fecond B. & celle du fecond B. diftincte de celle du troifiéme C. & ainfi de fuite, & que nous remarquons que deux n'exiftent jamais enfemble ; mais que A. ayant ceffé d'exifter, B. lui fuccede auffi-tôt ; que B ayant ceffé, C. lui fuccede, &c. nous nous formons une notion d'un Etre que nous appellons *Tems* : & entant que nous rapportons l'exiftence permanente d'un Etre à ces Etres fucceffifs , nous difons

H 2   fons

fons *qu'il a duré un certain tems*, en tant qu'on
fe repréfente que cet Etre qu'on confidere, coéxifte à plufieurs autres qui fe fuccedent.

On dit donc qu'un Etre dure lorfqu'il coéxifte à plufieurs autres Etres fucceflifs dans
une fuite continuë : ainfi, la durée d'un
Etre devient explicable & commenfurable par
l'exiftence fucceffive de plufieurs autres Etres ;
car on prend l'exiftence d'un feul de ces Etres
fucceffifs pour *un*, celle de deux pour *deux*,
& ainfi des autres ; & comme l'Etre qui dure
leur coéxifte à tous, fon exiftence devient commenfurable par l'exiftence de tous ces Etres
fucceffifs.

Mille exemples peuvent éclaircir ce que je
viens de dire : on dit, par exemple, qu'un
Corps employe du tems à parcourir un Efpace,
parce qu'on diftingue l'exiftence de ce Corps
dans un feul point, de fon exiftence dans tout
autre point ; & on remarque que ce Corps ne
fçauroit exifter dans le fecond point fans avoir
ceffé d'exifter dans le premier, & que l'exiftence dans le fecond point, fuit immédiatement
l'exiftence dans le premier. Et en tant qu'on af-
femble ces divers exiftences, & qu'on les confidere comme faifant *un*, on dit que ce Corps
employe du tems pour parcourir une ligne.
Ainfi, le Tems n'eft rien de réel dans les chofes qui durent, mais c'eft un fimple mode ;
ou rapport extérieur, qui dépend uniquement
de l'efprit, en tant qu'il compare la durée des
Etres

avec le mouvement du Soleil, & des autres
Corps extérieurs, ou avec la succession de nos
idées.

§. 98. Quand on fait attention à la chaîne
qui amene nos idées, on s'apperçoit que l'esprit ne considere dans la notion abstraite du
Tems que les Etres en général; & qu'ayant fait
abstraction de toutes les déterminations que
ces Etres peuvent avoir, on ajoute seulement
à cette idée générale qu'on en a retenue, celle
de leur non - coéxistence, c'est-à-dire, que le
premier & le second ne peuvent point exister
ensemble, mais que le second suit le premier
immédiatement, & sans qu'on en puisse faire
exister un autre entre deux, faisant encore ici
abstraction des raisons internes, & des causes
qui les font se succeder l'un l'autre. De cette maniere, on se forme un Etre idéal, que l'on
fait consister dans un flux uniforme, & qui doit
être semblable dans toutes ses parties, puisque
pour se former, on employe pour chaque Etre
la même notion abstraite sans rien déterminer
de sa nature, & que l'on ne considere dans
tous ces Etres que leur existence successive sans
se mettre en peine comment l'existence de l'un
fait naître celle du suivant.

§. 99. Cet Etre abstrait que nous nous sommes ainsi formés, doit nous paroître indépendant des choses existantes, & subsistant par

lui-

lui-même ; car puisque nous pouvons diſtinguer la maniere ſucceſſive d'exiſter des Etres, de leurs déterminations internes, & des cauſes qui font naître cette ſucceſſion, nous devons regarder le Tems comme un Etre à part, conſtitué hors des choſes, & qui pourroit ſubſiſter ſans les choſes réelles & ſucceſſives, puiſque nous pouvons encore penſer à cette exiſtence ſucceſſive, après que nous avons détruit par notre penſée toutes les autres réalités, c'eſt-à-dire, que nous en avons fait abſtraction.

§. 100. Mais comme nous pouvons auſſi rendre à ces déterminations générales les déterminations particulieres qui en font des Etres d'une certaine eſpece, en appliquant notre attention à la fois à leur exiſtence ſucceſſive, & à leurs déterminations particulieres, il nous doit ſembler que nous faiſons exiſter quelque choſe dans cet Etre ſucceſſif qui n'y exiſtoit point auparavant, & que nous pouvons de nouveau l'ôter ſans détruire cet Etre.

§. 101. Le Tems doit être auſſi conſideré néceſſairement comme continu ; car ſi deux Etres ſucceſſifs A. & B. ne font point conçûs comme continus dans leur ſucceſſion, on en pourra placer un ou pluſieurs entre deux qui exiſteront après que A. aura exiſté, & avant que B. exiſte. Or par là-même on admet du tems entre l'exiſtence ſucceſſive de A. & de B. ; ainſi on doit confidérer le Tems comme continu.

On fe forme donc ainfi une notion imaginaire du Tems , en le confiderant comme un Etre compofé de parties fucceffives , continuës, fans différence interne , auquel tous les Etres fucceffifs coéxiftent , & qui devient leur mefure commune ; & cette notion peut avoir fon ufage, quand il ne s'agit que de la grandeur de la durée , & de comparer les durées de plufieurs Etres enfemble. Comme dans la Géométrie , on n'eft occupé que de ces fortes de confidérations , on peut fort bien alors mettre la notion imaginaire à la place de la réelle. Mais il faut bien fe garder dans la Metaphifique & dans la Phifique de faire la même fubftitution ; car alors on tomberoit dans ces difficultés , de faire de la durée un Etre éternel; & auquel tous les attributs de Dieu , dont j'ai parlé ci-deffus conviendroient.

§. 102. Le Tems n'eft donc réellement autre chofe que l'ordre des Etres fucceffifs ; & on s'en forme l'idée , entant qu'on ne confidere que l'ordre de leur fucceffion. Ainfi , il n'y a point de Tems fans des Etres véritables & fucceffifs rangés dans une fuite continuë ; & il y a du Tems auffi-tôt qu'il exifte de tels Etres.

§. 103. Mais cette reffemblance dans la maniere de fe fucceder de ces Etres , & cet ordre qui naît de leur fucceffion , ne font pas ces

chofes

chofes elles-mêmes, comme on a vû ci-deffus (§ 87.) que le nombre n'eft pas les chofes nombrées, & que le lieu n'eft pas les chofes placées dans ce lieu. Car le nombre n'eft qu'un aggrégé des mêmes unités, & chaque chofe devient une unité, quand on confidere le tout fimplement comme un Etre ; ainfi, le nombre n'eft qu'une relation d'un Etre confideré à l'égard de tous, & quoiqu'il foit différent des chofes nombrées, cependant il n'exifte actuellement qu'en tant qu'il exifte des chofes qu'on peut réduire comme des unités fous la même claffe: ces chofes pofées, on pofe un nombre ; & quand on les ôte, il n'y en a plus. De même, le Tems qui n'eft que l'ordre des fucceffions continuës, ne fçauroit exifter à moins qu'il n'exifte des chofes dans une fuite continue: ainfi, il y a du Tems, lorfque les chofes font ; & on l'ôte, quand on ôte ces chofes ; & cependant il eft, comme le nombre, différent de ces chofes qui fe fuivent dans une fuite continuë. Cette comparaifon du Tems & du Nombre peut fervir à fe former la véritable notion du Tems ; & à comprendre que le Tems, de même que l'Efpace, n'eft rien d'abfolu hors des chofes.

§. 104. Quant à Dieu, on ne peut point dire qu'il eft dans le Tems, car il n'y a point de fucceffion dans lui, puifqu'il ne lui peut point arriver de changement. Ainfi, il eft toujours

jours le même , & il ne varie point dans sa nature ; & comme il est hors du monde, c'est-à-
dire, qu'il n'est point lié avec les Etres dont
l'union constituë le monde, il ne coéxiste point
aux Etres successifs comme les créatures ; ainsi , sa durée ne peut point se mesurer par celle
des Etres successifs : car quoique Dieu continue d'exister pendant le Tems, comme le
Tems n'est que l'ordre de la succession des
Etres, & que cette succession est immuable
par rapport à Dieu , auquel toutes les choses
avec tous leurs changemens , sont présentes à
la fois ; Dieu n'existe point dans le Tems.
Dieu est à la fois tout ce qu'il peut être , au
lieu que les créatures ne peuvent subir que successivement les états dont elles sont susceptibles.

§. 105. On ne peut point admettre de parties actuelles du Tems, que celles que des Etres
actuellement existans désignent ; car le Tems
actuel n'étant qu'un ordre successif dans une
suite continuë , on ne peut point admettre de
portions de Tems qu'en tant qu'il y a eu des
choses réelles qui ont existé, & cessé d'exister ;
car l'existence successive fait le Tems , & un
Etre qui coéxiste au moindre changement actuel dans la nature, a duré le plus petit tems
actuel ; & les moindres changemens, comme ,
par exemple, les mouvemens des plus petits
animaux , désignent les plus petites parties actuelles.

tuelles du Tems dont nous puiſſions nous appercevoir.

§. 106. On repreſente ordinairement le
Tems par le mouvement uniforme d'un point
qui décrit une ligne droite ; parce que le point
eſt là l'Etre ſucceſſif, preſent ſucceſſivement à
différens points , & engendrant par ſa fluxion
une ſucceſſion continuë à laquelle nous atta-
chons l'idée de Tems. Nous meſurons auſſi le
Tems par le mouvement uniforme d'un objet ;
car lorſque le mouvement eſt uniforme , le mobile parcourera , par exemple, un pied dans le
même Tems dans lequel il a parcouru un premier pied. Ainſi , la durée des choſes qui coé-
xiſtent au mouvement du mobile, pendant qu'il
parcourt un pied , étant priſe pour *un* , la durée
de celles qui coéxiſteront à ſon mouvement,
pendant qu'il parcourera deux pieds , ſera *deux* ;
& ainſi de ſuite : enſorte que par là, le Tems
devient commenſurable, puiſqu'on peut aſſigner
la raiſon d'une durée à une autre durée , qu'on
avoit priſe pour *un*. Ainſi, dans les horloges l'é-
guille ſe meut uniformément dans un cercle ,
& la vingt-quatriéme partie de la circonférence
de ce cercle fait *un* ; & l'on meſure le Tems
avec cette unité, en diſant deux heures , trois
heures, &c. ; de même , on prend une année
pour *un*, parce que les révolutions du Soleil
dans l'Ecliptique ſont égales, & on s'en ſert
pour meſurer d'autres durées par rapport à cette
unité.   §. 107.

§. 107. On connoît les efforts que les Aftronomes ont fait pour trouver un mouvement uniforme, qui les mît à portée de mefurer exactement le Tems, & c'eft ce que M. Hughens a
trouvé par le moyen des Pendules dont il eft
l'inventeur, & dont je parlerai dans la fuite.

§. 108. Nous avons vû que l'éxiftence fucceffive des Etres fait naître la notion du Tems;
or comme ce font nos idées qui nous repréfentent ces Etres, la notion du Tems naît de la
fucceffion de nos idées, & non du mouvement
des Corps extérieurs; car nous aurions une notion du Tems, quand même il n'exifteroit autre
chofe que notre Ame, & en tant que les chofes qui éxiftent hors de nous font femblables
aux idées de notre Ame qui les repréfentent,
elles éxiftent dans le Tems.

Le mouvement eft fi loin de nous donner par
lui-même l'idée de la durée, comme quelques
Philofophes l'ont prétendu, que nous n'acquérons même l'idée du mouvement, que par la
réfléxion que nous faifons fur les idées fucceffives, que le Corps qui fe meut éxcite dans notre
efprit par fon éxiftence fucceffive aux différens
Etres qui l'environnent.

Voilà pourquoi nous n'avons point l'idée du
mouvement en regardant la Lune ou l'éguille
d'une Montre, quoique l'une & l'autre foient
en mouvement, car ce mouvement eft fi lent

que

que le Mobile paroît dans le même point, pendant que nous avons une longue fucceffion d'idées; & parce que nous ne pouvons pas diftinguer les parties de l'Efpace que le Corps a parcouru dans cet intervalle, nous croyons que le Mobile eft en repos: mais lorfqu'au bout d'un certain tems, la Lune & l'éguille de cette Montre ont fait un chemin confidérable, alors notre efprit joignant l'idée du point où il les a laiffés, c'eft-à-dire, leur coëxiftence paffée à de certains Etres, à celle de leur coéxiftence actuelle à d'autres Etres, il acquert par ce moyen l'idée du mouvement de ce Corps.

De même, quand le Mobile va avec tant de rapidité que nous n'avons eû aucune fucceffion d'idée, pendant qu'il eft allé d'un point à l'autre, nous difons que le Mobile a parcouru le chemin dans un inftant, c'eft-à-dire, qu'il n'y a employé aucun tems fenfible: par la même raifon à peu près, que lorfque les impreffions, que chacune des fept couleurs fait fur notre retine, font trop promtes, nous ne diftinguons point chaque couleur en particulier; mais nous avons une fenfation commune de toutes ces couleurs que nous avons nommée *Blancheur*.

§. 109. Ainfi ce n'eft que le mouvement médiocre qui peut nous faire naître la notion du Tems, parce qu'il a quelque proportion avec la fucceffion de nos idées; mais il ne nous donne cette notion que, parce que l'Ame peut alors fe

repréfenter

repréſenter diſtinctement les différens états du Mobile l'un après l'autre, ſans en confondre pluſieurs enſemble. Or le Tems qui eſt un Etre idéal, eſt fort différent du mouvement qui eſt quelque choſe de réel.

§. 110. Je ne puis donc imaginer comment on a pû dire dans un Mémoire qui a remporté le premier Prix de l'Académie des Sciences, (& où il a d'ailleurs des choſes excellentes,) *que l'éxiſtence du mouvement dans un Corps, eſt l'éxiſtence du Tems dans le Corps ; que le Tems & le mouvement d'un Corps, c'eſt la même choſe ; & enfin, que c'eſt un préjugé de l'enfance de croire que le Tems eſt la meſure du repos, comme celle du mouvement.* Car certainement je pourrois ne jamais remuer de ma place & avoir des idées ſucceſſives ; or j'exiſterois pendant un certain tems, & j'aurois une idée de la durée de mon Etre, par la ſucceſſion de mes idées, quand même je ne me ſerois jamais mû, & que je n'aurois jamais vû de Corps en mouvement, & que par conſéquent je n'euſſe aucune idée du mouvement. Ainſi, tant qu'il y aura des Etres dont l'éxiſtence ſe ſuccedera, il y aura néceſſairement un Tems, ſoit que les Etres ſoient en mouvement, ſoit qu'ils ſoient en repos.

§. 111. Ce qui fait que l'on a confondu le mouvement & le Tems, c'eſt que l'on n'a point diſtingué avec aſſez de ſoin le tems de ſes meſures.

§. 112.

Mépriſe de M. de Crouſas ſur le Tems.

Pag. 504

Il y auroit un Tems, quand même il n'y auroit point de mouvement.

Il faut diſtinguer avec ſoin le Tems de ſes meſures.

§. 112. Les mesures du Tems prises des Corps extérieures nous étoient nécessaires pour mettre de l'ordre dans les faits passés, présens, & même à venir ; & pour pouvoir donner aux autres une idée de ce que nous entendons *par une telle portion de Tems*, & pour nous en rendre compte à nous mêmes : car la succession de nos idées ne peut nous servir à aucun de ces usages, elle ne peut nous servir de régle à nous-mêmes, parce que rien ne peut nous assûrer qu'entre deux perceptions qui paroissent se suivre immédiatement, il ne s'en est pas écoulé une infinité dont nous avons perdu le souvenir, & que des tems immenses séparent.

Cette succession de nos idées ne peut pas non plus nous servir de moyen, pour faire comprendre aux autres ce que nous entendons *par une telle portion de Tems*; car les idées se succedent plus vîte ou plus lentement dans les différentes têtes.

Voilà pourquoi nous avons été obligés de prendre les mesures du Tems hors de nous. Presque tous les Peuples se sont accordés à se servir du cours du Soleil pour mesurer le Tems & c'est apparemment à cause qu'il paroît marcher sur nos têtes que les hommes ont confondu le Tems & le mouvement, faute de distinguer le Tems des mesures établies pour mesurer ses parties : car si le Soleil, par exemple, s'éteignoit & se rallumoit à des intervalles égaux, il nous serviroit également de mesure du Tems, quoique la Terre & lui fussent immobiles.

Pourquoi l'on mesure le Tems par le mouvement des Corps extérieurs.

§. 113.

§. 113. Il n'y a point, & il ne peut point y avoir de mesure exactement juste du Tems; car on ne peut appliquer une partie du Tems à lui-même pour le mesurer, comme on mesure l'Etenduë par des pieds & des toises qui sont elles-mêmes des portions d'Etenduë. Chacun à sa mesure propre du Tems dans la promptitude ou la lenteur avec laquelle ses idées se succedent, & c'est de ces différentes vîtesses, dont les idées se succedent en différentes personnes, & dans la même personne en différent tems, que sont venuës plusieurs façons de s'exprimer, comme celle-ci, par exemple, *j'ai trouvé le tems bien long*; car le tems nous paroît long, lorsque les idées se succedent lentement dans notre esprit.

§. 114. On sent aisément que les mesures du Tems peuvent être différentes chez les diffé-rens Peuples, le cours annuel & journalier du Soleil, les vibrations d'une Pendule (qui sont de toutes les mesures la plus juste) nous ont fourni celles *de Minutes, d'Heures, de Jours, & d'Années*: mais il est très-possible que d'autres choses ayent tenu lieu de mesures à d'autres Peuples. La seule qui soit universelle, c'est celle que l'on appelle *un instant*; car tous les hommes connoissent nécessairement cette portion de Tems, qui s'écoule pendant qu'une seule idée reste dans notre esprit.

§. 115. Toutes les mesures du Tems ne sont fondées que sur la durée de notre Etre, & sur

celle

celle des Etres qui coéxiftent avec nous ; & dont nous rapportons l'éxiftence à l'idée que nous avons de la nôtre : car ayant acquis l'idée de fucceffion & de Tems, pendant que nous avions des idées fucceffives , nous tranfportons cette idée au Tems , pendant lequel nous n'en avons point eû , comme dans l'évanouiffement, par exemple ; & c'eft ainfi , que nous acquérons l'idée de la durée du Monde & de l'Univers , en rapportant l'idée que nous avons de la durée de notre éxiftence , au Tems qui s'eft écoulé lorfque nous n'étions pas encore , & à celui qui s'écoulera quand nous ne ferons plus.

Comment nous acquérons l'idée de l'Eternité.	§. 116. Nous concevons dans la durée de tous les Etres finis un commencement & une fin ; or fi par abftraction nous ôtons de cette idée celle du commencement, alors la durée eft *l'Eternité à parte ante* ; fi nous en ôtons la fin , cette efpéce de durée s'appelle, *l'Eternité à parte poft*, & c'eft ainfi que l'Ame de l'homme eft éternelle ; enfin, fi nous ôtons de l'idée que nous avons de la durée des Etres finis fon commencement , & fa fin , la durée deviendra *l'Eternité de Dieu*, car il n'y a que Dieu qui puiffe être Eternel *à parte poft*, & *à parte ante*, c'eft-à-dire , n'avoir ni commencement , ni fin. Ainfi , nous acquérons l'idée d'une durée infinie, comme toutes les autres idées de l'infini par des Additions & des Souftractions dont nous ne pouvons jamais voir la fin.

CHAPITRE

CHAPITRE VII.

Des Elemens de la Matiére.

§. 117.

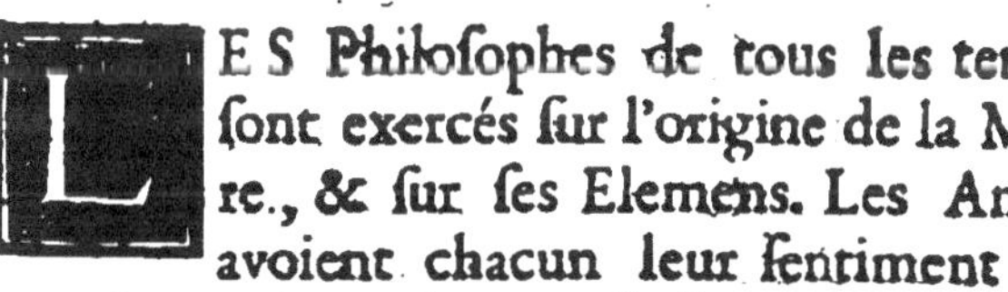

LES Philosophes de tous les tems se sont exercés sur l'origine de la Matiére, & sur ses Elemens. Les Anciens avoient chacun leur sentiment différent sur ce sujet, les uns faisoient l'Eau, l'Element primitif de tous les Corps; les autres, l'Air; d'autres, le Feu; Aristote réünissant tous ces sentimens divers admettoit quatre Elemens des choses, l'Eau, l'Air, la Terre, & le Feu: il croyoit que du mélange de ces quatre prin-

Quels é-
toient se-
lon les an-
ciens Phi-
losophes
les princi-
pes des
choses.

          cipes,

cipes, qui, selon lui, étoient simples, parce qu'ils
n'étoient point résolubles en d'autres mixtes,
résultoit tout ce qui nous entoure.

Idée de
Descartes
sur les Ele-
mens de la
matiére.

§. 118. Descartes, qui malgré l'intervalle du
tems qui est entre Aristote & lui, lui a cependant succedé, ayant fait aussi des Elemens à sa maniére; il a substitué aux quatre principes d'Ari-
stote trois sortes de petits Corps de differente
grosseur & differemment figurés; ces petits
Corps ou Elemens résultoient, selon lui, des
divisions primitives de la Matiére, & formoient
par leur combinaison, le Feu, l'Eau, la Terre,
l'Air, & tous les Corps qui nous environnent.

Opinion
nouvelle
sur les Ele-
mens, qui
s'est for-
mée de
celle de
Descartes.

La plûpart des Philosophes d'aujourd'hui ont
abandonné les trois Elemens de Descartes, &
conçoivent simplement la Matiére comme une
masse uniforme & similaire, sans aucune différence interne ; mais dont les petites parties ont
des formes & des grandeurs si diversifiées, que
la varieté infinie qui régne dans cet Univers peut
en resulter: Ainsi, ils ne mettent de différence
entre les parties constituantes de l'or, & du papier, par exemple, que celle qui vient de la figure & de l'arrangement de ces parties.

Cette opi-
nion est à
peu près
celle d'E-
picure sur
les Ato-
mes.

Cette opinion qui est très-connuë, ainsi que
celle de Descartes, est à peu de chose près celle
d'Epicure sur les Atomes que Gassendi à renou-
vellée de nos jours; car ces parties solides & in-
sécables de la Matiére, qui ne sont distinguées
les unes des autres que par leur figure, & leur
grandeur

grandeur, ne différent des Atomes d'Epicure
que par le nom.

§. 119. M. de Leibnits qui ne perdoit jamais
de vûe le principe de la raison suffisante, trou-
vâ que ces Atomes ne lui donnoient point la
raison de l'étenduë de la Matiére, & cherchant
à découvrir cette raison, il crut voir qu'elle ne
pouvoit être que dans des parties non étendues,
& c'est ce qu'il appelle *des Monades.*

Peu de gens en France connoissent autre
chose de cette opinion de M. de Leibnits que
le mot *des Monades* ; les Livres du célebre
Wolff, dans lesquels il explique avec tant de
clarté & d'éloquence le sistême de M. de Leibnits, qui a pris entre ses mains une forme toute
nouvelle, ne sont point encore traduits dans
notre Langue : je vais donc tâcher de vous faire
comprendre les idées de ces deux grands Philosophes sur l'origine de la Matiéré ; une opinion que la moitié de l'Europe savante a embras-
sée, mérite bien qu'on s'applique à la connoître.

§. 120. Tous les Corps sont étendus en longueur, largeur, & profondeur ; or comme rien
n'éxiste sans une raison suffisante, il faut que
cette étenduë ait sa raison suffisante par laquelle
on puisse comprendre, comment, & pourquoi
elle est possible ; car de dire, *qu'il y a de l'é-
tenduë, parce qu'il y a de petites parties étenduës,*
ce n'est rien dire, puisque l'on fera la même que-

Le prin-
cipe de la
raison suf-
fisante
montre
que les A-
tomes sont
inadmissi-
bles.

Exposition
du sistême
de M. de
Leibnits
sur les Mo-
nades ou
Elemens
de la ma-
tiére.

ſtion ſur ces petites parties que ſur le tout , & que l'on demandera la raiſon ſuffiſante de leur étenduë : or comme la raiſon ſuffiſante oblige d'alleguer quelque choſe qui ne ſoit pas la mê-me que celle dont on demande la raiſon , puiſ-que ſans cela on ne donne point de raiſon ſuf-fiſante , & que la queſtion demeure toujours la même; ſi l'on veut ſatisfaire à ce principe ſur l'ori-gine de l'étenduë , il faut en venir enfin à quel-que choſe de non-étendu , & qui n'aît point de parties , pour rendre raiſon de ce qui eſt étendu , & qui a des parties : or un Etre non-étendu & ſans parties , eſt un Etre ſimple. Donc les compoſés , les Etres étendus éxiſtent , parce qu'il y a des Etres ſimples.

Il faut avoüer que cette concluſion étonne l'imagination , les Etres ſimples ne ſont point de ſon reſſort , on ne peut ſe les repréſenter par des Images , & l'Entendement ſeul peut les concevoir. Les Leibnitiens ſe ſervent, pour faire recevoir les Eſtres ſimples avec moins de repu-gnance , d'une comparaiſon aſſez juſte ; ſi quel-qu'un demandoit, diſent-ils, comment il ſe peut faire qu'il y ait des Montres ; il ne ſe conten-teroit certainement pas ſi on lui répondoit ; *c'eſt parce qu'il y a des Montres* ; mais pour donner des raiſons ſuffiſantes & qui ſatisfaſſent, de la poſſibilité d'une Montre , il faudroit en venir à des choſes qui ne fuſſent point *Montres*, c'eſt-à-dire , aux reſſorts, aux rouës, aux pi-gnons , à la chaîne , &c. Ce même raiſonne-ment

ment a lieu pour l'étenduë ; car lorfque l'on dit qu'il y a des Corps étendus parce qu'il y a des atomes, c'eft comme fi l'on difoit : *il y a de l'étenduë, parce qu'il y a de l'étenduë* : ce qui eft en effet ne rien dire du tout. On ne peut donc trouver la raifon fuffifante d'un Eftre étendu & compofé que dans des Eftres fimples, & non étendus, de même que la raifon fuffifante d'un nombre compofé ne peut fe trouver que dans un nombre non compofé, c'eft-à-dire, dans l'unité. Il faut donc convenir, concluent ces Philofophes, qu'il y a des Eftres fimples, puifqu'il y a des Eftres compofés.

§. 121. Les atomes, ou parties infécables de la Matiere ne peuvent être les Etres fimples ; car ces parties, quoique phifiquement infécables, font étenduës, & font par conféquent dans le même cas que les Corps qu'elles compofent : ainfi, le principe de la raifon fuffifante refufe également aux plus petits Corps comme aux plus grands, cette fimplicité qui leur eft néceffaire, pour que l'on puiffe trouver en eux la raifon de l'étenduë de la Matiere.

On ne peut dire que, comme il faut enfin parvenir à des chofes néceffaires en expliquant l'origine des Eftres, il n'y a qu'à pofer que les atomes font néceffairement étendus & indivifibles, & qu'alors on n'aura plus befoin de rechercher la raifon de leur étenduë, puifque tous les Philofophes conviennent que ce qui

I 3   eft

Les Atomes ne peuvent être les Eftres fimples dont la Matiere eft compofée.

est nécessaire n'a pas besoin de démonstration
pourquoi il est ; car on ne doit reconnoître
pour nécessaire que ce dont le contraire implique contradiction (§. 20.) ce qui est nécessaire
a donc besoin d'une raison suffisante qui fasse
voir pourquoi il est nécessaire ; & cette raison
ne peut-être que la contradiction qui se trouve dans ce qui lui est opposé. Or comme il
n'implique point contradiction que des Estres
étendus soient divisibles, on ne peut recevoir
l'indivisibilité des atomes comme nécessaire :
ainsi il en faut venir à des Estres simples.

La volonté du Créateur à laquelle les Ato-
mistes recourent pour rendre raison de l'étenduë de l'atome, ne peut, selon M. de Leibnits,
resoudre cette question, parce qu'il ne s'agit
pas de sçavoir pourquoi l'étenduë existe, mais
comment & pourquoi elle est possible. Or on
a vû ci dessus que la volonté de Dieu est la
source de l'actualité, mais non pas de la possibilité des choses. Donc, on ne peut y recourir
pour rendre raison de la possibilité de l'étenduë.

§. 122. M. de Leibnits après avoir établi la
nécessité des Estres simples, explique leur nature & leurs proprietés.

Les Estres simples n'ayant point de parties,
aucune des proprietés qui naissent de la composi-
tion ne sçauroit leur convenir ; ainsi, les Estres
simples n'étant point étendus, sont indivisibles;
car n'ayant point plusieurs parties, qui font *un*,
on ne sçauroit les séparer.　　　　　　§. 123.

§. 123. Ils n'ont point de figure, car la figure est la limitation de l'étenduë ; or ces Estres simples n'étant point étendus, ils ne peuvent avoir de figure : par la même raison, ils n'ont point de grandeur, & ils ne rempliſſent point d'eſpace, & n'ont point de mouvement interne ; car toutes les proprietés conviennent au compoſé, & découlent de la compoſition : ainſi, les Estres ſimples ſont tous differens des Estres compoſés, & ils ne peuvent être ni vûs, ni touchés, ni repreſentés à l'imagination par aucune image ſenſible.

§. 124. Un Estre ſimple ne peut être produit par un Estre compoſé, car tout ce qui peut provenir d'un compoſé, naît, ou d'une nouvelle aſſociation, ou de la diſſociation de ſes parties ; or l'aſſociation ne peut produire qu'un Estre compoſé, & de la diſſociation, quand elle est pouſſée à ſon dernier période, il ne peut venir que des Estres ſimples qui exiſtoient déja dans le compoſé : donc ils n'ont pas été produits par cette diſſociation : donc un Estre ſimple ne peut venir d'un Estre compoſé.

Il ne peut venir non plus d'un autre Estre ſimple, car l'Estre ſimple étant indiviſible, & n'ayant point de parties qu'on puiſſe ſéparer, rien ne peut ſe détacher de lui. Ainſi, un Estre ſimple ne ſçauroit naître d'un Estre ſimple ; or puiſque les Estres ſimples ne peuvent provenir

des

des Eſtres compoſés , ni d'autres Eſtres ſimples ;
il s'enſuit que la raiſon des Eſtres doit être dans
l'Eſtre néceſſaire , c'eſt-à-dire , dans Dieu. Et
on ne peut dire que la raiſon des atomes ou
parties inſécables de la Matiere pourroit être
dans Dieu comme celle des Eſtres ſimples ;
Dieu n'a pû créer l'étenduë ſans créer auparavant les Etres ſimples ; car il faut que les parties du compoſé exiſtent avant le compoſé, mais
les parties n'étant plus réſolubles en d'autres, leur
raiſon premiere doit ſe trouver dans le Créateur.

§. 125. Les Eſtres ſimples étant l'origine des
Eſtres compoſés , il faut que l'on trouve dans
les Eſtres ſimples la raiſon ſuffiſante de tout ce
qui ſe trouve dans les Eſtres compoſés ; les
Eſtres ſimples doivent donc avoir des déterminations intrinſeques , par leſquelles on puiſſe
comprendre pourquoi les compoſés qui en réſultent , ſont plutôt tels qu'ils ſont, que tout
autrement , c'eſt-à dire , pourquoi ils ont tels
& tels attributs , telles & telles proprietés, &c.
Or comme vous avez vû ci - deſſus qu'il n'y a
point d'Eſtres ſemblables dans la nature , tous
les Eſtres ſimples doivent être diſſemblables &
contenir en eux des différences, qui empêchent
qu'on ne puiſſe mettre l'un à la place de l'autre
dans un compoſé , ſans changer ſa déterminations, puiſque ſi ces Eſtres ſimples n'étoient pas
tous diſſemblables , les compoſés qui en réſultent ne le pourroient point être non plus.

§. 126.

§. 126. On obferve dans les compofés un changement perpétuel ; rien ne demeure dans l'état où il eft ; tout tend au changement dans la nature ; or puifque la raifon premiere de ce qui arrive dans les compofés fe doit enfin trouver dans les fimples, dont les compofés refultent, il fe doit trouver dans les Etres fimples un principe d'action capable de produire ces changemens perpétuels, & par lequel on puiffe comprendre pourquoi les changemens fe font en un tel tems, plutôt que dans tout autre, & d'une telle maniere, plutôt que de toute autre.

Le principe qui contient la raifon fuffifante de l'actualité d'une action quelle qu'elle foit, s'appelle *force* ; car la fimple puiffance ou faculté d'agir n'eft dans les Etres qu'une poffibilité d'action ou de paffion, à laquelle il faut une raifon fuffifante de fon actualité. C'eft ainfi que l'on dit qu'un animal a la faculté de marcher, un arc, celle de chaffer une fléche, une montre, celle de marquer les heures, parce qu'on peut expliquer par la ftructure de l'animal, de l'arc & de la montre, comment & pourquoi ces effets font poffibles, mais il ne fuit point de là que ces effets foient actuels; car fi cela étoit, l'animal marcheroit toujours, & la montre indiqueroit toujours les heures, mais c'eft ce qui n'arrive pas. Il faut donc admettre entre cette poffibilité une raifon fuffifante de l'actualité, c'eft-à-dire une force qui mette en œuvre cette puiffance que l'Etre a d'agir. Or la raifon fuffifante

fante

fante de tout ce qui arrive aux compofés devant fe trouver à la fin dans les Etres fimples,
il s'enfuit que les Etres fimples ont cette force,
qui confifte dans une tendance continuelle à
l'action , & cette tendance a toujours fon effet
quand il n'y a point de raifon fuffifante qui
l'empêche d'agir , c'eft-à-dire , quand il n'y a
point de refiftance ; car on doit appeller réfiftance , ce qui contient la raifon fuffifante pourquoi une action ne devient point actuelle, quoique la raifon de fon actualité fubfifte.

Les Etres
fimples
font dans
un mouve-
ment con-
tinuel.

Les Etres fimples font donc doüés d'une force, quelle qu'elle puiffe être, par l'énergie de laquelle ils tendent à agir , & agiffent en effet
dès qu'il n'y a point de réfiftance. Or comme
l'experience prouve que la force des Eftres fimples fe déploye continuellement puifqu'elle
produit des changemens fenfibles à chaque inftant dans les compofés, il s'enfuit que chaque
Eftre fimple eft en vertu de fa nature & par
fa force interne, dans un mouvemeut qui produit en lui des changemens perpetuels & une
fucceffion continuë ; & que fon état interne &
la fuite des fucceffions qu'il éprouve font différens de l'état interne , & des fucceffions qu'é-
prouve tout autre Etre fimple dans l'Univers
entier.

§. 127. Les compofés durent malgré les
changemens qu'ils fubiffent, la matiere demeure la même pendant qu'elle reçoit differentes
formes,

formes, notre Corps, ni celui des Planetes, ni l'air, ni rien de ce qui nous entoure ne s'anéantit; cependant l'état de ces Etres change à tout moment: il faut donc que les Etres simples dont les Etres composés résultent, durent c'est-à-dire, qu'ils ayent des déterminations constantes & invariables, pendant qu'ils en ont d'autres qui varient continuellement; car si les simples n'étoient pas durables par leur nature, les composés ne pourroient durer : les Etres simples sont donc de véritables substances, c'est-à-dire, des Etres durables & susceptibles des modifications que leur force Interne produit, (§. 52.)

Rien ne sçauroit arrêter cette force interne des Etres simples, ni changer les effets qui en sont une suite, parce qu'aucun agent naturel ne peut ni briser, ni détruire les Etres simples.

§. 128. On voit par là que les véritables Substances (c'est-à-dire) les Etres simples sont actives, puisqu'elles portent en elles le principe de leurs changemens, c'est-à-dire, cette force qui leur est essentielle, qui ne les quitte jamais, & qui ne peut s'éteindre : & l'on comprend ce que M. de Leibnits entendoit lorsqu'il disoit que le véritable caractere de la Substance est d'agir, qu'elle se distingue des accidens par l'action, & qu'il est impossible de la concevoir sans force.

J'ai dit ci-dessus que suivant le sentiment de
M.

M. de Leibnits, chaque Monade, ou Etre fimple (car c'eft la même chofe) contient une fuite de changemens qui eft différente de la fuite
des changemens, de tout autre Etre fimple, ce
qui eft une fuite néceffaire du principe des indifcernables. Nous en avons un exemple dans
nos ames, car perfonne ne doute que la fuite
des idées d'une ame ne foit différente de la fuite
des idées de toutes les autres ames qui exiftent.

§. 129. Les différens états d'un Etre fimple
dépendent les uns des autres ; car un tel état
fucceffif n'étant point plus néceffaire qu'un autre, il faut qu'il y ait une raifon fuffifante pourquoi un tel état eft actuel, & pourquoi plûtôt
en tel tems qu'en tout autre : or cette raifon
ne peut fe trouver que dans l'état qui a précedé,
& la raifon de celui-ci fera dans l'état antécedent à lui, & ainfi de fuite jufqu'au premier.
Ce premier état, qui n'en fuppofe point d'autre
antécedent à lui, a dépendu de Dieu ; mais tous
les états conféquens font liés entre eux, enforte que du premier découle le dernier qui y étoit
contenu, & qui doit être tel, parce que le premier a été ainfi & non pas autrement : de même que l'état actuel d'un Horloge dépend de
l'état précedent, celui là d'un autre, & ainfi de
fuite, jufqu'au premier qui a dépendu de la
façon dont l'ouvrier a arrangé les rouës ; &
c'eft ainfi que la 47. propofition d'Euclide découle de la premicre, & y eft contenuë.

§. 130.

§. 130. Tout est lié dans le monde ; chaque Etre a un rapport à tous les Etres qui coéxistent avec lui, & à tous ceux qui l'ont précedé, & qui doivent le suivre : nous sentons nous-même à tout moment que nous dépendons des Corps qui nous environnent ; qu'on nous ôte la nourriture, l'air, un certain degré de chaleur, nous périssons, nous ne pouvons plus vivre ; toute la Terre dépend de l'influence du Soleil, & elle ne sçauroit se conserver, ni végeter sans son secours. Il en est de même de tous les autres Corps ; car quoique nous ne voyions pas toujours distinctement leur liaison mutuelle, nous ne pouvons cependant par le principe de la raison suffisante & par l'analogie, douter qu'il n'y en ait une, & que cet Univers ne fasse un tout, un entier & une seule machine dont toutes les parties se rapportent les unes aux autres, & sont tellement liées ensemble, qu'elles conspirent toutes à une même fin.

Tout est lié l'un à l'autre dans cet Univers.

§. 131. Les raisons primitives de tout ce qui arrive dans les Corps, devant se trouver enfin dans les Elemens dont ils sont composés, il s'enfuit que la raison primitive de la liaison des Corps entre eux, en tant qu'ils coéxistent, & qu'ils se succedent, se trouve dans les Etres simples : la liaison des parties du Monde dépend donc de la liaison des Elemens, qui en est le fondement, & la premiere origine. Ainsi, l'état de

chaque

chaque Element renferme une relation à l'état préfent de l'Univers entier , & à tous les états qui naîtront de l'état préfent, de même que dans une Machine bien faite, la moindre partie a une relation à toutes les autres : car l'état d'un Element quelconque A étant déterminé , l'harmonie & l'ordre demandent que l'état de fes voifins B C D, &c. foient auffi déterminés d'une telle maniére , plûtôt que de toute autre , pour confpirer avec l'état du premier ; & comme la même raifon continuë pour tous les états des Elemens, tous les états futurs des Elemens auront auffi une relation à l'état préfent qui doit coéxifter avec eux , aux états paffés dont cet état préfent découle , & aux états qui le fuivront , & dont il eft la caufe. Ainfi , on peut dire que dans le fiftême de M. de Leibnits , c'eft un problême Métaphifico-Géometrique , *l'état d'un Element étant donné, en déterminer l'état paffé , préfent , & futur de tout l'Univers :* la folution de ce problême eft refervée à l'éternel Géometre qui le refout à tout moment, en ce qu'il voit diftinctement la relation de l'état de chaque Etre fimple à tous les états paffés, préfens, & futurs de tous les autres Etres de l'Univers : mais il fera toujours impoffible aux Etres finis d'avoir une idée diftincte de cette relation infinie, que toutes les chofes qui éxiftent ont entre elles, parce qu'alors ils deviendroient Dieu.

§. 132. Notre Ame fe repréfente à la vérité

té l'Univers entier, mais c'est d'une manière confuse, au lieu que Dieu le voit d'une manière si distincte, qu'aucun des rapports qui y entrent ne lui échappent. C'est encore un des sentimens de M. de Leibnits, qui a le plus besoin d'être éclairci & d'être sauvé du ridicule, dont on pourroit le charger, que cette représentation de l'Univers entier, & de tous ses changemens, qu'il prétend être un attribut de notre Ame.

On sait, & tous les Philosophes conviennent que le mouvement se propage dans le plein à toutes les distances, la moindre pierre jettée dans l'Océan trouble l'équilibre de cette masse d'eau immense, & y forme des anneaux dont on ne discerne point distinctement la fin. Figurons nous, par exemple, un batteau qui flotte sur la Mer, & qu'on y jette à des distances différentes de ce batteau, des pierres de différente grosseur, on s'apperçoit que chaque pierre fait naître des anneaux, qui en forme d'ondes se propageront plus ou moins fort, à proportion qu'elles viennent de plus loin, & que la cause qui les a produites étoit plus puissante. Ainsi, ce bateau recevra successivement des impressions de toutes les pierres, dont chacune est telle qu'on en pourroit déterminer la cause, & la distance : or nous sommes dans le même cas que ce batteau, notre Corps nage dans un fluide infini, & il vient des ondes le frapper de toutes parts, lesquelles portent avec elles le caractére de leur

origine

origine ; lorsqu'une impreſſion dans les organes de nos ſens eſt forte, & qu'elle excite en nous un mouvement violent, parce que l'objet qui en eſt la cauſe eſt proche, nous l'apperçevons & nous en avons une idée fort claire ; à meſure que l'objet qui cauſe la ſenſation s'éloigne, l'impreſſion qu'il fait ſur les organes de nos ſens devient moins forte, & la clarté de l'idée qu'elle excite en nous ſuit cette dégradation, & diminuë à proportion ; car par la loi de continuité, la clarté de l'idée doit ſuivre la force de l'impreſſion. Ainſi, quand l'objet eſt fort loin, & qu'il ne peut faire d'impreſſion ſenſible ſur nos ſens, l'idée doit auſſi devenir inſenſible, c'eſt-à-dire, doit former une repréſentation obſcure ; or les impreſſions que les objets font ſur nous, continuent à quelque diſtance qu'ils puiſſent être placés, parce que dans le plein tout mouvement doit produire des ondes à l'infini, comme cette pierre qu'on jette dans l'Océan, dont je viens de parler, & les ondes propagées & dilatées à l'infini doivent néceſſairement venir juſqu'à nous, & par conſéquent, il ſe doit faire dans notre ame une repréſentation relative au mouvement que nos organes ont éprouvé. Car ſi à une certaine diſtance les repréſentations que les objets excitent dans notre ame, venoient à ceſſer, quoique les impreſſions qu'ils font ſur nos ſens continuaſſent, il ſe feroit un ſaut dans la Nature, ce qui ſeroit contraire au principe de la raiſon

raifon fuffifante (§. 13.) car il n'y auroit point
de raifon, pourquoi la clarté d'une idée auroit
diminué par gradation, & fuivi la proportion
des impreffions jufqu'à un certain point, & qu'à
ce point elle vint à finir comme par un faut;
quoique la raifon pour laquelle elle dévroit
continuer fubfiftât toujours. Ainfi, dès qu'on
admet le principe de la raifon fuffifante, & le
plein qui en eft une fuite, on eft obligé de convenir que nous recevons des impreffions de tous
les mouvemens qui arrivent dans l'Univers, &
que notre ame en a des repréfentations obfcures, à caufe de la liaifon conftante qui eft entre
les impreffions du Corps & les repréfentations
de l'ame. Nous ne pouvons avoir à la vérité
une repréfentation claire que des changemens
les plus marqués, & qui affectent nos organes
avec une certaine force; mais toutes ces repréfentations éxiftent, quoique notre ame ne les
apperçoive point, à caufe de leur foibleffe & de
leur multiplicité infinie, qui fait qu'il eft impoffible de les diftinguer, & que par conféquent,
elles n'éxcitent en nous que des repréfentations
obfcures. Qu'une infinité de repréfentations obfcures accompagnent nos idées les plus claires,
c'eft ce dont nous ne pouvons difconvenir, fi
nous faifons un peu d'attention fur nous mèmes.
J'ai une idée toute claire, par exemple, de ce
papier, fur lequel j'écris, & de la Plume dont je
me fers : cependant, combien de repréfentations
obfcures font enveloppées & cachées, pour ain-

ſi dire, dans cette idée claire ; car il y a une infinité de choſes dans la tiſſure de ce papier, dans
l'arrangement des fibres qui le compoſe, dans
la différence & la reſſemblance de ces fibres que
je ne diſtingue point, & dont j'ai cependant une
repréſentation obſcure ; car les fibres, leurs différences, & leur arrangement ſubſiſtant, il n'y
a aucune raiſon pourquoi elles ne cauſeroient
pas des impreſſions dans mes organes, & par
conſéquent des repréſentations dans mon Ame :
mais ces impreſſions étant trop foibles & trop
compoſées, je ne les diſtingue point, & il en
naît dans mon Ame des repréſentations obſcures.
Ainſi, la repréſentation totale qui reſulte du tout
de ce papier eſt claire ; mais les repréſentations
partiales ſont obſcures. Il eſt aiſé de voir par-là
pourquoi dans le ventre de nos meres, nous
ſommes dans un état d'idées toutes obſcures ;
c'eſt que notre Corps n'étant point encore dé-
veloppé, nos membres & nos organes ſont af-
faiſſés & concentrés preſque dans un point ; par
conſéquent il eſt impoſſible que l'animal ne ſoit
également affecté par tout de la même impreſſion. Ainſi, le moindre mouvement ébranle
l'animal entier ſi fort, qu'il ne ſauroit diſtinguer
une impreſſion d'une autre, ni par conſéquent
ſe former d'idées diſtinctes ; au lieu que quand
nous ſommes ſortis des envelopes de l'*uterus*, notre Corps eſt tellement diſpoſé, que le mouvement des raiſons de lumiére, par exemple, ne peut
point ébranler les nerfs acouſtiques, ni les ſons

le

le nerf optique, & embrouiller par-là des idées fort
différentes , qui doivent être conçûes & senties
séparement pour qu'elles puissent être distinctes.

§. 133. Cette liaison de notre Ame avec
l'Univers entier vient donc de l'union des Elemens entre eux , & des rapports qu'ils ont tous
les uns avec les autres , & ces rapports naissent
de leur dissemblance ; car cette dissemblance fait
que chaque Element par son essence & par ses
déterminations intrinseques, éxige la coéxistan-
ce d'un tel Element auprès de lui plûtôt que
de tout autre , & l'on ne pourroit ôter un Element de sa place pour lui en substituer un autre,
& conserver cependant la même suite de choses,
un tel changement changeroit tout l'Univers,
& il s'en formeroit un Univers nouveau : d'où
l'on voit que l'on trouve dans la dissemblance
des Elemens , pourquoi cet Univers est tel qu'il
est plûtôt que tout autre. C'est encore par cette
dissemblance que l'on peut comprendre comment des Etres non étendus peuvent former
des Etres étendus; car les Elemens éxistent tous
nécessairement les uns hors des autres (puisque
l'un ne peut jamais être l'autre,) & étant tous,
comme on vient de le voir, unis & liés ensemble, il en resulte un assemblage de plusieurs Etres
divers , qui éxistent tous les uns hors des autres,
& qui par leur liaison font un tout ; mais j'ai
fait voir que nous ne pouvons nous représenter
l'étenduë que comme l'assemblage de plusieurs

K 2

choses

choses diverses coéxiſtantes, & qui éxiſtent les unes hors des autres (§. 77.) : donc, concluënt les Leibnitiens, un agrégat d'Etres ſimples doit être étendu. Ainſi, de l'union Métaphiſique des Elemens entr'eux découle l'union Méchanique des Corps que nous voyons ; car toute la Méchanique qui tombe ſous nos ſens dérive à la fin, & en remontant à la ſource premiere, de principes ſupérieurs & Metaphiſiques.

§. 134. Les Compoſés ne peuvent ſubſiſter ſans les ſimples, ni recevoir aucun changement qui ne ſoit fondé dans les Elemens ; ainſi les Compoſés ne ſont point des Subſtances par eux mêmes, mais des aſſemblages de Subſtances ou d'Etres ſimples. Car dans l'Etre compoſé, il n'y a rien de Subſtantiel que les Elemens ; tout le reſte, comme la grandeur, la figure des parties, leur ſituation entre elles, les qualités Phyſiques de la Matiére, comme la dureté, la ductilité, la meabilité, &c. qui conſtituent le Compoſé, ne ſont que des Modes ; comme dans une Montre, par exemple, la figure des Roues, leur combinaiſon, la qualité du reſſort, la duretés des parties, &c. conſtituent la Montre : cependant, on voit évidemment que toutes ces choſes ne ſont que des Modes, qui peuvent varier ſans que la matiére de la Montre périſſe ; & par conſéquent il ne périt rien de ſubſtantiel, quoiqu'un compoſé ceſſe, & qu'il s'en forme un autre par la différente combinaiſon de ſes parties,

Tout Etre compoſé n'eſt point une ſubſtance, mais un aggrégat de ſubſtances, c'eſt-à-dire, d'Etres ſimples.

ties , puifque les Elemens continuent toujours
de fubfifter , & de durer quelque féparation qui
puiffe arriver aux parties qui font les Compofés.
Cependant , l'étendue doit nous paroître une
Subftance , car nous voyons qu'elle dure , &
qu'elle peut être modifiée (§. 52.); mais fi nous
examinons cette idée avec les yeux de l'Entendement , nous ferons obligés de reconnoître
qu'elle n'eft qu'un Phenoméne , une abftraction de plufieurs chofes réelles, par la confufion
defquelles nous nous formons cette idée d'é-
tendue ; c'eft de cette confufion que naiffent
prefque tous les objets qui tombent fous nos
fens , & dont les réalités font fouvent infiniment différentes des apparences (§. 53.) Ainfi,
fi nous pouvions voir diftinctement tout ce
qui compofe l'étendue , cette apparence d'é-
tendue , qui tombe fous nos fens , difparoîtroit,
& notre Ame n'appercevroit que des Etres fimples éxiftans les uns hors des autres, de même que
fi nous diftinguons toutes les petites portions de
matiére differemment mues, qui compofent un
portrait, ce portrait qui n'eft qu'un Phenoméne
difparoîtroit pour nous. Ainfi , la même confufion , qui eft dans mes organes & qui fait que
de la reffemblance d'un vifage humain refulte
l'affemblage de plufieurs portions de matiére
différemment mues, dont aucune n'a de rapport
au Phenoméne , qui en refulte pour moi , cette
même confufion , dis-je , fait que le Phenoméne
de l'étendue refulte pour nous de l'affemblage

Comment
l'étenduë
peut réful-
ter de l'af-
femblage
des Etres
fimples.

K 3   des

des Etres simples & de leurs différences internes;
mais comme il est impossible que nous nous
représentions l'état interne de tous les Etres simples, duquel, cependant, le Phenoméne de l'é-
tendue dépend, toute perception des réalités
nous doit échapper par notre nature ; & il ne
nous reste des idées confuses que nous avons
de chacun de ces Etres simples, qu'une idée de
plusieurs choses coéxistantes, & liées ensemble, sans que nous sachions distinctement comment elles sont liées, & c'est cette idée confuse qui fait naître le Phenoméne de l'étendue.

§. 135. La répugnance que l'on a à concevoir comment des Etres simples & non étendus
peuvent par leur assemblage composer des Etres
étendus, n'est pas une raison pour les rejetter: cette révolte de l'imagination contre les Etres simples, vient vraisemblablement de l'habitude ou
nous sommes de nous représenter nos idées sous
des images sensibles, qui ne peuvent ici nous aider

Dans les choses dont on ne peut se faire
d'images sensibles, & qu'on ne peut se représenter par des caractéres, il faut tâcher d'y sup-
pléer en ne perdant jamais les principes incontestables de vûe, & en tirant des conclusions
par des conséquences liées entr'elles, sans faire
jamais aucun saut dans nos raisonnemens.

Il en seroit des vérités Géometriques comme des Etres simples, si on n'avoit pas inven-
té des signes pour les représenter à l'imagination

tion, cependant ces vérités n'en feroient pas moins fûres, peut-être quelques jours trouvera-t'on un calcul pour les vérités Metaphyfiques, par le moyen duquel par la feule fubftitution des caractéres, on parviendra à des vérités comme dans l'Algebre. M. de Leibnits croyoit l'avoir trouvé ; mais par malheur il eft mort fans communiquer fur cela fes idées, qui du moins nous auroient mis fur la voie, fi elles n'avoient pas donné tout ce que le nom d'un auffi grand homme promettoit.

§. 136. Il eft fâcheux fans doute que tous les gens qui penfent ne foient pas d'accord fur les premiers principes des chofes, il fembleroit que le droit que la vérité a fur notre affentiment devroit s'étendre fur toutes les notions & fur tous les tems. Cependant, combien de vérités ont été combattues des fiécles entiers avant d'être admifes ; tel a été, par exemple, le véritable fiftême du Monde, & de nos jours les forces vives. Il ne m'appartient pas de décider fi les Monades de M. de Leibnits font dans le même cas : mais foit qu'on les admette, ou qu'on les refute, nos recherches fur la nature des chofes n'en feront pas moins fûres ; car nous ne parviendrons jamais dans nos expériences jufqu'à ces premiers Elemens qui compofent les Corps, & les Atomes phyfiques (§.172.), quoique compofés encore d'Etres fimples, font plus que fuffifans, pour exercer le defir que nous avons de connoître. K 4 CHAP.

CHAPITRE VIII.

De la nature des Corps.

§. 137.

DESCARTES, le Pere Mallebranche, & tous leurs sectateurs ont fait consister l'essence du Corps dans l'étenduë ; ils croyoient qu'il ne falloit que de l'étenduë en longueur, largeur, & profondeur pour faire un Corps, & voici comment ils raisonnoient. L'essence d'une chose est ce qu'on reconnoît de premier dans cette chose, ce qui en est inséparable, & d'où dépendent toutes les proprietés qui lui conviennent. (37.) Ainsi, pour découvrir en quoi consiste l'essence de la Matiere, il faut examiner quelles font

ſont les proprietés qui ſont renfermées dans l'i-
dée qu'on a de la Matiere, comme la fluidité,
la dureté, le mouvement, le repos, l'étenduë,
la figure, la diviſibilité, &c:, & conſiderer enſuite quels ſont de tous ces attributs ceux qui
en ſont inſéparables. Or la fluidité, la moleſſe,
le mouvement, & le repos pouvant être ſéparés de la Matiere, puiſqu'il y a pluſieurs Corps
qui ſont ſans dureté, ou ſans fluidité, ou ſans
moleſſe, quelques - uns qui ne ſont point en
mouvement d'une façon ſenſible, & d'autres
qui ne ſont point en repos, il s'enſuit que tous
ces attributs n'étant point inſéparables de la
Matiere, ne lui ſont point eſſentiels.

Mais il reſte quatre attributs que nous concevons comme inſéparables de la Matiere, qui
ſont la figure, la diviſibilité, l'impénétrabilité,
& l'étendue. Pour connoître quel eſt de ces
quatre attributs celui qu'on doit prendre pour
l'eſſence de la Matiere, il faut donc examiner
quel eſt celui, qui n'en ſuppoſe point d'autres,
& qui doit ſe trouver le premier dans l'Etre.
On reconnoît facilement alors que la figure,
la diviſibilité, l'impénétrabilité ſuppoſent l'é-
tendue, & que l'étendue ne ſuppoſe rien; mais
que dès qu'elle eſt donnée, la figure, l'impénétrabilité & la diviſibilité le ſont auſſi : donc,
continuent ces Philoſophes, on doit conclure
que l'étendue eſt l'eſſence du Corps, puiſque
toutes ſes autres proprietés dépendent de l'é-
tendue.

§. 138.

Quatre
attributs
principaux
des Corps.

Deſcartes
& le Pere
Malle-
branche
faiſoient
conſiſter
l'eſſence
du Corps
dans l'é-
tendue.

§. 138. Cette définition de l'essence du Corps les conduisoit nécessairement à ôter toute for-ce, & toute activité aux créatures ; car quel-ques réfléxions que l'on fasse sur l'étendue, qu'on la limite comme on voudra, qu'on ar-range ses parties de toutes les manieres possi-bles, on ne voit point comment il en peut naî-tre une force & un principe interne d'action : car la Matiere étant, selon cette définition, une substance seulement passive, elle ne peut jamais devenir active par toutes les modifica-tions possibles. Cependant comme l'experience prouve que les Corps agissent & sont doüés d'une activité, les Cartesiens ont eu recours, pour expliquer cette force active, à la volonté de Dieu. Ainsi, selon eux, ce ne sont point les créatures qui agissent, c'est Dieu lui-même qui meut immédiatement un Corps à l'occasion d'un autre ; & cela suivant une certaine loi qu'il s'est prescrite au commencement, & qu'il ne viole jamais que lorsqu'il fait des miracles ; car on appelle *miracle* un effet qui n'est point explicable par les loix du mouvement & par l'essence des Corps. Ainsi, les causes secondes paroissent bien avoir quelque éfficace dans ce sistême, mais elles n'en ont réellement point. Dieu fait tout par son concours immédiat, les créatures sont les occasions, mais jamais les causes ; elles peuvent recevoir, mais elles ne peuvent jamais ni agir, ni produire.

§. 139.

§. 139. Tout cet enchaînement de conséquences & de démonstrations des Cartésiens
tombe bientôt par le principe de la raison suffisante ; car si l'essence du Corps consiste dans la
simple étendue, & qu'il n'y ait point de différences internes dans les parties de la Matiere qui
les distinguent réellement, la Matiere est similaire, & une de ses parties ne differe de l'autre
que par la position, comme les Cartesiens l'a-
vouent eux - mêmes. Or nous avons vû (§. 12.)
que le principe de la raison suffisante ne souffre
point dans l'Univers de Matiere similaire, & qui
ne soit pas distinguée par des qualités internes.
Ainsi l'essence du Corps ne peut consister dans
la simple étenduë, puisqu'il est nécessaire, pour
satisfaire au principe de la raison suffisante, d'accorder une différence originaire dans les parties
de la Matiere, qui lui soit aussi essentielle que
l'étendue - même.

Il faut donc qu'il y ait quelque chose dans la
Matiere d'où cette différence interne tire son
origine ; mais elle n'en peut point avoir d'autre
que la force interne ou tendante au mouvement
qui est dans toute la Matiere, & qui se diver-
sifiant à l'infini, met une différence réelle entre toutes les parties de la Matiere, ensorte
qu'il est impossible de mettre l'une à la place de
l'autre, parce qu'il n'y en a pas deux qui ayent la
même force & le même mouvement, & par consequent la même forme ; car toute forme suppose
du mouvement, & par conséquent de la force.

Mais cet-
te opinion
se trouve
fausse, lors-
qu'on ad-
met le
principe
d'une rai-
son suffi-
sante.

Il faut a-
jouter à l'é-
tenduë la
force acti-
ve & passi-
ve, pour a-
voir une
idée juste
de l'essen-
ce du
Corps.

La force eſt donc auſſi néceſſaire à l'eſſence du Corps que l'étendue ; car on ne ſçauroit admettre aucune portion de Matiere ſans mouvement, puiſqu'une portion de Matiere quelconque, quelque petite qu'elle fût, ſeroit compoſée de parties ſimilaires, ſi toutes ſes parties étoient dans un parfait repos. Mais c'eſt ce qui ne peut être par le principe de la raiſon ſuffiſante, (§. 12.)

§. 140. La premiere choſe que nous comprenons des Corps, c'eſt que ce ſont des Etres compoſés de pluſieurs parties. Ainſi, les proprietés d'un Etre compoſé leur doivent convenir; or il ne peut arriver de changemens dans le compoſé qu'à l'égard de ſa figure, de ſa grandeur, de la ſituation de ſes parties & du lieu du tout : & par conſéquent tous les changemens des Corps ſe doivent réduire à ceux - là. Mais comme aucun de ces changemens ne ſe peut faire ſans le mouvement, tout changement doit être cauſé par le mouvement de la Matiere, ou de ce qui eſt étendu. Ainſi, tous les Corps, toutes les portions de Matiere ſont des Machines ; car nous appellons *Machine* un compoſé dont les changemens ſe font en vertu de ſa compoſition & par le moyen du mouvement.

Il n'y a point de Matiere ſans force.

§. 141. L'étenduë qui réſulte de la compoſition n'eſt donc pas la ſeule proprieté qui convient au Corps, il y faut ajouter encore le pouvoir

voir d'agir : ainsi la force qui est le principe de l'action se trouve répandue dans toute la Matiere, & il ne sçauroit y avoir de Matiere sans force motrice, ni de force motrice sans Matiere, comme quelques Anciens l'avoient fort bien reconnu.

ni de force sans Matiere.

§. 142. La raison nous montre & l'experience nous confirme une autre proprieté des Corps, c'est celle de résister, ou la force passive ; car en raisonnant d'après la force active qui est dans les Corps, on ne voit pas sur quoi elle agiroit, si les Corps n'étoient pas résistans, puisqu'il n'y auroit point alors de raison suffisante de leur action.

D'un autre côté, nous éprouvons tous les jours que lorsque nous voulons mettre en mouvement un Corps qui nous paroît en repos, nous ne pouvons y parvenir sans un effort qui surmonte la résistence de ce Corps lourd & paresseux, qui ne se met en mouvement que par une action continuée. Ce Corps a donc une force par laquelle il résiste au mouvement qu'on veut lui imprimer.

La force passive étoit nécessaire pour que le mouvement s'exécutât avec raison suffisante.

Cette force résistante a été exprimée par Képler d'une maniere fort significative par les mots de *vis inertiæ*, force d'*inertie*. Sans cette force, aucune des loix du mouvement ne pourroit subsister, & tous les mouvemens se feroient sans raison suffisante : car dès qu'on admettroit que la Matiere fût sans résistance, ou force d'inertie,

tie, il n'y auroit plus de proportion entre la cause & l'effet ; & l'on ne pourroit point juger de ce qu'un Corps a une telle quantité de mouvement & une telle masse, qu'il a fallu une telle force pour le lui communiquer. Car le plus grand Corps & le plus petit pourroient être mûs par la même force avec la même facilité & la même vîtesse, s'ils étoient l'un & l'autre sans inertie : la moindre force suffiroit pour donner le plus grand mouvement à cette étendue légere, & pour ainsi dire, vuide, & pour l'arrêter, quand elle est dans le plus grand mouvement, il ne faudroit qu'un effort infiniment petit.

Il n'y auroit aucune vérité déterminée dans les changemens qui arrivent dans les Corps, si la Matiere étoit sans inertie, puisque ces changemens pourroient être indifféremment tels qu'ils sont, ou tous autres, sans qu'on en pût donner aucune raison, ce qui est entierement contraire au principe de la raison suffisante, selon lequel les effets doivent être proportionnés aux causes. Mais cette proportion entre la cause & l'effet se trouve toujours dans l'action des Corps les uns sur les autres, dès qu'on admet de la résistance dans l'étendue : car alors une double étendue opposant une double résistance, il faut une double force pour lui imprimer le même mouvement ; & l'on peut dire en général que les forces sont comme les masses, quand les vîtesses sont égales.

Ainsi,

Ainſi, ſi l'on veut que le mouvement ſe faſſe avec raiſon ſuffiſante, c'eſt-à-dire, qu'il ſoit poſſible, il faut admettre dans les Corps cette force réſiſtante, ou force paſſive, ſans quoi on ne pourroit jamais déterminer quelle force ſeroit néceſſaire pour faire un effet donné.

§. 143. L'étenduë combinée avec la force d'inertie eſt ce qu'on appelle *Matiere* : car ordinairement on conſidere la Matiere comme une maſſe lourde & ſans action ; & l'on appelle l'étenduë Matiere, en tant qu'on la regarde comme quelque choſe de paſſif.

L'étendue jointe à la force d'inertie, eſt ce qu'on appelle Matiere.

§ 144. Mais l'idée de la Matiere conçue de cette façon n'eſt encore qu'incomplette ; car aucun des changemens dont la Matiere eſt ſuſceptible, ne pourroit arriver ou devenir actuel par l'étendue & la force d'inertie. Il faut donc y joindre la force motrice, laquelle contient la raiſon ſuffiſante de l'actualité des changemens dans les Corps; & l'on a vû que cette force motrice eſt inſéparable de la Matiere, parce que le principe de la raiſon ſuffiſante n'admet point de Matiere ſimilaire dans l'Univers.

Mais c'eſt improprement, car il faut ajouter la force motrice, qui eſt la raiſon ſuffiſante de l'actualité du mouvement.

§. 145. Tous les changemens qui arrivent dans les Corps peuvent s'expliquer par ces trois principes, *l'étendue, la force réſiſtante,* & *la force active* ; car en tant qu'étendu, le Corps a une grandeur, une figure, & une ſituation :

Tout ce qui arrive dans les Corps peut ſe déduire de l'étendue, & de la force active & paſſive.

ainſi,

l'on peut comprendre par la proprieté d'étendue quels changemens font poſſibles dans les Corps, puiſqu'oñ peut comprendre par là quels changemens & qüelles limites ils peuvént recevoir dans leuſ figure & leur ſituation. Or tous ces changemèns peuvent devenir actuels par la force motrice qui eſt le principe du mouvement ; la force motricé peut donc faire comprendre comment les changemens, qui étoient poſſibles dans le Corps en vertu de ſon étendue, deviennent actuels. Mais aucun de ces changemens n'étant plus néceſſaire qu'un autre, puiſque le Corps par ſon étendue & ſa force eſt également ſuſceptible de les ſubir tous, il faut une raiſon pourquoi tels changemens arrivent, tandis que d'autres qui étoient auſſi poſſibles par l'étendue & par la force motrice, n'arrivent point ; & cette raiſon ſe trouve dans la force d'inertie ou force réſiſtante. Ainſi, l'on peut comprendre par l'étendue, la force motrice & la force d'inertie, pourquoi de certains changemens ſont poſſibles dans les Corps, comment ils deviennent actuels, & pourquoi les uns ont lieu plutôt que d'autres, & dans un tems plutôt que dans un autre ; & l'on peut dire par conſéquent que ces trois principes ſuffiſent, & que c'eſt en eux que conſiſte la nature du Corps.

Et c'eſt dans ces trois principes que conſiſte leur eſſence.

§. 146. On voit par là que les Philoſophes qui veulent que l'on n'admette en Philoſophie que

que des principes méchaniques, & qui prétendent que tous les effets naturels doivent être explicables méchaniquement, ont raison ; car la possibilité d'un effet se doit prouver par la figure, la grandeur, & la situation du composé, & son actualité, par le mouvement. Et quiconque raisonne ainsi, procede dans ses raisonnemens, comme la nature des choses l'exige.

§. 147. Ces trois principes, sçavoir, *l'étendue*, *la force passive*, & *la force motrice*, ne dépendent point l'un de l'autre ; car ce sont les essentielles du Corps, & on a vû que les essentielles ne se déterminent point mutuellement, mais qu'elles peuvent seulement subsister ensemble sans se détruire. Ainsi, la force active & la force passive ne découlent point de l'étendue, & ces deux forces ne font point une suite l'une de l'autre, ni l'origine de la proprieté qu'on nomme étendue.

(note marginale : Ces trois principes ne dépendent point l'un de l'autre.)

Il est aisé de voir que la force active ne résulte ni de l'étendue, ni de la force d'inertie ; car ni la figure, ni la grandeur, ni la combinaison des parties ne sçauroient produire une tendance au mouvement, une force, ou un certain degré de vîtesse, comme les Cartésiens l'avoient très-bien compris. La force d'inertie ne peut être non plus la cause de la force active à laquelle elle résiste : ainsi, l'on est obligé d'admettre la force active dans les Corps comme un principe fort différent de l'étendue & de la ré-

fiftance , & qui n'en découle nullement : or
comme on peut dire la même chofe de la force
d'inertie & de l'étendue , les trois propriétés ne
dépendent point l'une de l'autre.

§. 148. La force active ne dépendant ni de
l'étendue ni de l'inertie de la matiére , on doit
fe la repréfenter comme un Etre à part qui dure
& qui fubfifte par lui-même , & qui donne
l'Etre & la perfection à la matiére, qui fans elle
feroit un cahos & une maffe fimilaire , qui ne
pourroit éxifter.

Pourquoi la force active doit nous paroître une fubftance.

La force active doit paroître une fubftance,
parce qu'elle a des Modes , la vîteffe, par exemple , en eft un ; car la force active confifte dans
une tendance continuelle de changer de lieu ,
& c'eft par cette tendance que le mobile devient capable de parcourir un certain Efpace
en un certain tems. Or cette capacité d'employer un certain tems à parcourir un certain
Efpace, c'eft ce qu'on appelle vîteffe ; la vîteffe,
eft donc attachée à la force active , comme à
fon fujet : mais cette vîteffe peut changer ; or ,
il n'y a que les Modes qui puiffent changer dans
un fujet ; donc la vîteffe eft un Mode de la
force active , & la modification de la force confifte dans la variation de la vîteffe.

On appelle l'état interne d'un Etre , les
déterminations de fes changemens internes ,
c'eft-à-dire, des changemens qui peuvent arriver dans lui-même , comme , par exemple ,

l'état

l'état interne de ma Montre dépend de la dif-
pofition des rouës les unes à l'égard des autres;
mais fon état externe eft déterminé par les relations qu'elle obtient avec d'autres Etres, comme d'être pofée fur la table, fur la cheminée,
&c. Ainfi, la force motrice étant fufceptible
de toutes fortes de degrés de vîteffe, fon état
interne eft déterminé par la vîteffe, & cet état
eft plûtôt tel dans un tems quelconque que tout
autrement, parce qu'une vîteffe donnée le détermine. D'où il fuit que la vîteffe eft une limitation de la force motrice. On peut dire de
même que l'état externe de la force motrice
dépend de la direction de la vîteffe; car la direction n'ajoute rien de nouveau à la vîteffe & à
la force, elle ne produit d'autre effet que de faire
obtenir au mobile des relations différentes aux
Corps coéxiftans : donc l'état externe de la
force motrice dépend de la détermination de la
direction.

La vîteffe & la direc-
tion font des Modes
de la force motrice.

§. 149. On regarde ordinairement la force
motrice comme refultant de la matière modifiée par la vîteffe, mais cette notion de la force
motrice eft abfolument fauffe; car la poffibilité
des Modes dans un fujet doit venir ou des objets antérieurs, ou des Modes antécedens de ce
fujet (§. 44.) Or, fi la vîteffe étoit un Mode
de la matiére, & qu'elle réfultât des Corps extérieurs, il faudroit en trouver la raifon dans
ces Corps extérieurs, qui font eux-même de la

La vîteffe ne peut être un Mode de la matiere.

     matiére

matiére : ainſi, la même queſtion reviendroit.
Cette raiſon ne peut être non plus dans les Modes
antécedens de l'étenduë ; car l'étenduë par elle-
même, jointe à la force d'inertie, & ſans la force
motrice, n'a point de Modes actuels, elle en a ſeulement de poſſibles que la force rend actuels.
Donc ſi on admettoit que la vîteſſe fût un
Mode de la matiére, ce ſeroit reconnoître dans
un ſujet des Modes auſquels il eſt inhabile, &
qu'il ne ſauroit recevoir.

De plus, tous les Modes ſont les limites de
leur ſujet ; (§. 43.) or la vîteſſe ne peut point
être la limite de la matiére, parce qu'en limi-
tant l'étenduë & la force d'inertie, il n'en peut
reſulter que de la figure & du repos : la vîteſſe ne peut donc être un Mode de la matiére.

D'ailleurs, dans la notion de la matiére & de
l'inertie, qui ne renferme que pluſieurs choſes
éxiſtantes l'une hors de l'autre, unies en un &
capables de reſiſter, on ne trouve point la raiſon ſuffiſante de l'actualité de la vîteſſe ; il faut
donc la chercher ailleurs, & on l'a trouvera
dans la force : la force motrice doit donc être
conçûe comme une ſubſtance, puiſqu'elle peut
recevoir des modifications par la vîteſſe, & qu'elle dure; car nous ne pouvons douter que la force
motrice ne dure, & il eſt aiſé même de prouver que la quantité en demeure toujours la même dans l'Univers. Car puiſque la matiére ne
périt point, & qu'elle ne ſauroit être ſans force,

il

il eſt néceſſaire que la quantité de la force demeure la même ; puiſque la quantité de matiére à laquelle elle eſt inſéparablement attachée, ne diminuë point , la force motrice doit donc nous paroître un ſujet durable & modifiable , c'eſt-à-dire , une ſubſtance différente de la matiére , & qui reçoit des limites par la vîteſſe comme l'étendue en reçoit par la figure.

§. 150. L'Etendue eſt une des propriétés eſſentielles de la matiére. Il eſt certain que la matiére dure , puiſque l'expérience nous montre que l'étendue ſubſiſte dans la diſſolution des compoſés ; l'eſprit doit donc concevoir la matiére comme un ſujet durable : mais comme la matiére peut avec la même étendue recevoir diverſes figures , on doit auſſi la concevoir comme un ſujet modifiable. Or, puiſque tout ſujet qui dure & qui peut recevoir des Modes, eſt une ſubſtance, on doit concevoir la matiére , c'eſt-à-dire , l'étendue jointe à la force d'inertie, comme une ſubſtance, quoiqu'elle tire ſa ſubſtantialité des Etres ſimples, comme vous l'avez vû. (§. 134.)

§. 151. Il paroît d'abord bien étrange de compoſer les Corps de deux ſubſtances comme l'étendue & la force active , & d'admettre une eſpece d'action d'une ſubſtance immatérielle , telle que la force active, ſur la matiére ; mais comme d'un côté les Phénomenes mon-

Il n'y a de véritable ſubſtances que les Etres ſimples.

trent

trent la fubftantialité de la force active, de même que celle de la matiére , & que de l'autre , il
y a des difficultés infurmontables, qui s'y op-
pofent , on en doit conclure que ni la matiére , ni la force active ne font de véritables
fubftances , mais qu'il faut remonter plus haut,
& chercher leur fource dans quelque chofe
d'antérieur, d'où l'on puiffe montrer pourquoi
la force active & la matiére doivent paroître
des fubftances & des fubftances différentes , &
cette recherche nous conduira aux Elemens
qui font la force commune de l'une & de l'autre.

<table>
<tr><td>L'Etenduë
ni la force
ne font
point de
véritables
fubftances.</td><td>§. 152. La matiére & la force active, qui nous
paroiffent des fubftances, n'en font pas réelle-
ment ; de même que l'on a vû (§. 134.), que
l'étendue n'eft pas une fubftance , mais un ag-
gregat , un compofé de fubftances : il en eft
de même de la force active, & de la force paffi-
ve ; ce ne font que des Phénomenes qui reful-
tent de la confufion , qui régne dans nos orga-
nes , & dans nos perceptions.</td></tr>
<tr><td>Ce font
des Phéno-
menes qui
réfultent
de la con-
fufion des
réalités.</td><td>§. 153. Les couleurs & toutes les qualités fen-
fibles peuvent éclaircir ce que j'entens par cette
confufion , d'où naiffent les Phénomenes que
nos fens apperçoivent ; ce dégré de confufion
& d'imperfection de nos organes nous eft né-
ceffaire , pour voir les objets tels que nous les
appercevons ; un Etre plus parfait que nous, au-
roit de toutes autres idées , & verroit les chofes</td></tr>
</table>

tout

tout autrement que nous ; & pour qu'il pût voir les mêmes objets que nous , & recevoir les mêmes impreſſions , il faudroit qu'il ſe dépoüillât de la faculté d'appercevoir diſtinctement ; car la diſtinction des parties , & les Phénomenes qui réſultent de leur confuſion, & qui naiſſent de l'enſemble ſont incompatibles : voilà pourquoi une ſtatue qui eſt faite pour être placée ſur une grande élevation nous paroît hideuſe & groſſiére, quand nous la voyons de près , & hors du point de vûe , pour lequel elle eſt deſtinée , parce que l'on ſe fait alors une idée diſtincte de tous les traits, deſquels le tout qui fait le viſage, doit reſulter ; & cela, parce que ces traits ſont trop grands, pour qu'on les puiſſe confondre, paſſé une certaine diſtance , au point où il faut qu'ils le ſoient pour faire une image agréable.

C'eſt par la même raiſon que les Chœurs de l'Opera ne font point le même plaiſir à ceux qui ſont dans les couliſſes, qu'à ceux qui ſont dans les Loges ; car lorſqu'on eſt très-près des Voix qui font les Chœurs, on les diſtingue chacune en particulier, & l'on en perd l'enſemble qui en fait la beauté.

La façon dont les Peintres font leurs couleurs & ſurtout celle dont le blanc eſt compoſé, nous fournit encore un exemple palpable de cette vérité : car du bleu & du jaune mêlés enſemble nous donnent du vert, mais ce Phénomene qui n'étoit qu'une apparence, diſparoît,

Exemple de cette confuſion pris des couleurs.

L 4

quand

quand nous nous fervons d'un Microfcope, qui
nous fait voir diftinctement ce que nous voyons
confufement : car le Phénomene du vert n'éxif-
toit que par cette confufion, & il n'avoit de réel
que des particules bleues & jaunes mifes auprès
les unes des autres : de même la couleur blan-
che n'eft qu'un Phénomene qui naît de la confufion, qui fe fait fur notre retine, de toutes les
couleurs primitives ; le prifme fait difparoître
ce Phénomene. Ainfi, un Etre dont les yeux
feroient des prifmes naturels, n'auroit pas plus
d'idée du blanc qu'un fourd n'a l'idée du fon.
On voit qu'à mefure que notre vûe feroit plus
diftincte, lesPhénomenes que nous prenons pour
des réalités, difparoîtroient; & on fent aifément
que cette diftinction afcendante, & cette confufion decroiffante pourroient avoir des dégrés
prefqu'infinis, fi nos organes en étoient fufceptibles ; & que tous les Phénomenes qui tombent fous nos fens, & que nous prenons pour
des réalités, faute de diftinguer ce qui les produit, difparoîtroient l'un après l'autre; & dans le
fiftême de M. de Leibnits cette gradation nous
meneroit jufques aux Etres fimples ou aux Monades, qui font felon lui, l'origine de tout ce
que nous voyons, & les feules fubftances réelles
qui éxiftent.

§. 154. Il eft donc certain qu'il n'y a rien
dans la Nature, comme les couleurs & les objets
qui refultent de leurs affemblages, ni comme les
faveurs

faveurs, les fons, & toutes les qualités fenfibles, & que toutes les chofes n'éxiftent qu'autant qu'il éxifte des Etres, qui, en confondant les réalités qu'ils ne fauroient difcerner, font naître chez eux ces images, qui ne font que des Phénomenes; car on entend par Phénomene, *des images ou apparences, qui naiffent par la confufion de plufieurs réalités :* & il importe infiniment de diftinguer l'image, qui naît en nous de la confufion d'une infinité de chofes que nous ne diftinguons point, de la réalité de ces chofes; car cela eft fouvent fort différent, & c'eft en fe rendant attentif à cette diftinction, que l'on peut pénétrer jufqu'à l'origine des Phénomenes.

§. 155. C'eft par ce moyen que nous pouvons parvenir à découvrir, comment les Phénomenes de l'étenduë, de la force motrice & de la force d'inertie, refultent de la confufion des Etres fimples. On a vû déja comment le Phénomene de l'étenduë en refulte : la force active, & la force paffive font dans le même cas; car chaque Etre fimple étant continuellement en action, & cette action ayant une relation, une harmonie avec les actions de tous les Etres fimples, toutes ces actions qui confpirent enfemble, doivent paroître aux fens une feule & unique action. Ainfi, il eft impoffible que nous puiffions nous repréfenter diftinctement la force motriçe : on la concevroit diftinctement, fi on

pouvoit

Comment les Phénomenes de l'étenduë, de la force active & de la force paffive peuvent réfulter de la confufion des Etres fimples.

pouvoit se repréfenter de quelle façon la force
réfide dans un Etre fimple, pour engendrer enfin, dans le compofé que tous ces Etres forment par leur aggregat, cette force motrice,
dont les effets tombent fous nos fens : or comme nous ne pouvons point diftinguer ces chofes les unes des autres, nous appercevons dans
la force une infinité de chofes à la fois, que
nous ne diftinguons point , & que par cette
raifon nous confondons en une feule, & nous
ne nous repréfentons que ce qui refulte de cette
confufion , qui eft une image infiniment différente des réalités qui y entrent. Ainfi, on voit que
la force motrice , telle que nous nous la figurons
& qu'elle tombe fous nos fens, n'eft qu'un Phénomene , qui ne naît dans nous , que parce que
nous voyons de très-loin les réalités qui la conftituent , c'eft une apparence comme l'étendue.

§. 156. La force paffive ou la force d'inertie eft
auffi un Phénomene, parce que nous ne voyons
point diftinctement le principe paffif qui fe
trouve dans chaque Elément, ni la façon dont
par la multiplication & la confufion de toutes
leurs réfiftances relatives & confpirantes , la
force d'inertie peut refulter dans les compofés.

Les trois propriétés qui font l'effence du
Corps, font donc des Phénomenes , mais on
peut dire que ce font des *Phénomenes fubftan-*
tiés , comme les appelle M. *Wolf*, c'eft-à-dire,

des

des Phénomenes qui nous paroiffent des fubftances, mais qui n'en font cependant pas ; car
il n'y a de véritables fubftances que les Etres
fimples ; or comme on a vû dans le Chapitre
précedent que les Elemens doivent contenir
l'origine de tout ce qui fe trouve dans les Corps
qui en font compofés , puifqu'il fe trouve de
l'action & de la réfiftance dans les Corps, on
en doit conclure que les Etres fimples ont un
principe actif , par lequel on peut comprendre
pourquoi les compofés agiffent , & un principe paffif, d'où les paffions ou la faculté de pa-
tir des compofés , refulte.

§. 157. L'étendue & la force paroiffent donc
des fubftances très-différentes , quoiqu'elles re-
connoiffent une même origine, qui eft les Etres
fimples ; car l'étendue de la matiére provient
de l'agregat des Etres fimples, & la force motrice & refiftante fe manifefte, en tant que ces
Elemens agrégés poffedent en eux un principe
actif & refiftant. Or comme nous pouvons fort
bien par abftraction mentale concevoir l'agregat, fans faire attention à ce qui eft dans chaque agrégé, de même nous pouvons concevoir
ce qui eft dans chaque Element, fans faire attention à leur agrégation. Ainfi , les deux idées
de l'étendue & de la force , doivent nous paroître très différentes , & indépendantes l'une de
l'autre , quoique l'une & l'autre n'ayent de fub-
ftantiel que ce qu'elles tirent des Elemens ; car

cette

cette ſubſtantialité entre dans l'une & dans l'autre de ces notions d'une maniére très-différente.

De la force primitive, & de la force dérivative.

§. 158. Il y a deux ſortes de force motrice; M. *de Leibnits* appelle la force qui ſe trouve dans tous les Corps, & dont la raiſon eſt dans les Elemens, *force primitive*, & celle qui tombe ſous nos ſens, & qui naît dans le choq des Corps, du conflict de toutes les forces primitives des Elemens, *force dérivative*; cette derniére force découle de la premiere, & n'eſt qu'un Phénomene, comme je vous l'ai expliqué plus haut (§. 155.).

§. 159. La force primitive étant le réſultat des déterminations internes des Elemens, on ne peut l'expliquer diſtinctement, ſans connoître les déterminations; mais comme on n'eſt pas encore allé aſſez loin dans cette matiére, pour connoître ces déterminations internes des Elemens, nous devons nous contenter pour le préſent de ſçavoir que cette force éxiſte; or c'eſt cette force primitive, que l'on regarde comme un ſujet durable & modifiable (§. 152.), en faiſant abſtraction des modifications actuelles, qu'elle reçoit par la vîteſſe & la direction.

§. 160. La force primitive étant indifférente à toutes ſortes de viteſſes & de directions, on ne peut s'en ſervir pour rendre raiſon, pourquoi
dans

dans un cas donné, un corps a une vîtesse quelconque, & pourquoi il se meut dans une certaine direction, puisqu'il pourroit se mouvoir
en toute autre direction, & avec une toute
autre vîtesse. Ainsi, pour rendre raison des Phénomenes particuliers, on ne peut se servir de la
force primitive ; car il ne faut jamais alléguer
des raisons éloignées, lorsque l'on en demande
d'immédiates & de prochaines, puisque ce seroit retourner aux formes substantielles de
l'Ecole : mais par les raisons générales, on ne
peut expliquer que les Phénomenes en général, & il faut en venir à des raisons immédiates, lorsqu'il s'agit des Phénomenes particuliers. C'est donc par la force dérivative qui naît
du choq des Corps, qu'on peut rendre raison
des Phénomenes qui naissent du mouvement,
par l'action des Corps les uns sur les autres, &
par laquelle la force primitive est modifiée, &
limitée, lorsqu'elle reçoit une certaine vîtesse &
une certaine direction : or comme le Corps ne
peut point se donner par lui-même cette vîtesse
& cette direction, il faut qu'il la reçoive par le
choq des Corps environnans, & par-là la force dérivative devient explicable distinctement,
parce que l'on peut expliquer par les loix du
mouvement pourquoi un Corps ayant été choqué, il se meut avec une vîtesse plûtôt qu'avec
toute autre, c'est-à-dire, pourquoi la force primitive a été modifiée de cette maniére dans un
cas donné.

§. 161.

C'est par la force dérivative qu'on peut rendre raison de ce qui arrive dans le choq des Corps.

§. 161. Les Philofophes ont eu de grandes difputes fur ce qu'on appelle *Nature*. Plufieurs ont voulu bannir ce mot de la Philofophie, parce que, difoient-ils, on en fait une idole que l'on met à côté de Dieu pour expliquer les Phénomenes; mais comme on a vû que les Corps ont une puiffance d'agir & de pâtir, & qu'ils ont auffi une force active & paffive, puifqu'ils agiffent, & qu'ils pâtiffent en effet, on peut appeller, avec les Anciens, cette puiffance d'agir & de pâtir jointe à la force active & paffive, *Nature*, & l'on ne doit point fe revolter contre ce mot ni contre l'ufage que l'on en fait, lorfque l'on dit que *par la Nature des Corps*, tous les changemens qui leur arrivent, deviennent explicables : car par la puiffance active, on voit pourquoi une action peut arriver, & par la force, pourquoi elle devient actuelle, & tous les changemens des Corps doivent être explicables par ces deux principes.

Quand on parle de la Nature en général, on entend un principe interne des changemens qui arrivent dans le monde : ainfi, ce n'eft point un petit Dieu diftinct du monde, qui a foin de gouverner cette machine, ce n'eft que la force motrice jointe aux autres propriétés, qui compofent avec elle l'effence des Corps; cette force motrice eft le feul principe de mouvement dans l'Univers, & c'eft par elle que l'on peut comprendre pourquoi les changemens poffibles deviennent actuels. Ainfi, c'étoit un véritable fantôme tômie que cette *Nature*, que M. *Boyle* a voulu détruire dans son Livre *sur la Nature*, lorsqu'il rejette ce qu'on appelle *Nature*, parce qu'il lui paroît absurde de composer le monde de deux substances qui se pénetrent, la matiére, & la nature. Ainsi, quand on dit qu'un effet est naturel, lorsqu'il peut s'expliquer par l'essence de l'Etre & par sa nature, cela veut dire par sa construction, & par son mouvement.

§. 162. Nous ne pouvons guerre nous flatter de découvrir autre chose par nos recherches que des qualités Physiques, des figures, des mouvemens, &c. par où nous pouvons atteindre à la raison la plus proche de quelques effets; car il faut tâcher, autant qu'il est possible, d'expliquer les Phénomenes méchaniquement, c'est-à-dire, par la matiére, & le mouvement; & quand la possibilité de cette explication surpasse nos forces, nous devons avouer notre ignorance, & nous bien souvenir que la volonté du Créateur étant la source de l'actualité, mais non de la possibilité des choses, nous n'avançons pas plus en recourant à cette volonté pour expliquer les Phénomenes, que, si en voulant rendre raison du mouvement regulier de l'éguille d'une Montre, nous disions que c'est parce que l'Ouvrier l'a voulu ainsi; car outre la volonté de l'Ouvrier, qui l'a porté à arranger ensemble d'une certaine maniére des pignons & des roues, il falloit encore que cette combinaison pût pro-

duire

Comment on doit rendre raison des Phénomenes.

duire une Montre, c'eft-à-dire, qu'une Montre fût poffible : ainfi, dans ce grand automate
de l'Univers, l'état préfent eft né du paffé, &
fera naître le fuivant ; & tous les changemens
méchaniques découlent de l'arrangement des
parties, & des régles du mouvement, & ce
qui ne découle pas de ces principes, n'éxifte
point.

§. 163. Quand on dit qu'il faut tâcher de
rendre raifon de tous les effets naturels par la
matiére & le mouvement, cela ne veut pas
dire que l'on foit obligé de trouver cette raifon pour tous les Phénomenes, ni de remonter
jufqu'à la raifon premiere des chofes ; la foible
portée de notre efprit & l'état préfent des Sciences ne le permettent pas : mais on peut s'arrêter à des qualités Phyfiques, & fe fervir d'un
Phénomene ou de plufieurs, dont on ne connoît point encore les raifons méchaniques,
(quoiqu'ils en ayent) pour rendre raifon d'un
autre Phénomene, qui en dépend. Ainfi, on fe
fert de l'élaftilité de l'air, de la fluidité de l'eau,
de la chaleur du feu, qui font des qualités Phyfiques, dont on n'a pas encore trouvé l'explication méchanique (quoiqu'il y en ait une)
pour rendre raifon d'autres propriétés, qui fe
rencontrent dans la nature, & qui naiffent du
mélange de quelques-unes de celles-là, comme l'afcenfion de l'eau dans une pompe, que
l'on explique par l'élaftilité de l'air fans être
obligé

obligé de faire voir la raison de cette élasticité ; car c'est une nouvelle question , & quand
même cette nouvelle question ne pourroit être
résolue , cela n'empêcheroit qu'on ne pût expliquer l'ascension de l'eau par cette élasticité :
de même , quand on rend raison des effets
d'une Montre , on employe les principes méchaniques, quand il n'est question que de l'arrangement & de la configuration des parties ;
mais quand on passe plus avant , à l'élasticité
du ressort, & à la matiére qui compose ces parties , en tant que fusible , malleable , &c. on
arrive à des qualités Physiques , qui dépendent
à leur tour d'autres principes méchaniques, que
l'on n'apperçoit pas à la vérité toujours, & que
l'on suppose comme donnés dans l'explication
dont il s'agit : & quand même on connoîtroit
ces principes , on ne devroit pas les expliquer
alors , parce que leur explication entraîneroit
dans d'autres questions, qui ne sont pas celle
qu'on traite.

§. 164. C'est ainsi qu'on peut, & qu'on doit se
servir de l'attraction comme d'une qualité Physique , dont la cause méchanique est inconnue ,
pour rendre raison d'autres Phénomenes qui
en résultent. Ainsi , on peut assûrer , par exemple, que le Soleil attire les Planetes & d'autres matiéres qui les environnent , puisque les
Phénomenes le démontrent , pourvû qu'on ne
fasse pas de cette attraction une propriété in-

Tome I.   M   hérente

hérente de la matiére , & qu'on ne détour-
ne pas les Philosophes d'en chercher la cause
méchanique ; car ceux qui ne veulent point
admettre dans la Philosophie des miracles perpetuels , doivent rendre raison des effets , par
l'essence des choses & par le mouvement ,
& tout ce qui n'est point explicable par ces
principes, n'est point du ressort de la Philosophie, qui ne doit s'occuper que des effets naturels , qu'on doit concevoir distinctement , &
expliquer intelligiblement.

CHAPITRE

CHAPITRE IX.

De la divisibilité & subtilité de la Matiére.

§. 165.

L'EXTENSION peut-être conçûe en longueur, largeur, & profondeur ; ainsi, la Ligne A B. est étendue en longueur, la surface A B D E. est étendue en longueur & en largeur, & le cube A B C D E F G H. est étendu en longueur, largeur, & profondeur : ce sont là les trois dimensions de l'étendue.

§. 166. Tout Corps a ces trois dimensions,

  &

à parler avec exactitude, il n'y a que des solides dans la Nature ; mais notre esprit ayant le pouvoir de faire des abstractions, nous pouvons confidérer la longueur fans fonger à la largeur, ni à la profondeur ; nous pouvons confidérer de même la longueur & la largeur feulement, fans fonger à la profondeur, & c'eft fur ces abftractions de nous ?????? la Géométrie eft fondée ; les fuperfi?????? & les points ne font donc pom???????? ?? en les conçoit dans la matière ??? ??????

Fig. 6.

Comment nous pouvons nous former l'idée de la longueur, de la largeur, & de la profondeur.

§. 167. Cependant, on peut imaginer, pour aider l'imagination, & pour fe former une idée diftincte des trois dimenfions de l'étendue, deux points A & B. diftans l'un de l'autre, & fuppofer que le point A. allant trouver le point B. laiffe, dans chaque partie de l'intervalle qui les fépare, une production de lui-même, il formera la ligne AB. que l'on fuppofe étendue en longueur feulement.

Fig. 7.

On peut fuppofer enfuite que la ligne AB coulant le long de la ligne AD. laiffe une production d'elle-même, dans tout le chemin, qu'elle parcourt pour arriver du point A. au point D. il s'en formera la furface ABDE. que l'on fuppofe étendue en longueur & en largeur.

Fig. 10.
& 9.

Enfin, fi la furface ABCDE. coule le long de la furface CDEF. il s'en formera le Cube ABCDEFGH. lequel a les trois dimenfions

de

de la Nature, puisqu'il est étendu en longueur, largeur, & profondeur.

§. 168. La plûpart des Philosophes ayant confondu les abstractions de notre esprit avec le Corps Physique, ont voulu démontrer la divisibilité de la Matiére à l'infini, par les raisonnemens des Géometres sur la divisibilité des lignes qu'on pousse jusqu'à l'infini ; ce qui a donné lieu à ce labyrinthe fameux de la divisibilité du continu, qui a tant embarrassé les Philosophes : mais ils se seroient épargné toutes les difficultés que cette divisibilité entraîne, s'ils avoient pris soin de ne jamais appliquer les raisonnemens que l'on fait sur la divisibilité du Corps Géometrique, aux Corps naturels & Physiques.

§. 169. Le Corps Géometrique n'est que la simple étendue, il n'a point de parties déterminées, & actuelles, il ne contient que des parties simplement possibles, qu'on peut augmenter tant qu'on veut à l'infini ; car la notion de l'étendue ne renferme que des parties coéxistantes & unies, & le nombre de ces parties est absolument indéterminé, & n'entre point dans la notion de l'étendue. Ainsi, on peut, sans nuire à l'étendue, déterminer ce nombre comme on veut, c'est-à-dire, que l'on peut établir qu'une étendue renferme dix mille, ou un million, ou dix millions, ou, &c. de parties,

 selon

ſelon que l'on voudra accepter une partie quelconque pour *un* : ainſi, une ligne renfermera
deux parties, ſi on prend ſa moitié pour *une*,
& elle en aura ou dix, ou mille, ſi on prend ſa
dixiéme ou ſa milliéme partie pour l'unité : ainſi,
cette unité eſt abſolument indéterminée, &
dépend de la volonté de celui qui conſidére
cette étendue.

Toute é-
tenduë
géométri-
que eſt di-
viſible à
l'infini.

§. 170. Chaque étendue abſtraite & géometrique peut donc être exprimée par un nombre
quelconque, mais il en eſt tout autrement dans
la Nature; tout ce qui éxiſte actuellement, doit
être déterminé en toute maniére, & il n'eſt
point en notre pouvoir de le déterminer autrement. Une Montre, par exemple, a ſes parties,
mais ce ne ſont point des parties ſimplement
déterminables par l'imagination, ce ſont des
parties réelles, actuellement éxiſtantes, & il

Mais il
n'en eſt pas
de même de
l'étenduë
Phiſique,
qui eſt à la
fin compo-
ſée d'Etres
ſimples.

n'eſt point libre de dire, *cette Montre a dix,
cent, ou un million de parties*; car en tant que
Montre, elle en a un nombre, qui conſtitue ſon
eſſence; & elle n'en peut avoir ni plus ni moins,
tant qu'elle reſtera Montre : il en eſt de même
de tous les Corps naturels, ce ſont tous des
machines qui ont leurs parties déterminées &
diſſemblables, qu'il n'eſt point permis d'exprimer par un nombre quelconque.

Origine
des Sophiſ-

§. 171. C'eſt en confondant l'étendue Géometrique, & l'étendue Phyſique, & en ſuppoſant

tant que l'étendue Physique est toujours com- mes des Anciens contre le mouvement.
posée à l'infini de parties étendues , que les
Anciens avoient formé ces argumens si faux ,
& si specieux contre la possibilité du mouvement.

Le plus fameux de tous les Sophismes étoit De l'Achille de Zenon.
celui que Zenon avoit appellé l'*Achille* , pour
marquer sa force invincible , il supposoit Achille courant après une Tortue , & allant dix fois
plus vîte qu'elle , il donnoit une lieue d'avance à la Tortue , & il raisonnoit ainsi : tandis
qu'Achille parcourt la lieue que la Tortue a
d'avance sur lui , celle-ci parcourra un dixiéme de lieue ; pendant qu'il parcourra le dixiéme , la Tortue parcourra la centiéme partie
d'une lieue ; ainsi , de dixiéme en dixiéme , la
Tortue devancera toujours Achille , qui ne
l'atteindra jamais.

Premierement , quand il seroit vrai qu'Achille
n'attrapât jamais la Tortue , il ne s'ensuivroit
pas pour cela que le mouvement fût impossible ; car Achille & la Tortue se meuvent réellement , puisqu'Achille approche toujours de
la Tortue , qui est supposée le devancer toujours , quoiqu'infiniment peu.

Mais , secondement , cet ingénieux Sophisme
étant fondé sur la divisibilité de l'étendue à
l'infini , le principe de la raison suffisante le ren-
verse facilement ; car on a vû qu'il est prouvé
par ce principe , que l'étendue Physique est à
la fin composée d'Etres simples , & que par
M 4 conséquent

conféquent ſes diviſions, même poſſibles ; ont des bornes poſitives & réelles.

On a écrit des Traités entiers pour réſoudre le Sophiſme de Zenon, peut-être ſuffiſoit-il pour le refuter de marcher en ſa préſence comme fit Diogene ; mais outre cette réponſe de fait, on vient de voir qu'il étoit aiſé d'en faire une de droit.

Grégoire de Saint Vincent fut le premier qui en démontra la fauſſeté, & qui aſſigna le point précis, auquel Achille devoit atteindre la Tortue, & ce point ſe trouve par le moyen des progreſſions Géometriques infinies, au bout d'une lieue & d'un neuviéme de lieue : car la ſomme de toute progreſſion Géometrique infinie, eſt finie ; & cela, parce qu'Etre infini, ou s'étendre à l'infini, ſont deux choſes très-différentes. Car un tout fini quelconque, un pied, par exemple, eſt un compoſé de fini, & d'infini : ce pied eſt fini, en tant qu'il ne contient qu'un certain nombre d'Etres ſimples, mais je puis le ſuppoſer diviſé en une infinité, ou plûtôt en une quantité non-finie de parties, en conſidérant ce pied comme une étendue abſtraite. Ainſi, ſi j'ai pris d'abord dans mon eſprit la moitié de ce pied, & que je prenne enſuite la moitié de ce qui reſte, ou un quart de pied, puis la moitié de ce quart ou un huitiéme de pied, je procederai ainſi mentalement à l'infini, en prenant toujours de nouvelles moitiés decroiſſantes, qui toutes enſemble ne feront

jamais

Différence entre la diviſibilité, & l'extenſibilité à l'infini.

jamais que ce pied, lequel devient alors un corps Géometrique, parce que de toutes ſes propriétés je n'ai retenu dans mon eſprit que celle d'étendue, ſur laquelle ma diviſion idéale s'eſt operée. Ainſi, la diviſibilité de l'étendue à l'infini eſt en même tems une vérité Géometrique, & une erreur phiſique : ainſi, tous les raiſonnemens ſur la diviſibilité de la Matiére tirés de la nature des Aſymptotes de l'incommenſurabilité de la diagonale du quarré, des ſuites infinies & d'autres conſidérations Géometriques, ſont abſolument inapplicables aux Corps naturels, de même que les Théoremes de M. Keill, par leſquels il prétend prouver qu'avec un grain de ſable on pourroit remplir l'Univers entier ; car on ne doit admettre dans la Phiſique, que des parties actuelles, dont l'éxiſtence peut être démontrée par l'expérience, ou par des raiſonnemens inconteſtables.

§. 172. On a vû ci-deſſus que les atômes ou parties inſecables de la Matiére ſont inadmiſſibles, quand on les regarde comme des Matiéres ſimples, irréſolubles & primitives, parce qu'on ne peut point donner alors de raiſon ſuffiſante de leur éxiſtence ; mais lorſqu'on reconnoît qu'ils tirent leur origine des Etres ſimples, on peut fort bien les admettre : car il eſt très-poſſible, & les expériences rendent très-vraiſemblable qu'il y a dans l'Univers un certain nombre déterminé de parties de Matiére,

que

Il eſt vrai-ſemblable qu'il y a dans l'Univers des parties étenduës, que la Nature ne réſout plus en d'autres.

que la Nature ne réfout jamais dans leur principe , qui reftent indivifées dans la conftitu-
tion préfente de cet Univers , & que tous les
Corps qui le compofent , refultent de la compofition & de la mixtion de ces particules folides ; enforte qu'on peut les regarder comme
des Elemens doués de figures, & de différences
internes , qui refultent de leurs parties.

Que la Nature s'arrête dans l'analyfe de la
Matiére à un certain degré fixe & déterminé ,
c'eft ce qui eft affez probable, par l'uniformité qui régne dans fes Ouvrages , & par une infinité d'expérience.

1°. Si la Matiére étoit refoluble à l'infini , il
feroit impoffible que les mêmes germes & les
mêmes fémences produififfent conftamment les
mêmes animaux, & les mêmes plantes , que les
plantes & les animaux acquiffent leur croiffance
toujours exactement dans le même efpace de
tems , qu'ils confervaffent toujours les mêmes
propriétés, & qu'ils fuffent tels à préfent qu'ils
étoient autrefois : car fi le fuc qui les nourrit,
étoit tantôt plus fubtil , & tantôt plus groffier,
il feroit impoffible qu'ils ne fuffent pas fujets à
des variations perpétuelles, puifque, lorfque les
parties de ce fuc feroient plus fubtiles , il faudroit plus de tems pour l'accroiffement du même corps , que lorfque ce fuc auroit plus de
confiftance ; & ce corps par conféquent, feroit
plus ou moins folide , & acquerroit fa croiffance en plus ou moins de tems, felon que les
parties

parties du suc qui le nourrit, seroient plus gros-
fieres ou plus subtiles : ainsi, la forme & la façon
d'être dans les composés , seroient sujettes à
mille changemens , & les espéces des chofes
seroient à tout moment brouillées.

Or il n'y a aucun de ces dérangemens dans
l'Univers; les plantes , les animaux, les fossiles,
tout enfin produit constamment son semblable
avec les attributs, qui constituent son essence :
la Matiére n'est donc pas actuellement réfolue
à l'infini.

2º. Si les parties de la Matiére se résolvoient
à l'infini , non-feulement les espéces se mêle-
roient , mais il s'en formeroit tous les jours
de nouvelles ; or il ne se forme aucune nouvelle espéce dans la Nature , les Monstres même ne perpétuent point la leur , la main du
Créateur a marqué les bornes de chaque Etre ,
& ces bornes ne font jamais franchies : cependant , si la Matiére se divisoit à l'infini , elles
le seroient à tout moment, l'ordre qui régne
dans l'Univers, & la conservation de cet ordre
paroissent donc prouver qu'il y a des parties
solides dans la Matiére.

3º. Les dissolutions des Corps ont des bornes fixes aussi-bien que leur accroissement ; ainsi
le feu du miroir ardent , le plus puissant dissol-
vant que nous connoissions , fond l'or , le pul-
vérise , & le vitrifie ; mais ses effets ne vont
point au-delà : cependant , si la Matiére étoit
resoluble à l'infini, le feu devroit tout détruire,

& l'on ne pourroit dire, ni pourquoi les liqui-
des n'acquerrent jamais qu'un certain dégré de
chaleur déterminé, ni pourquoi l'action du feu
sur les Corps a des bornes si précises, si la solidité & l'irresolubilité actuelle n'étoient pas
attachées aux parties de la Matiére, quand
elles passent une certaine petitesse, & n'oppo-
soient pas par leur solidité une barriére insur-
montable à l'action de ce puissant agent.

4°. Cette irresolubilité des premiers Corps
devient indispensablement nécessaire, si l'on
adopte le sistême des germes, que les nouvelles découvertes, que l'on a faites par le moyen
des Microscopes, semblent démontrer ; tout le
Monde connoît celles de M. Hartsoeker, &
il devient tous les jours plus vraisemblable,
que la Nature n'agit que par développement:
or si chaque grain de bled contient le germe
de tous les bleds qu'il doit produire, il faut
nécessairement que les divisions actuelles de la
Matiére ayent des bornes, quoique ces bornes
soient inassignables pour nous.

Il est donc bien vraisemblable qu'il y a des
particules de Matiére d'une certaine petitesse
déterminée, que la Nature ne divise plus.

La cohé-
sion vient
des mouve-
mens cons-
pirans,

§. 173. Si l'on demande la raison suffisante de
cette irresolubilité actuelle des petits corps de la
Matiére, il sera aisé de la trouver dans les mouvemens conspirans de leurs parties, puisque les
mouvemens conspirans, sont la cause de la cohésion, selon M. Leibnits.   §. 174.

§. 174. Quoique les divisions actuelles que la Matiére peut subir, ayent des bornes réelles, les expériences nous découvrent une subtilité dans les parties des Corps naturels, qui étonne l'imagination, & qu'on ne sauroit assez admirer. M. Volf a observé dans l'espace d'un grain de poussiére cinq cens œufs, dont il est éclos des animaux semblables à des poissons, & dans lesquels on remarque une infinité de parties, comme dans les plus grands animaux de la mer.

Le même Auteur fait voir que l'espace d'un grain d'orge peut contenir vingt-sept millions d'animaux vivans, qui ont chacun vingt ou vingt-quatre pieds, & que le moindre grain de sable peut servir de demeure à deux cens quatre-vingt-quatorze millions d'animaux organisés, qui propaguent leur espéce, & qui ont des nerfs, des veines, & des fluides qui les remplissent, & qui sont sans doute au corps de ces animaux, dans la même proportion que les fluides de notre corps sont à sa masse.

L'ouvrage des Tireurs & Batteurs d'or fournit de belles preuves de la subtilité des parties de la Matiére. M. Boyle rapporte qu'un seul grain d'or battu en feuille, remplit l'espace de cinquante pouces quarrés, mesure géométrique; mais si on divise le côté d'un pouce en deux cens parties, ou la ligne en vingt, ce qui fait encore des parties visibles à l'œil, & sans Microscope, chaque pouce quarré aura quarante mille

parties

parties d'or qu'on pourra encore diſtinguer ſans Microſcope , & par conſéquent toute la feuille aura deux millions de parties viſibles à l'œil ſeulement: & ſi l'on ajoute à cela, qu'une telle feuille eſt encore diviſible dans ſon épaiſſeur en ſix feuilles au moins, comme on le peut conclure par les Obſervations de M. de Reaumur, qui a obſervé que l'épaiſſeur d'une feuille d'or eſt environ la $\frac{1}{30000}$. partie d'une ligne, & l'épaiſſeur de l'or à celle des fils d'argent la $\frac{1}{175000}$. partie d'une ligne, l'argent eſt par conſéquent environ ſix fois moins épais qu'une feuille d'or : ainſi, cette feuille d'or réduite à l'épaiſſeur d'une feuille d'argent , ſeroit diviſée en ſix, d'où il ſenſuit que chaque grain d'or renferme environ douze millions de parties diſcernables à la ſimple vûe. Or, comme ces parties ne ſont que de l'or , & reſtent encore de l'or , quand on les regarde par des Microſcopes, qui augmentent un objet juſqu'à vingt ou trente mille fois, & qui par conſéquent montrent encore trente mille parties dans chacune de ces douze millions de parties, que l'œil ſeul diſtinguoit dans ce grain d'or , on peut concevoir juſqu'à quel point de fineſſe la nature ſubdiviſe la Matiére. Car l'or eſt une mixtion d'autres Matiéres plus fines, qui ne ſont point de l'or, & il renferme une infinité de pores remplis d'une autre Matiére que ſa Matiére propre : or puiſqu'après cette énorme diviſion, l'on ne diſtingue encore ni les parties conſtituantes de l'or, ni la Matiére qui paſſe

à

à travers ſes pores, on peut encore moins eſ-
pérer de voir jamais les figures & les mouvemens de ces parties des mixtes, qui doivent contenir la raiſon immédiate des qualités que nous
remarquons dans l'or, leſquelles parties ſont
encore compoſées elles-mêmes des Etres ſimples.

§. 175. Ces conſidérations nous montrent que
la ſubtilité des parties de la Matiére eſt inexpri-
mable, & qu'il n'y a perſonne, qui puiſſe jamais
déterminer le nombre des parties, dont un
grain de ſable eſt compoſé, puiſque ce nombre paſſe notre imagination, & tout ce que
nous pouvons nous figurer ; & comme la raiſon nous montre que cette diviſion n'a point
de bornes, & que la Matiére ne ceſſe point
d'être diviſible tant qu'elle eſt Matiére, on peut
dire que par rapport à nous la Matiére eſt non-
ſeulement diviſible, mais diviſée à l'infini, quoique réellement ſes diviſions ayent des bornes ;
car ces bornes ſont ſi reculées, qu'elles s'éten-
dent juſqu'à l'infini pour nous, car l'infini pour
nous eſt une quantité qu'aucun nombre ne peut
exprimer.

§. 176. Il eſt donc évident qu'il y a dans la
nature une infinité de Matiéres diverſement figurées, & differemment muës, leſquelles échapent à nos ſens & à nos obſervations par leur
petiteſſe, & qui cependant produiſent les Phénomenes

nomenes que nous obſervons ; & les raiſons premieres des qualités Phiſiques ſe trouvant toutes dans ces Matiéres diverſement figurées qu'il nous eſt impoſſible de diſtinguer, nous devons en conclure qu'il peut ſe paſſer une infinité de choſes dans le moindre eſpace comme dans le monde entier: mais l'attention humaine ne pourra jamais les appercevoir, & c'eſt beaucoup pour notre entendement d'avoir pû ſeulement en connoître la poſſibilité. Ainſi, c'eſt perdre notre tems que de vouloir eſſayer de deviner ces myſtéres imperceptibles, & nous devons nous borner à obſerver ſoigneuſement les qualités qui tombent ſous nos ſens, & les Phénomenes qui en reſultent, & dont nous pouvons faire uſage pour rendre raiſon d'autres Phénomenes qui en dépendent.

§. 177. Tous les Corps contiennent deux ſortes de Matiéres, la Matiére propre, & la Matiére étrangére : la Matiére propre peut être ou conſtante, ou variable; la Matiére conſtante eſt celle ſans laquelle le Corps ne peut point ſubſiſter, la Matiére variable eſt celle qui s'arrête quelquefois dans les pores les plus larges, comme l'air & l'eau, par exemple, qui augmentent le poid des Corps, en s'introduiſant & s'arrêtant entre leurs parties. Toute la Matiére propre d'un Corps repoſe, ſe meut, péſe, & agit avec lui ; mais la Matiére étrangére ne ſe meut point avec le Corps, mais elle paſſe librement

Les Corps contiennent deux ſortes de matiéres, l'une qui agit & péſe avec eux, l'autre qui n'agit, ni ne péſe.

brement à travers ſes pores , comme l'eau à travers d'une caiſſe percée de pluſieurs trous.

§. 178. La réalité de l'éxiſtence de ces deux Matiéres ſe démontre aiſément par l'expérience ; car l'expérience nous apprend que les Corps ont différentes denſités & des poids différens, l'eau , par exemple , péſe plus que l'air, & l'or eſt plus denſe que le bois , & péſe davantage.

Or toutes les Matiéres juſqu'à l'or même , la plus denſe de toutes, ayant des pores qui ne ſont point remplis de la même matiére , que leur matiére propre, & n'y ayant point de vuide abſolu dans l'Univers , il eſt néceſſaire que ces pores ſoient remplis d'une matiére étrangére , qui ne péſe point avec ces Corps, & qui ne choque point avec eux, lorſqu'ils en rencontrent d'autres dans leur chemin , mais qui remplit tous leurs interſtices , & qui ſe meut à travers avec autant de liberté que l'air, à travers un crible , & l'eau, à travers un filet.

§. 179. C'eſt encore ce qui peut ſe prouver par la cohéſion ; car puiſque le principe de la raiſon ſuffiſante bannit le vuide d'entre les parties des Corps , & montre qu'il ne ſauroit y avoir deux parties de matiére indiſcernable l'une de l'autre dans l'Univers , il ne peut y avoir de figure ni de diverſité dans la Nature que par le mouvement; car ſi toutes les parties de

la matiére repofoient les unes auprès des autres,
il eft évident qu'il n'en refulteroit qu'une parfaite continuité fimilaire fans aucune figure : il
eft donc néceffaire, non-feulement que toute la
matiére fe meuve, mais que fon mouvement foit
varié à l'infini dans fa vîteffe & dans fa direction, pour qu'il puiffe en refulter les différentes
qualités, & toutes les différences internes des
parties de la matiére : or, lorfque plufieurs parties
de la matiére paroiffent être fans force & dans
un repos parfait, il faut que le mouvement
de ces parties tende vers les directions oppofées avec la même force, & qu'elles s'arrêtent
par conféquent dans la même place, ce qui fait
la cohéfion ; car on fait que deux Corps fortement preffés l'un contre l'autre, ne peuvent
être féparés que difficilement, & femblent ne
faire qu'un feul Corps. Le mouvement confpi-
rant eft donc l'origine de la cohéfion, felon le
fentiment de M. de Leibnits & de fes Difciples : or nous avons vû que le dégré de vîteffe dont un Corps eft mû, & la direction de
fon mouvement ne font déterminés que par
le mouvement de quelques-autres Corps qui
en contiennent la raifon fuffifante. (§. 149)
Ainfi, afin que des parties fe meuvent dans
des directions oppofées avec des vîteffes égales, & qu'elles coherent par ce moyen, il
eft néceffaire que le mouvement d'une matiére externe, qui ne cohere point avec ces parties, détermine leur direction & leur vîteffe ;

il

il y a donc des matiéres très-fines & très-rapidement mues qui se dérobent à nos sens, & qui produisent plusieurs des effets que nous remarquons ; de ce genre, sont vraisemblablement la matiére magnetique, la matiére électrique, celle du feu, de la cohésion, de l'élasticité, de la pésanteur, & sans doute une infinité d'autres qui se modifient differemment, & qui concourent en diverses maniéres pour produire les qualités sensibles des Corps.

§. 180. Ces réflexions doivent précautionner contre la précipitation de quelques Philosophes, qui, lorsqu'ils voyent des Phénomenes que les fluides que l'on suppose, n'ont pû expliquer jusqu'à présent, tranchent le nœud qu'ils devoient délier, & décident qu'aucun fluide tel qu'il puisse être, ne peut produire les effets que nous observons ; car pour former une telle décision, il faudroit connoître toutes les façons dont la matiére peut-être mue, & tout ce qui peut resulter de tous ses mouvemens divers ; mais c'est de quoi nous sommes encore bien éloignés.

§. 181. Les seules expériences de l'électricité montrent assez quels effets singuliers la nature peut produire par le mouvement des matiéres subtiles, quoique la façon dont elles les emploie pour produire les effets soit inexplicable pour nous ; car ces matiéres se font appercevoir sensiblement dans les expériences de l'é-

lectricité

lectricité, cependant celui qui entreprendroit d'expliquer méchaniquement par le moyen du mouvement & d'un fluide très-subtile tous les Phénomenes de l'électricité, entreprendroit un problême infiniment plus difficile que celui de la cause qui fait mouvoir les Planetes : car dans le mouvement des Planetes, il régne une grande régularité, & une grande uniformité, mais les Phénomenes de l'électricité font diverfifiés prefqu'à l'infini ; cependant, oferoit-on conclure qu'il eft impoffible que les Phénomenes de l'électricité foient exécutés par des fluides, parce qu'on n'a pas encore découvert la maniére dont ces Phénomenes s'exécutent ? Non fans doute, nous ne devons point nous décourager, parce que jufqu'à préfent on n'a pû parvénir à deviner tous les fecrets de la Nature : les premiers refforts éluderont peut-être à jamais nos recherches par leur fineffe & leur multiplicité ; mais en cherchant à les deviner, on ne laiffe pas de faire fur la route bien des découvertes qui nous en approchent.

Exemples tirées de l'électricité qui montrent que tout ce qui s'opére par la matié-re, & le mouve-ment, n'eft pas tou-jours expli-cable d'une façon in-telligible par ces principes.

§. 182. Ainfi, quelque difficile que foit l'application des principes méchaniques aux effets Phifiques, il ne faut jamais abandonner cette maniére de Philofopher qui eft la feule bonne, parce qu'elle eft la feule dans laquelle on puiffe rendre raifon des Phénomenes d'une façon intelligible ; on ne doit pas fans doute en abufer, & pour expliquer méchaniquement les effets naturels

Précaution à prendre dans l'ex-plication méchani-que des Phénome-nes.

naturels, créer des mouvemens & des matiéres à son gré, (qui ordinairement même dans l'explication, ne produisent point l'effet qu'on s'en étoit promis,) & cela, sans se mettre en peine de démontrer l'éxistence de ces matiéres & de ces mouvemens. Mais il ne faut pás non plus borner la nature au nombre de fluides, dont nous croyons avoir besoin pour l'explication des Phénomenes; comme ont fait plusieurs Philosophes, & en particulier M. Hartsoëker qui avoit choisi, pour rendre raison des Phénomenes, deux espéces d'Elemens, l'un parfaitement fluide, l'autre absolument dur, & qui croyoit le monde composé de ces deux espéces de matiéres qu'il supposoit inaltérables; mais M. de Leibnits lui fit voir que ces deux matiéres ou élemens, n'étoient qu'une fiction, contraire au principe de la raison süffisante: car ce principe est la Pierre de touche qui distingue la vérité de l'erreur. Ceux qui connoissent la diversité qui régne dans la nature, & le méchanisme admirable qui y est employé, ne fixent point ainsi par une hypothése téméraire le nombre & les qualités des ressorts qu'elle employe, mais ils n'admettent que ceux dont l'expérience ou des raisonnemens inébranlables démontrent l'éxistence.

§. 183. La petitesse des parties indivisées de la Matiére surpasse si fort tout ce que nos sens peuvent découvrir, qu'il n'y a aucune espérance que nous en puissions jamais connoître les qua-

lités,

lités, les mouvemens , & les figures ; ce qui nous fait voir combien nous sommes loin des Etres simples, dont ces parties solides sont formées.

§. 184. Ainsi , on se tromperoit si on croyoit pouvoir rendre raison des Phénomenes , qui tombent sous nos sens par la simple figure & la grandeur des parties sensibles , puisque nous ne savons point combien de mêlanges des parties primitives & irrésolubles de la Matiére, ont été nécessaires , avant que les parties qui tombent sous nos sens en ayent résulté ; car tant que la Matiére d'un Corps est composée d'autres Matiéres mêlangées ensemble, il faut déterminer la différence des parties de ce Corps par les Matiéres qui les composent , & par la proportion dans laquelle elles sont mêlées : ainsi , si quelqu'un vouloit expliquer les effets de la poudre à canon , par exemple , il faudroit qu'il commençât par déterminer de combien de sortes de Matiéres elle est composée , & la proportion de leur mixtion , avant que de passer à la figure de ses parties ; car les Matiéres mêlangées , & leur proportion , doivent préceder les causes méchaniques , c'est-à-dire , la détermination de la figure & de la grandeur des parties , dont il n'est permis de parler que lorsqu'on est arrivé aux Matiéres primitives : ces qualités Phisiques , qui sont l'effet des causes méchaniques , doivent nécessairement les préce-

det

âre dans l'explication des Phénomenes.

§. 185. Mais comme il nous reste peu d'espérance de découvrir les Matiéres plus simples par les mixtions desquelles les Corps sensibles résultent, un Physicien qui ne veut pas perdre son tems, doit se contenter de découvrir les raisons les plus prochaines, que l'industrie humaine peut appercevoir, & n'admettre de Matiéres & de Mouvemens, que ceux dont l'éxistence peut être démontrée.

CHAPITRE

CHAPITRE X.

De la Figure, & de la Porofité de Corps.

§. 186.

A Figure eft un attribut néceſſaire du Corps ; car on entend par Corps une étendue qui a des bornes : or toute étendue terminée a néceſſairement une Figure.

§. 187. On a vû dans le Chapitre précédent que tous les Corps que nous voyons, ſont vrai-ſemblablement compoſés par l'adunation & la mixtion des parties premieres de la Matiére, c'eſt-à-dire, des parties que la nature ne réſout plus en d'autres, & qui ſont indiviſées dans l'ordre

dre des choſes qui exiſtent ; or les premieres parties de la Matiere ont néceſſairement une Figure, mais nous n'avons pas d'organes pour la diſtinguer ; nous ſçavons ſeulement que leurs formes ſont diverſes, puiſque le principe de la raiſon ſuffiſante ne ſouffre point de Matiere ſimilaire dans l'Univers.

Nous ne ſavons point quelle eſt la forme des parties indiviſées de la matiére.

§. 188. Pour avoir une idée de la façon dont les différens Corps qui tombent ſous nos ſens peuvent réſulter de l'aſſemblage des parties inſécables de la Matiere. Suppoſons, par exemple, que 3. 4. ou un nombre quelconque de ces parties ſolides ſoient unies enſemble, & qu'elles compoſent une maſſe quelconque ; les particules ainſi compoſées pourront être appellées, *particules du premier ordre* : que pluſieurs maſſe de ce premier ordre s'uniſſent enſemble, elles compoſeront pluſieurs groſſes particules, leſquelles pourront être appellées *du ſecond ordre.* Ces particules du ſecond ordre en s'uniſſant entr'elles, compoſeront encore une eſpéce de particules plus groſſes que celles des deux ordres précedens, leſquelles ſeront *les particules du troiſiéme ordre.* On ſent qu'on peut pouſſer preſqu'à l'infini cette progreſſion de particules differentes les unes des autres, & que les particules d'un ſeul ordre ſont elles-mêmes ſuſceptibles d'une quantité innombrable de combinaiſons, ſelon la façon dont elles s'arrangent.

Planche 3. Fig. 11.12. & 13.

§. 189.

Obfervations qui portent à admettre différens ordres de particules dans l'Univers.

§. 189. Les Corps qui font compofés des particules d'un ordre feulement, font plus homogenes que les autres, & l'on voit aifément que ceux qui font compofés des particules du premier ordre font les plus homogenes de tous.

Les Corps compofés de particules de plufieurs ordres font hétérogenes, & le font d'autant plus, qu'ils font compofés d'un plus grand nombre de particules, & que les ordres de ces particules different davantage les unes des autres.

§. 190. Diverfes obfervations portent à admettre les différens ordres de particules, & à conclure que leurs combinaifons forment les différens Corps.

1°. L'Acier trempé, quoique plus dur, eft plus caffant que l'acier non trempé ; & cela parce que fes grains font plus gros, comme le microfcope le découvre : or plus les particules fphériques font groffes, moins elles font cohérentes.

2°. Lorfqu'on regarde les globules du fang avec un microfcope, on voit lorfqu'ils fe diffolvent, que chaque globule rouge eft compofé de fix petits globules féreux tirant fur le jaune, & que chacun de ces globules féreux eft compofé de fix autres globules limphatiques ; & on ne fçait point encore jufqu'où cette progreffion de petits globules fe continuë dans notre fang.

Fig. 14.

Obfervation finguliére fur notre fang.

3°. On diftingue quelquefois à l'œil les plus groffes

groſſes des particules qui compoſent les Corps, le microſcope en découvre de toutes les façons. On remarque, à l'aide de cet inſtrument, des varietés infinies entre les particules qui compoſent les Corps ; & les différences ſont quelquefois ſi remarquables, qu'on reconnoît les particules du même ordre, quand on les retrouve en différens compoſés.

§. 191. Comme toutes ces particules, de quelqu'ordre qu'elles ſoient, ſont compoſées des parties indiviſées du premier Corps de la Matiere, les parties qui les compoſent peuvent être ſéparées l'une de l'autre. Ainſi, les plus grandes particules peuvent ſe réſoudre en de plus petites, & celles-là dans de plus petites encore, juſqu'à ce que l'on ſoit arrivé aux parties indiviſées de la matiere. On voit aiſément par là comment le Corps le plus dur peut être réduit en poudre très-fine par l'attrition, le feu, la putréfaction, ou par l'action de quelque menſtruë : ces particules ainſi décompoſées peuvent ſe rejoindre enſuite, ſoit qu'elles éprouvent les mèmes combinaiſons, ſoit qu'elles en ſubiſſent d'autres. De là, lorſque les parties d'un animal ou d'une plante ſont différentes, elles peuvent entrer dans la compoſition de quelque plante, ou de quelque animal différent du premier.

§. 192. Nous voyons dans ce qui arrive à l'Eau,
qui

qui eſt un des Corps les plus ſimples que nous connoiſſions , combien les compoſés formés par les mêmes particules peuvent différer ſenſiblement les uns des autres ; car lorſque les parties de l'Eau ſont raſſemblées dans un verre , elles compoſent une maſſe liquide aſſez peſante ; élevées en vapeurs , elles ſe ſéparent l'une de l'autre , & échapent à nos ſens ; enſuite elles reparoiſſent en forme de nuages , puis elles retombent en roſée, en neige, en glace, &c. & étant de nouveau fonduës , elles redeviennent cette maſſe liquide & peſante qui étoit dans le vaſe. On voit aiſément que ces variations ne ſont que différentes combinaiſons des parties ſolides dont l'Eau eſt formée , & qu'il eſt très-vrai-ſemblable que la génération , l'accroiſſement & la corruption des Corps ſenſibles dépendent des diviſions & des aſſemblages des parties irréſolubles de la matiere , leſquelles reſtent inaltérables à toutes ces variations , & conſervent par leur ſtabilité , les eſpéces des choſes.

§. 193. Les différens ordres de particules dont je ſuppoſe ici que les Corps ſont compoſés , ne ſont encore à la vérité que dans l'ordre des choſes que quelques expériences rendent vrai-ſemblables , & dont il faut chercher la confirmation dans d'autres expériences : mais de quelque façon que ſe faſſe le nombre innombrable de combinaiſons néceſſaires pour produire la diverſité qui regne dans la nature , on
ne

ne peut trop admirer l'artifice par lequel tant
de chofes fi diverfes réfultent de l'affemblage
des premiers Corps.

§. 194. On ne peut mieux fe repréfenter la
façon dont les Corps en général font compofés, qu'en imaginant plufieurs cribles pofés les
uns fur les autres, il en réfultera des maffes per-
cées de tous côtés, & c'eft ainfi que tous les
Corps paroiffent au microfcope. Ces nouveaux
yeux que l'induftrie humaine a fû fe procurer,
nous ont fait voir que les parties des Corps que
l'on croyoit les plus folides, font à peu près arrangées comme dans la Figure 15. & il n'y a
aucun Corps qui, regardé au microfcope, ne
paroiffe contenir infiniment plus de pores que
de matiere propre.

*De la po-
rofité des
Corps.*

Figure 15.

§. 195. Mille exemples s'accordent avec celles du microfcope pour nous démontrer cette
extréme porofité des Corps.

*Expérien-
ces qui le
prouvent.*

1°. Le mercure pénetre dans l'or, dans le cuivre, dans l'argent, enfin dans tous les métaux,
auffi facilement que l'Eau pénetre dans une
éponge.

2°. L'Eau pénetre dans les membranes des
animaux & des végetaux, à qui elle porte les
parties nutritives.

3°. L'Or même donne paffage * à travers fa

---

* Un Globe d'or creux, rempli d'eau, & fermé hermétique-
fubftance

subſtance, à l'Eau, qui n'eſt que dix-neuf fois environ moins ſolide que lui.

4°. Les Fluides ſe pénetrent l'un l'autre ; ainſi, ſi vous verſez ſur de l'huile de vitriol une certaine quantité d'eau, la mixtion commencera par s'élever, mais après que l'efferveſcence ſera ceſſée, & que le mélange ſera en repos, la liqueur deſcendra ; & cela, parce que l'eau s'eſt introduite dans les pores de l'huile.

5°. Les Corps les plus denſes deviennent tranſparens, quand ils ſont très-minces. Ainſi, une feuille d'or paroît tranſparente au microſcope, ou au trou d'une chambre obſcure : or cette tranſparence des Corps opaques, quand ils ſont réduits en lames très-minces, vient en partie des pores qui ſéparent leur matiére propre.

6°. Les Phénomenes de l'électricité, de l'Aimant, & de la lumiére prouvent encore invinciblement cette extrême poroſité des Corps.

7°. La fumée qui ſort du ſouffre, va percer pluſieurs linges & étoffes pour noircir l'argent ou l'or qu'on en a enveloppé, & il y a mille exemples dans la Chimie de cette pénétration des eſprits, & des odeurs, à travers les pores des Corps.

§. 196. On a vû ci-deſſus qu'il faut diſtinguer

ment, ayant été mis ſous une preſſe, l'eau qui y étoit renfermée, ſortit par les pores de l'Or, comme une pluie très-fine : M. Newton rapporte cette expérience dans ſon Traité d'Optique.

dans

dans les Corps leur matiére propre qui se meut & agit avec eux, d'avec la matiére qui passe dans leurs pores, laquelle ne participe ni à leurs actions, ni à leurs passions : ainsi, comme il n'y a point de vuide dans la Nature, tous les Corps de volume égal, contiennent autant de matiére absoluë; mais cependant deux Corps de volume égal & mus avec la même vîtesse, ne font pas le même effet, s'ils n'ont pas la même gravité spécifique, c'est-à-dire, s'ils ne contiennent pas également de matiére propre : car la matiére qui passe dans les pores des Corps ne pése point avec eux, & ne participe ni à leur mouvement, ni à leur action.

§. 197. La solidité est cette résistance que tous les Corps nous font éprouver, lorsque nous voulons les comprimer.

Le tact est le seul sens qui nous donne l'idée de la solidité, ce sens est répandu par tout notre Corps, & les autres sens ne font eux-mêmes qu'un tact diversifié, l'ébranlement des nerfs, quoiqu'insensible pour nous, étant la source de toutes nos sensations.

Il paroît singulier que tous nos sens n'étant que des modifications du tact, l'idée de la solidité qui en est l'objet propre, ne nous vienne cependant que par un seul sens, & que nos yeux, ni nos oreilles ne nous donnent point cette idée.

Il est bien vraisemblable que le Créateur qui

a voulu que nos yeux jugeaſſent des couleurs
& des figures, & qu'ils ſerviſſent à nous conduire, & que nos oreilles jugeaſſent des ſons,
& nous ſerviſſent à la communication de nos
penſées avec nos ſemblables, nous a caché
l'ébranlement de la retine & du timpan, pour
éviter la confuſion que tant d'ébranlemens dif-
fens auroient mis dans nos ſenſations.

Un Eſtre privé de toute faculté tactile, &
qui n'auroit de ſens que celui des oreilles,
éprouveroit à la vérité une eſpéce de douleur
en entendant un bruit trop aigu; mais quoique
cette douleur ne ſoit cauſée que par l'ébranlement trop fort du timpan, cependant elle
ne donneroit à cet Eſtre aucune idée de ce
qui a cauſé cet ébranlement; car le ſentiment
de la douleur ne nous donne point l'idée de ce
qui la cauſe. Ainſi, quoique la ſource de nos
ſenſations ſoit commune, quoique nos ſens
ſemblent ſe tenir, cependant rien n'eſt plus
ſéparé que leurs objets, la main ne jugera jamais des ſons, ni l'oreille des couleurs, &
l'on peut leur appliquer ce beau Vers de M.
Pope ſur les différens Eſtres.

For ever near, and for ever ſeparate,

Toujours près l'un de l'autre, & toujours ſéparés.

Les Corps ſont plus ou moins ſolides, ſelon
qu'ils contiennent plus ou moins de matiére
propre ſous un même volume.

§. 198.

§. 198. Lorſque l'on compare la ſolidité d'un Corps à celle d'un autre Corps, on ſuppoſe toujours que ces Corps ſont d'un volume égal, c'eſt-à-dire, quel'un peut-être ſubſtitué à l'autre par rapport à leur étenduë, quelque ſoit la for- *Fig. 16. &* me de ces deux Corps. Ainſi, le Corps A. & le *17.* Corps B. par exemple, quoique de forme très-différente, ont cependant le même volume, parce que le Corps B. regagne en longueur, ce que le Corps A. a de plus que lui en largeur.

§. 199. Quoique les Corps ſoient plus ou moins ſolides, ſelon qu'ils contiennent plus ou moins de matiére propre ſous un même volu- me, ils ſont tous également reſiſtans.

Lorſque l'on n'a pas encore des idées bien nettes des choſes, on pourroit être tenté de croire que les fluides ſont privés de cet attribut de la matiére par lequel elle reſiſte ; mais lorſ- que nous voulons les traverſer, ils nous font ſentir par la réſiſtance qu'ils nous oppoſent, qu'ils poſſedent auſſi cette propriété de la ma- tiére.

§. 200. Si on connoiſſoit quelque Corps qui n'eût que de la matiére propre, on pourroit connoître combien les Corps contiennent de matiére propre, & de matiére étrangére ſous un volume déterminé ; car ſi un Corps d'un pouce cubique, par exemple, ne contenoit que de la matiére propre, & qu'il eût un poids quel-

Nous ne connoiſ- ſons la maſſe réel- le d'aucun Corps.

conque, & qu'un autre Corps aussi d'un pouce cube ne pesât que la moitié du premier, le second Corps contiendroit autant de matiére étrangére que de matiére propre.

L'or sert ordinairement de mesure comparative de la solidité des Corps.

Mais comme nous ne connoissons point de telle portion de matiére, on a choisi l'or, qui est un Corps très-dense, & cependant trèsporeux, pour servir de commune mesure, & l'on a supposé que sous un volume quelconque, l'or contenoit autant de matiére étrangére que de matiére propre ; ayant donc comparé la pesanteur des autres Corps à celle de l'or, & les faisant de même volume, on a déterminé leur gravité spécifique comparée à celle de l'or : ainsi, un volume d'eau quelconque pesant environ 19. fois $\frac{1}{3}$ moins qu'un égal volume d'or, & ayant par conséquent 19. fois $\frac{1}{3}$ moins de matiére propre que l'or, qui n'en a déja que la moitié, on a conclu que la quantité des pores & de la matiére étrangére de l'eau étoit à sa matiére propre comme 39. à 1. environ.

L'or est donc le Corps le plus dense que nous connoissions, cependant il a des pores : ainsi, il n'y a aucune portion de matiére absolument dense, & la raison est sur cela d'accord avec l'expérience ; car s'il y avoit quelque masse entierement dense, elle composeroit un Corps entierement dur & sans ressort, quoiqu'il y ait des parties que la nature ne resout plus en d'autres, car il ne peut point y avoir de Corps entierement dense dans la nature, comme on l'a vû

(§. 15.)

§. 201.

§. 201. Les Corps que nous croyons les plus denſes à la ſimple vûë, & qui nous paroiſſent les plus continus dans leur ſurface, paroiſſent percés d'une infinité de pores, quand on les regarde avec un Microſcope, telle eſt, par exemple, l'écorce d'arbre.

Ainſi, il n'y a de Corps denſe que par comparaiſon à des Corps plus poreux.

§. 202. Si la matiére propre du Corps ſubit quelque changement, le compoſé eſt changé & reſolu dans ſes principes : ſi les changemens n'arrivent qu'à la matiére qui paſſe dans ſes pores, ils ne ſont qu'accidentels, & ce compoſé n'eſt point détruit.

§. 203. Les particules qui compoſent un Corps, peuvent être arrangées de façon que leurs ſuperficies paroiſſent ſe toucher immédiatement dans tous leurs points, ou qu'elles ne ſe touchent que dans quelques points : ſi elles ſe touchent dans tous leurs points, le Corps eſt continu, & ſes parties ſont ſimplement poſſibles ; & l'on appelle ce Corps, *un Corps denſe* ; dans le cas oppoſé, ce Corps eſt *un Corps poreux.*

§. 204. Si les parties propres qui compoſent un Corps, s'approchent l'une de l'autre, enſorte que ſes pores deviennent plus petits, le volume de ce Corps diminuë, & de poreux, il devient

 denſe

densе ; cet effet s'appelle *condensation*: si au contraire ses interstices ou pores deviennent plus
grands, le volume de ce Corps augmente, & de
dense, il devient poreux ; & cela s'appelle , *rare-
faction*: ces deux effets sont causés par la quantité
plus ou moins grande de la matiére, qui passe dans
les pores de ces Corps; quand cette matiére y est
en plus grande abondance, le Corps est raréfié,
quand sa quantité diminuë, le Corps est condensé.

§. 205. Si les parties d'un Corps cedent difficilement, en sorte que l'on sente la résistance
qu'elles font, quand on veut les séparer, on appelle ce Corps, *un Corps dur*: mais si ses parties cedent facilement, & font très-peu de résistance , quand on veut les séparer, on appelle
ce Corps, *un Corps mol* ; & quand cette résistance est encore moindre , ce Corps devient
fluide.

§. 206. La cohésion des Corps venant des
mouvemens conspirans de leurs parties (§. 173.)
ils sont plus ou moins durs , selon que les sur-
faces de leurs parties sont plus ou moins exactement appliquées l'une sur l'autre , & que
leurs mouvemens conspirent plus ou moins ;
d'où naissent les différentes cohésions, qui font
que certains Corps sont sécables, d'autres fria-
bles, d'autres cassans, &c.

§. 207. Si dans la surperficie d'un Corps, il

y

y a des éminences ou asperités qui débordent
les autres parties, ce Corps est brute; mais sa
surface est polie ou unie, lorsque l'une de ses
parties ne surpasse point l'autre.

§. 208. Si les particules de matiére constante
qui composent un Corps, viennent à être sé-
parées l'une de l'autre par un fluide qui se meut
avec beaucoup de rapidité à travers, & qu'il
n'y ait plus aucun contact entre ces parties,
ce Corps devient fluide; & lorsque ces parties
commencent à se rapprocher, ensorte que leur
contact immédiat recommence, le Corps devient un Corps solide: le plomb subit successivement ces deux états, lorsqu'on l'expose au
feu, & qu'on le laisse ensuite refroidir.

Comment un Corps devient fluide.

Quoique les corpuscules qui composent les
Corps fluides, soient réellement séparés, cependant ils paroissent continus à l'œil, à cause de
leur extrême subtilité, & de celle de la matiére qui se meut entre eux: ainsi, il n'est pas
étonnant que les fluides cedent facilement aux
solides, qui les fendent en séparant leurs parties.

§. 209. Les Corps deviennent mols avant
de devenir fluides, car le contact de leurs parties diminuë peu à peu, avant de cesser entierement, & de là naît successivement la mollesse,
& la fluidité.

Cette séparation des parties qui composent
les Corps, se fait par la matiére variable qui

 remplit

remplit leurs pores, laquelle se fraie de nouveaux chemins dans les Corps, & rompt ainsi
le contact de leurs parties.

§. 210. Lorsqu'il ne peut s'introduire entre
ces parties qu'une certaine quantité de cette
matiére, les Corps restent mols, & ne deviennent point fluides; mais ces Corps redeviennent durs, si cette matiére se retire d'entre
leurs parties, soit par l'action du feu, soit par
l'evaporation de cette matiére, ou par la compression du Corps par laquelle on la force d'en
sortir.

Je vous dirai dans le Chapitre XVI. comment les Newtoniens expliquent par l'attraction
ces mêmes Phénomenes de la cohésion, de la
dureté, de la mollesse, & de la fluidité; car
selon quelques-uns d'entr'eux, c'est dans les détails que la nécessité d'admettre l'attraction se
manifeste le plus, leurs Observations méritent
assurément qu'on les étudie, & que l'on tâche
de trouver une raison méchanique des Phéno-
mes qu'ils ont observés.

CHAPITRE XI.

Du Mouvement, & du Repos en général, & du Mouvement simple.

§. 211.

E Mouvement est le passage d'un Corps du lieu qu'il occupe dans un autre lieu.

Définition du Mouvement.

§. 212. On distingue trois sortes de mouvemens, le mouvement absolu, le mouvement rélatif commun, & le mouvement rélatif propre.

Trois sortes de mouvement.

§. 213. Le mouvement absolu est le rapport successif d'un Corps à différens Corps considerés comme immobiles, & c'est-là le mouvement réel, & proprement dit.

Du mouvement absolu.

O 4 §. 214.

§. 214. Le mouvement relatif commun est celui qu'un Corps éprouve, lorsqu'étant en repos, par rapport aux Corps qui l'entourent, il acquiert cependant avec eux des relations successives, par rapport à d'autres Corps, que l'on considére comme immobiles ; & c'est le cas dans lequel le lieu absolu des Corps change, quoique leur lieu relatif reste le même ; & c'est ce qui arrive à un Pilote, qui dort sur le tillac pendant que son Vaisseau marche, ou à un poisson mort, que le courant de l'eau entraîne.

§. 215. Le mouvement relatif propre est celui que l'on éprouve, lorsqu'étant transporté avec d'autres Corps d'un mouvement relatif commun, on change cependant sa relation avec eux, comme lorsque je marche dans un Vaisseau qui fait voile ; car je change à tout moment ma relation avec les parties de ce Vaisseau, qui est transporté avec moi.

§. 216. Les parties de tout mobile font dans un mouvement relatif commun ; mais si elles venoient à se séparer, & qu'elles continuassent à se mouvoir comme auparavant, elles acquerroient un mouvement relatif propre.

§. 217. Si un Vaisseau marchoit vers l'Orient, & qu'un homme se promenât dans un Vaisseau de la poupe à la prouë, c'est-à-dire, de l'Orient tient vers l'Occident avec la même vîteſſe, dont le Vaiſſeau eſt emporté, cet homme auroit, pendant qu'il parcourt la longueur de ce Vaiſſeau, un mouvement relatif propre, mais ſon mouvement abſolu ne ſeroit qu'apparent, puiſqu'en changeant à tout moment ſa ſituation, par rapport aux parties de ce Vaiſſeau, il répondroit cependant toujours aux mêmes points hors du Vaiſſeau.

Si au contraire cet homme marchoit dans ce Vaiſſeau de la poupe à la prouë, c'eſt-à-dire, dans la même direction que le Vaiſſeau qui le porte, il auroit en même tems un mouvement relatif commun avec le Vaiſſeau, & un mouvement relatif propre; car il changeroit à tout moment ſa ſituation avec les parties de ce Vaiſſeau, & avec les Corps hors du Vaiſſeau: c'eſt cette ſorte de mouvement que tous les Corps qui marchent ſur la terre éprouvent, car la terre marche ſans ceſſe.

§. 218. Si au lieu de cet homme, on imagine une pierre jettée horiſontalement dans ce Vaiſſeau, dans un ſens contraire à celui dans lequel le Vaiſſeau marche, mais avec une vîteſſe égale à celle dont il eſt emporté, cette pierre paroîtra à ceux qui ſont dans le Vaiſſeau avoir un mouvement relatif propre, dans le ſens dans lequel on l'a jettée; mais ceux qui ſont ſur le rivage la verront dans un repos abſolu, par rapport à ſa direction horiſontale, & ce repos eſt ſon état réel. Cette

Cette pierre eft dans un repos abfolu par rapport à fon mouvement horifontal, parce qu'étant tranfportée avec ce Vaiffeau, elle avoit acquife dans la direction dans laquelle ce Vaiffeau marche, une force égale à celle dont le Vaiffeau étoit emporté ; or, comme on fuppofe qu'elle a été jettée en fens contraire par une force égale à celle qui emporte le Vaiffeau, ces deux forces égales & oppofées fe détruifent mutuellement, & la pierre refte dans un repos abfolu par rapport au mouvement horifontal ; car la main qui l'a jettée, a trouvé en elle une force réelle, & celle qu'elle lui a imprimée, a été employée toute entiere à la détruire. Il en arriveroit tout autrement, fi cette pierre étoit jettée dans le Vaiffeau par une main qui fût hors du Vaiffeau ; car alors la pierre auroit réellement un mouvement relatif propre de l'Orient vers l'Occident, & elle tomberoit dans la mer hors du Vaiffeau.

§. 219. A l'égard du mouvement de cette pierre vers le centre de la Terre, il n'eft pas arrêté ; car le mouvement horifontal qui lui a été imprimé, ni celui du Vaiffeau n'eft point oppofé au mouvement que fa gravité lui imprime vers le centre de la Terre.

Celui qui eft dans le Vaiffeau & qui croit que la pierre a marché d'Orient en Occident, attribuë à la pierre le mouvement qui n'appartient qu'au Vaiffeau ; & il eft trompé par

les sens de la même maniére que nous le sommes , quand nous croyons que le rivage que
nous quittons s'enfuit , quoique ce soit
le Vaiffeau qui nous porte qui s'en éloigne ,
car nous jugeons les objets en repos , quand
leurs images occupent toujours les mêmes
points fur notre retine. Ainfi , comme nous
marchons avec le Vaiffeau , fes parties occupent toujours la même place dans nos yeux ,
mais les parties du rivage, au contraire en occupant tantôt une partie , & tantôt une autre ,
nous les jugeons en mouvement par cette
raifon : ainfi, le mouvement vrai, & le mouvement apparent , font quelquesfois très-différens.

Pourquoi
le rivage
paroît s'en-
fuir, lorf-
qu'on s'en
éloigne.

§. 220. Le Repos eft l'éxiftence continuë
d'un Corps dans le même lieu.

Du Repos
en général.

On diftingue entre Repos relatif & Repos
abfolu.

§. 221. Le Repos relatif eft la continuation
des mêmes rapports du Corps , que l'on confidére , aux Corps qui l'entourent, quoique ces
Corps fe meuvent avec lui.

Du Repos
relatif.

§. 222. Le Repos abfolu eft la permanence
du Corps dans le même lieu abfolu , c'eft-à-
dire , la continuation des mêmes rapports du
Corps , que l'on confidére , aux Corps qui l'entourent , confidérés comme immobiles.

Du Repos
abfolu.

§. 223.

§. 223. Lorſque la force active ou la cauſe du mouvement n'eſt point dans le Corps mu, ce Corps eſt en repos, & c'eſt là le repos réel, & proprement dit.

§. 224. Aucun Corps ſur la terre n'eſt dans un Repos abſolu, car la terre change ſans ceſſe ſa relation aux Corps qui l'environnent.

Les Corps qui ſont attachés à la terre comme les Arbres, les Plantes, &c. ſont dans un Repos relatif; car les Corps ne changent point de relation entre eux, mais la terre à laquelle ils ſont attachés, & les Corps qui les entourent marchent ſans ceſſe, ils ſont dans un mouvement relatif commun. Ainſi, un Corps peut-être dans un Repos relatif, quoiqu'il ſe meuve d'un mouvement relatif commun.

§. 225. Mais pour éviter l'embarras que toutes ces diſtinctions mettroient dans le diſcours, on ſuppoſe ordinairement, lorſque l'on parle du mouvement & du repos, que c'eſt d'un mouvement & d'un repos abſolu; car il n'y a de mouvement réel que celui qui s'opére par une force réſidente dans le Corps qui ſe meut, & il n'y a de repos réel que la privation de cette force.

Il n'y a point dans ce ſens de repos dans la Nature, car toutes les parties de la matiére ſont toujours en mouvement, quoique les
Corps

Corps qu'elles compofent, puiffent être en repos : ainfi, on peut dire qu'il n'y a point de repos interne.

§. 226. Il n'y a point de degrés dans le repos , comme dans le mouvement ; car un Corps peut fe mouvoir plus ou moins vîte, mais quand il eft une fois en repos, il n'y eft ni plus, ni moins.

Cependant le repos & le mouvement ne font fouvent que comparatifs pour nous, car les Corps que nous croyons en repos , & que nous voyons comme en repos , n'y font pas toujours.

§. 227. Un Corps qui eft en repos , ne commencera jamais de lui-même à fe mouvoir ; car puifque toute matiére eft douée de la force paffive , par laquelle elle réfifte au mouvement , elle ne peut fe mouvoir d'elle-même; pour que le mouvement fe faffe avec raifon fuffifante, il faut donc une caufe qui mette ce Corps en mouvement : ainfi, tout Corps en repos refteroit éternellement en repos , fi quelque caufe ne le mettoit en mouvement , comme par exemple , lorfque je retire une Planche , fur laquelle une pierre eft pofée , ou que quelque Corps en mouvement communique fon mouvement à un autre Corps , comme lorfqu'une bille de Billiard pouffe une autre bille.

§. 228.

§. 228. Par le même principe de la raison suffisante, un Corps en mouvement ne cesseroit jamais de se mouvoir, si quelque cause n'arrêtoit son mouvement, en consumant sa force ; car la matiére résiste également au mouvement & au repos par son inértie.

§. 229. La force active & la force passive des Corps, se modifie dans leur choq, selon de certaines Loix que l'on peut réduire à trois principales.

PREMIERE LOI.

Loix géné-
rales du
mouve-
ment.

Un Corps persevére dans l'état où il se trouve, soit de repos, soit de mouvement, à moins que quelque cause ne le tire de son mouvement, ou de son repos.

SECONDE LOI.

Le changement qui arrive dans le mouvement d'un Corps, est toujours proportionel à la force motrice qui agit sur lui ; & il ne peut arriver aucun changement dans la vîtesse, & la direction du Corps en mouvement que par une force extérieure ; car sans cela ce changement se feroit sans raison suffisante.

TROISIE'ME LOI.

La reaction est toujours égale à l'action ; car

un

un Corps ne pourroit agir fur un autre Corps, fi cet autre Corps ne lui refiftoit : ainfi , l'action & la reaction font toujours égales & oppofées.

§. 230. On confidére plufieurs chofes dans le mouvement.

1°. La force qui imprime le mouvement au Corps.

2°. Le tems pendant lequel le Corps fe meut.

3°. L'Efpace que le Corps parcourt.

4°. La vîteffe du mouvement, c'eft-à-dire ; le rapport de l'Efpace que le Corps a parcouru, & du tems employé à le parcourir.

5°. La maffe des Corps, felon laquelle ils réfiftent à la force qui veut leur imprimer , ou leur ôter le mouvement.

6°. La quantité du mouvement.

7°. La direction du mouvement, foit qu'il foit fimple , foit qu'il foit compofé.

8°. L'élafticité des Corps aufquels on imprime le mouvement.

9°. L'effet de la force des Corps en mouvement , ou la quantité d'obftacles qu'ils peuvent déranger en confumant leur force.

10°. Enfin , la façon dont le mouvement fe communique.

§. 231. Il n'y a point de mouvement fans une force qui l'imprime.

La caufe active qui imprime le mouvement

Ce qu'il faut confidérer dans le mouvement.

au

au Corps, ou qui le follicite à fe mouvoir, s'apîpelle force motrice.

L'effet de cette force quand elle n'eft pas détruite par une réfiftance invincible, eft de faire parcourir au Corps un certain Efpace, en un certain tems, dans un Efpace qui ne réfifte point fenfiblement; & dans un Efpace qui refifte, fon effet eft de lui faire furmonter une partie des obftacles qu'il rencontre.

Cette caufe, qui tire le mobile de l'état de repos, dans lequel il étoit, & qui lui fait parcourir un certain efpace, & furmonter une certaine quantité d'obftacles, communique à ce Corps une force qu'il n'avoit pas, lorfqu'il étoit en repos, puifque par la premiere Loi; ce Corps, de lui-même, ne feroit jamais forti de fa place.

§. 232. Par la même Loi, lorfqu'un Corps en mouvement ceffe de fe mouvoir, il faut néceffairement que quelque force égale, & oppofée à la fienne, ait arrêté fon mouvement, & confumé fa force.

§. 233. Toute caufe efficiente eft égale à fon effet pleinement exécuté : ainfi, des forces égales produiront toujours en s'épuifant des effets égaux.

§. 234. On appelle *Obftacle*, tout ce qui s'oppofe au mouvement d'un Corps, & qui
consume

confume fa force en tout, ou en partie.

§. 235. Puifque par la premiére Loi du mouvement, un Corps de lui-même perfevére toujours dans l'état où il fe trouve ; & que la force par laquelle un Corps fe meut, ne peut fe confumer en tout, ou en partie, qu'en furmontant des obftacles ; un Corps qui feroit une fois en mouvement dans le vuide abfolu, (s'il étoit poffible,) continueroit à fe mouvoir pendant toute l'éternité dans ce vuide, & y parcourroit à jamais des Efpaces égaux en tems égaux, puifque dans le vuide aucun obftacle ne confumeroit la force de ce Corps en tout, ni en partie.

§. 236. Tout mouvement contient donc un infini en tems, puifque tout mouvement pourroit durer éternellement dans le vuide ; mais tout mouvement ne contient pas un infini en vîteffe : car un Corps qui fe mouvroit éternellement dans le vuide, pourroit s'y mouvoir avec une vîteffe plus ou moins grande.

§. 237. L'Efpace parcouru par un Corps, eft la Ligne décrite par ce Corps, pendant fon mouvement.

Si le Corps qui fe meut, étoit un point, l'Efpace parcouru ne feroit qu'une Ligne mathématique ; mais comme il n'y a point de Corps qui ne foit étendu, l'Efpace parcouru a toujours quelque largeur. Quand on mefure

<table><tr><td>*Tome I.*</td><td>*</td><td>P</td><td>ij</td></tr></table>

Le mouvement feroit éternel dans le vuide.

2. De l'Efpace parcouru

le chemin d'un Corps, on ne fait attention qu'à
fa longueur.

Planche 4.

Fig. 18.

3.

Du tems
pendant
lequel le
Corps fe
meut.

§. 238. Si le Corps A. parcourt l'Efpace
C. D. il s'écoulera une portion quelconque de
tems, pendant qu'il ira de C en D. quelque
petit que l'Efpace C D. puiffe être; car le moment où ce Corps fera en C. ne fera pas celui
où il fera en D. un Corps ne pouvant être
en deux lieux à la fois : ainfi, tout Efpace parcouru, l'eft en un tems quelconque.

4.

De la vi-
teffe du
mobile.

§. 239. Outre l'Efpace que le Corps en mouvement parcourt, la force qui le lui fait parcourir, & le tems qu'il y employe, on conçoit encore dans le mouvement une autre chofe
qu'on appelle *vîteffe* : on entend par ce mot,
la propriété qu'a le mobile de parcourir un
certain Efpace, en un certain tems.

Planche 4.

Fig. 18.

On connoît la vîteffe d'un Corps par l'Efpace
qu'il parcourt en un tems donné : ainfi, la vîteffe
eft d'autant plus grande que le mobile parcoure
plus d'Efpace en moins de tems; & par conféquent, fi un Corps A. parcourt l'Efpace C. D.
en deux minutes, & que le Corps B. parcourre
le même Efpace en une minute, la vîteffe du
Corps B. fera double de celle du Corps A.

Il n'y a
point de
mouve-
ment fans
une vîteffe
détermi-
née.

Il n'y a point de mouvement fans une vîteffe
quelconque, car tout Efpace parcouru, eft parcouru dans un certain tems; mais ce tems
peut être plus ou moins long à l'infini; car
l'Efpace

l'Efpace C D. que je fuppofe être d'un pied, peut être parcouru par le Corps A. en une heure, ou dans une minute qui eſt la 60. partie d'une heure, ou dans une feconde qui en eſt la 3600. partie, &c.

§. 240. Le mouvement, c'eſt-à-dire, fa vîteſſe, peut être uniforme, ou non uniforme, accelerée ou retardée, également ou inégalement accelerée & retardée.

§. 241. Le mouvement uniforme eſt celui qui fait parcourir au mobile des Efpaces égaux en tems égaux : ainfi, dans le mouvement uniforme les Efpaces parcourus font comme les vîteſſes du mobile, & comme les tems de fon mouvement.

§. 242. Dans un tems infiniment petit, on confidére toujours le mouvement comme étant uniforme, c'eſt-à-dire, qu'à chaque inſtant infiniment petit, le mobile eſt fuppofé parcourir des Efpaces égaux, foit que fon mouvement dans un tems fini foit acceleré ou retardé, uniforme ou non uniforme.

§. 243. Il n'y a que dans un Efpace qui ne feroit aucune réfiſtance, dans lequel un mouvement parfaitement uniforme pût s'exécuter, de même qu'il n'y a que dans un tel Efpace, dans lequel un mouvement perpétuel fût poſſible ; car dans cet Efpace il ne fe pourroit rien

P 2   rencontrer

Planche 4.

Fig. 18.

Du mouvement uniforme.

rencontrer qui pût accelerer ou retarder le mouvement des Corps.

Preuve de l'impossibilité du mouvement perpétuel méchanique.

§. 244. L'inégalité de tous les mouvemens que nous connoiſſons, eſt une démonſtration contre le mouvement perpétuel méchanique, que tant de gens ont cherché : car cette inégalité ne vient que des pertes continuelles de force que font les Corps en mouvement, par la réſiſtance des milieux dans leſquels ils ſe meuvent, le frottement de leurs parties, &c. Ainſi, afin qu'un mouvement perpétuel méchanique pût s'exécuter, il faudroit trouver un Corps qui fût exemt de frottement, ou qui eût reçû du Créateur une force infinie, puiſqu'il faudroit que cette force lui fît ſurmonter des réſiſtances à tout moment répétées ; & que cependant, elle ne s'épuisât jamais, ce qui eſt impoſſible.

Nous ne connoiſſons point de mouvement parfaitement égal.

§. 245. Quoi qu'à parler exactement, il n'y ait point de mouvement parfaitement uniforme, cependant lorſqu'un Corps ſe meut dans un Eſpace, qui ne réſiſte point ſenſiblement, & que ce Corps ne reçoit, ni accélération, ni retardement ſenſible dans ſon mouvement, on conſidére ce mouvement comme s'il étoit parfaitement uniforme.

Du mouvement non uniforme.

§. 246. Le mouvement non uniforme eſt celui qui reçoit quelque augmentation ou

quelque

quelque diminution dans sa vîtesse.

§. 247. Un Corps a un mouvement acceleré, lorsque quelque nouvelle force agit sur lui, & augmente sa vîtesse.

§. 248. Le mouvement d'un Corps ne peut cependant être acceleré, que lorsque la nouvelle force qui agit sur lui, agit en tout, ou en partie dans la direction dans laquelle le Corps se meut déja.

§. 249. Le mouvement d'un Corps est retardé, lorsque quelque force opposée à la sienne lui ôte une partie de sa vîtesse.

§. 250. Le mouvement d'un Corps est également ou inégalement acceleré, selon que la nouvelle force qui agit sur lui, y agit également ou inégalement en tems égal; & il est également ou inégalement retardé, selon que les pertes qu'il fait, sont égales ou inégales en tems égaux.

§. 251. Quand le mouvement d'un Corps est également acceleré en tems égal, les vîtesses de ce Corps croissent comme les tems de son mouvement.

§. 252. Il faut une plus grande quantité de force pour augmenter la vîtesse d'un Corps

P 3   d'un

ment, que
pour l'im-
primer.

d'un degré que pour lui imprimer le premier degré de vîtesse, lorsqu'il est en repos.

§. 253. Si le mouvement est uniforme, c'est-à-dire, si la vîtesse du Corps demeure la même, l'Espace parcouru augmentera en même proportion que le tems du mouvement de ce Corps, (en faisant abstraction des obstacles) de façon que si on multiplie la vîtesse de ce Corps, par le tems de son mouvement, le produit sera l'Espace parcouru : si l'Espace est divisé par le tems, le produit marquera la vîtesse, & ce même Espace divisé par la vîtesse, donnera le tems : ainsi, dans le mouvement uniforme quand on a deux de ces choses, espace, tems, & vîtesse, on aura nécessairement la troisiéme.

§. 254. Plus la vîtesse d'un Corps est grande, plus il parcourt d'Espace dans un tems donné, & au contraire.

Dans le mouvement accéleré l'Espace parcouru est d'autant plus grand dans un tems donné, que la vîtesse est plus augmentée ; & dans le mouvement retardé, l'Espace parcouru est d'autant moindre en un même tems, que la vîtesse est plus diminuée ; car par la seconde Loi, les changemens qui arrivent dans le mouvement, sont toujours proportionnels à la force qui les produit.

§. 255. Si on compare plusieurs Corps qui sont dans un mouvement uniforme, & qui ont des vîtesses égales, les Espaces parcourus feront comme les tems de leur mouvement.

Si les vîtesses sont inégales, & les tems égaux, les Espaces parcourus feront comme les vîtesses. Si les vîtesses & les tems sont inégaux, les Espaces feront en raison composée des raisons des vîtesses, & des tems, ou comme les produits du tems de chacun de ces Corps multiplié par sa vîtesse; & enfin, si les vîtesses & les Espaces sont inégaux, les tems feront en raison directe des Espaces, & en raison inverse des vîtesses; car il faut d'autant plus de tems à un Corps pour parcourir un Espace quelconque, que ce Corps a moins de vîtesse.

§. 256. On distingue les vîtesses, *en vîtesses absoluës, & vîtesses respectives.*

La vîtesse propre ou absoluë d'un Corps, est le rapport de l'Espace qu'il parcourt, & du tems pendant lequel il se meut.

La vîtesse respective, est la vîtesse avec laquelle deux Corps s'approchent ou s'éloignent l'un de l'autre d'un certain Espace dans un tems déterminé, quelques soient leurs vîtesses absoluës: ainsi, la vîtesse absoluë est quelque chose de positif; mais la vîtesse respective n'est qu'une simple comparaison que l'esprit fait de

 deux

deux Corps, selon qu'ils s'approchent, ou s'éloignent l'un de l'autre.

§. 257. Les Corps résistent également au mouvement & au repos; cette résistance étant une suite nécessaire de leur force d'inertie, elle est proportionnelle à leur quantité de matiére propre, puisque la force d'inertie appartient à chaque *minimum* de la matiére : un Corps résiste donc d'autant plus au mouvement qu'on veut lui imprimer, qu'il contient une plus grande quantité de matiére propre sous un même volume, c'est-à-dire, d'autant plus, qu'il a plus de masse, toutes choses d'ailleurs égales.

Ainsi, plus un Corps a de masse, moins il acquiert de vîtesse par la même pression, *& vice versa*.

Les vîtesses des Corps qui reçoivent des pressions égales, sont donc en raison inverse de leur masse.

§. 258. Il est une fois plus facile d'imprimer une certaine vîtesse à un Corps, que d'imprimer au même Corps une vîtesse double de la premiere : ainsi, il faut une double pression pour imprimer au même Corps une vîtesse double; & il faut précisément la même pression pour donner à un Corps deux degrés de vîtesse, ou pour donner un degré de vîtesse à un autre Corps, dont la masse est double de celle du premier. Ainsi

Ainſi, la preſſion qui fait mouvoir différens Corps avec une même vîteſſe, eſt toujours
proportionnelle à la maſſe de ces Corps, toutes choſes égales d'ailleurs.

Le mouvement d'un Corps eſt d'autant plus
difficile à arrêter, que ce Corps a plus de maſſe :
ainſi, il faut la même force pour arrêter le mouvement d'un Corps qui ſe meut avec une vîteſſe quelconque, & pour communiquer à ce
même Corps le même dégré de vîteſſe qu'on
lui a fait perdre.

§. 259. Cette réſiſtance que tous les Corps
oppoſent, lorſqu'on veut changer leur état préſent, eſt le fondement de la troiſiéme Loi du
mouvement, par laquelle la réaction eſt toujours égale à l'action.

De l'égali-
té de l'ac-
tion, & de
la reaction.

L'établiſſement de cette Loi étoit néceſſaire,
afin que les Corps puſſent agir les uns ſur les
autres ; & que le mouvement étant une fois
produit dans l'Univers, il pût être communiqué d'un Corps à un autre avec raiſon ſuffiſante.

Dans toute action, le Corps qui agit, & celui
contre lequel il agit, luttent entr'eux, & ſans
cette eſpéce de lutte, il ne peut point y avoir
d'action ; car je demande comment une force
peut agir contre ce qui ne lui oppoſe aucune réſiſtance.

Il ne peut y
avoir d'ac-
tion ſans
réſiſtance.

Quand je tire un Corps attaché à une corde,
quelqu'aiſément que je le tire, la corde eſt

tenduë

tenduë également des deux côtés, ce qui marque l'égalité de la réaction, & si cette corde n'étoit pas tenduë, je ne pourrois tirer ce Corps.

Objection contre l'égalité de l'action, & de la reaction.

Réponse.

Mais, dit-on, comment puis-je faire avancer ce Corps, si je suis tiré par lui avec une force égale à celle que j'employe pour le tirer? Ceux qui font cette objection, ne font pas attention que lorsque je tire ce Corps & que je le fais avancer, je n'employe pas toute ma force à vaincre la résistance qu'il m'oppose ; mais lorsque je l'ai surmontée, il m'en reste encore une partie que j'employe à avancer moi-même ; & ce Corps avance par la force que je lui ai communiquée, & que j'ai employée à surmonter sa résistance ; ainsi, quoique les forces soient inégales, l'action & la réaction font toujours égales.

La raison de cette égalité de l'action & de la réaction, est qu'un Corps ne sauroit employer un degré de force à surmonter la résistance d'un autre Corps, sans en perdre lui-même une quantité égale à celle qu'il y a employée ; car ce Corps ne peut garder & employer sa force en même tems : or cette force qu'il employe à surmonter cette résistance, n'est pas perduë, mais le Corps qui résiste, l'acquiert.

Quand la masse de ce Corps a une certaine proportion à la masse du Corps qui l'a poussé, ce Corps avance sensiblement, & quand sa masse surpasse à certain point celle du Corps

qui

qui agit sur lui , ce Corps avance infiniment peu ; mais dans l'un & dans l'autre cas, la réaction est toujours égale à l'action , c'est-à-dire , que la diminution de la force dans le Corps qui agit , est toujours égale à la force qu'il a communiquée : ainsi , un Corps perd autant de son mouvement qu'il en communique ; puisque le mouvement d'un Corps ne peut lui être ôté que par une force égale & opposée , & dans ces deux choses si différentes , la cessation du mouvement & sa communication , la réaction est toujours égale à l'action.

On a vû ci-dessus que la communication du mouvement se fait en raison des masses , ce qui est encore une preuve que l'action est égale à la résistance ; car les Corps résistent en raison directe de leur masse.

§. 260. Les Corps réagissent par leur force d'inertie , & en réagissant , ils tendent à changer l'état du Corps qui les pousse , & auquel ils résistent, & ils acquerent dans cette réaction la force que le Corps qui agit sur eux, consume en y agissant, car ces Corps résistent en acquerant le mouvement : ainsi, la force que les Corps acquerent pour se mouvoir , ils l'acquerent en partie par leur force d'inertie , qui est le principe de leur réaction : de sorte qu'à parler proprement, toute la force de la matiére, soit qu'elle soit en repos , ou en mouvement , soit qu'elle communique le mouvement, soit qu'elle

le

le reçoive , toute fon action , & fa réaction , toute fon impulfion , & fa réfiftance , n'eft autre chofe que cette *vis inertiæ* en différentes circonftances.

C'eft l'égalité de l'action , & de la réaction, qui fait aller un Navire par des rames.

§. 261. Un Navire va par des rames, parce que les rames pouffent l'eau vers le côté oppofé , & l'eau réagit contre les rames , & les repouffe avec le batteau auquel elles tiennent, & cela avec une force égale à celle avec laquelle les rames l'ont fenduë; ainfi , le Vaiffeau va d'autant plus vîte qu'il y a plus de rames , que les rames font plus grandes , & qu'elles font remuées plus vîte , & plus fortement.

C'eft par cet artifice qu'on fe foutient dans l'eau en nageant, car les pieds & les mains fervent alors de rames.

Il en eft de même des oifeaux. Quand ils volent , ils font dans l'air avec leurs aîles, ce que les hommes qui nagent , font dans l'eau avec leurs pieds , & leurs mains.

De la quantité du mouvement.

§. 262. Il y a encore une chofe à confidérer dans le mouvement ; c'eft fa quantité ; car la quantité du mouvement dans un inftant infiniment petit , eft proportionnelle à la maffe & à la vîteffe du Corps mû , en forte que le même Corps a plus de mouvement quand il fe meut plus vîte ; & que de deux Corps dont la vîteffe eft égale , celui qui a le plus de maffe , a le plus de mouvement : car le mouvement imprimé

imprimé à un Corps quelconque, peut être conçû divisé en autant de parties que ce Corps contient de parties de matiére propre, & la force motrice appartient à chacune de ces parties qui participent également au mouvement de ce Corps, en raison directe de leur grandeur : ainsi, le mouvement du tout, est le résultat de toutes les parties, & par conséquent, le mouvement est double dans un Corps dont la masse est double de celle d'un autre, lorsque ces Corps se meuvent avec la même vîtesse.

Car supposé qu'un Corps A. qui a quatre de masse, & un Corps B. qui en a deux, se mouvent avec la même vîtesse, ce Corps A. peut être coupé en deux parties égales, sans que son mouvement soit arrêté ; & alors chacune de ses moitiés sera égale au Corps B. & continuëra à se mouvoir avec la même vîtesse qu'avoit ce Corps A. entier, avant qu'on l'eût coupé en deux. Ce Corps double avoit donc un mouvement double.

§. 263. Il n'y a point de mouvement sans une détermination particuliére : ainsi, tout mobile qui se meut, tend vers quelque point.

Lorsqu'un Corps qui se meut, n'obéit qu'à une seule force qui le dirige vers un seul point, ce Corps se meut d'un mouvement simple.

§. 264. Le mouvement composé, est celui dans lequel le mobile obéit à plusieurs forces,

qui

qui le font tendre vers plusieurs Points à la fois.

Le mouvement simple est le seul que j'éxamine ici, je parlerai du mouvement composé dans le Chapitre suivant.

§. 265. Dans le mouvement simple, la Ligne droite tirée du mobile au point vers lequel il tend, représente la direction du mouvement de ce Corps, & si ce Corps se meut, il parcourra certainement cette Ligne.

Ainsi, tout Corps qui se meut d'un mouvement simple, décrit pendant qu'il se meut, une Ligne droite.

Nous ne connoissons à proprement parler, de mouvement simple, que celui des Corps qui tombent perpendiculairement vers le centre de la terre par la seule force de la gravité, à moins que les Corps ne se meuvent sur un plan immobile ; car la gravité agissant également sur tous les Corps à chaque instant indivisible, son action se mêle à tous les momens, & de simples, elle les fait venir composés.

§. 266. La gravité ou la pésanteur, est aussi une des causes pour laquelle il ne pourroit y avoir de mouvement uniforme que dans le vuide absolu, ou sur un plan immobile ; car cette force fait parcourir aux Corps des Espaces inégaux en tems égaux.

§. 267.

§. 267. Les Corps qui reçoivent ou qui communiquent le mouvement , peuvent être ou entiérement durs , c'est-à-dire , incapables de compreſſion , ou entiérement mols , c'est-à-dire , incapables de reſtitution après la compreſſion de leurs parties , ou enfin à reſſort , c'est-à-dire, capables de reprendre leur premiere forme après la compreſſion.

Ces derniers peuvent être encore à reſſort parfait, de ſorte qu'après la compreſſion , ils reprennent entiérement leur figure ; ou à reſſort imparfait , c'est-à-dire, capables de la reprendre ſeulement en partie : nous ne connoiſſons point de Corps entiérement durs , ni entiérement mols , ni à reſſort parfait ; car , comme dit M. de Fontenelle , *la nature ne ſouffre aucune préciſion.*

Mais pour rendre les raiſonnemens plus intelligibles , on ſuppoſe la préciſion la plus éxacte : ainſi , on ſuppoſe que tous les Corps à reſſort , ont un reſſort parfait.

On appelle *Corps durs* , ceux dont la figure ne s'altére point ſenſiblement par le choc ; tels ſont , par exemple , les Diamans ; & on nomme *mols* , les Corps qui par le choc prennent une nouvelle figure, qu'ils conſervent après le choc , comme la cire , l'argile , &c. Je parlerai dans la ſuite de cet ouvrage des Corps élaſtiques , & de la façon dont le mouvement ſe communique entr'eux.

§. 268.

9.
De la force des Corps en mouvement.

§. 268. Lorfqu'un Corps en mouvement rencontre un obftacle, il fait effort pour deranger cet obftacle ; fi cet effort eft détruit par une réfiftance invincible, la force de ce Corps eft une *force morte*, c'eft-à-dire, qu'elle ne produit aucun effet , mais qu'elle tend feulement à en produire un.

Si la réfiftance n'eft pas invincible, la force eft alors *une force vive*, car elle produit un effet réel , & cet effet eft ce qu'on appelle *l'effet de la force de ce Corps.*

La quantité de la force vive, fe connoît par le nombre & la grandeur des obftacles, que le Corps en mouvement peut déranger en épuifant fa force.

Il y a de grandes difputes entre les Philofophes, pour favoir fi la force vive , & la force morte doivent être eftimées différamment, & c'eft de quoi je parlerai dans le Chapitre 21. de cet ouvrage.

10.
De la communication du mouvement.

§. 269. Enfin, la derniere chofe qui me refte à examiner dans le mouvement, c'eft la façon dont il fe communique ; car l'expérience nous apprend qu'un Corps en mouvement qui en rencontre un autre en repos, lui communique une partie de la force, qu'il avoit pour fe mouvoir, & alors le Corps qui a été choqué, paffe de l'état de repos dans lequel il étoit, à celui du mouvement, & il continuë à fe mouvoir après

le

le choc jusqu'à ce que quelque obstacle ait
consumé sa force.

§. 270. La cause pour laquelle ce Corps continuë à se mouvoir après l'absence du moteur,
est une suite de la force d'inertie de la matiére,
force par laquelle les Corps restent dans l'état
où ils sont, si quelque cause ne les en retire. Or,
quand ma main jette une pierre, cette pierre &
ma main commencent à se mouvoir ensemble:
je retire ma main, & voilà une cause qui fait cesser son mouvement de ce côté, mais la pierre
que je n'ai point retirée, continuë à se mouvoir,
jusqu'à ce que la résistance de l'air lui ait fait perdre le mouvement de projectile, que je lui avois
imprimé, ou que la gravité la fasse retomber
vers la terre: ainsi, la continuation du mouvement de cette pierre, après l'absence de ma
main, est l'effet de la force que je lui ai imprimée.

C'est par cette raison, que quand un Vaisseau va fort vîte, & qu'il est arrêté subitement,
les choses qui sont dans ce Navire tendant à
conserver le mouvement qu'elles ont acquis,
en étant transportées avec lui, courroient ris-
que d'être précipitées, si elles n'étoient pas re-
tenuës.

C'est par la même cause encore que le rou-
lis que la mer cause au Vaisseau, & plus encore
l'agitation d'une tempête rend les hommes ma-
lades, & les fait vomir, sur tout s'ils ne sont

Pourquoi
le roulis
d'un Vais-
seau cause
des vomis-
semens.

Tome I.   *   Q   pas

pas accouttimés à la mer ; car les liqueurs qui
font dans leur Corps ne reçoivent que peu à
peu un mouvement *harmonique* , à celui du
Vaiſſeau , & juſqu'à ce qu'elles l'ayent acquis, il
s'y fait un trouble & une commotion, qui ſe ma-
niféſte par des vomiſſemens , & d'autres mala-
dies , & il ſe paſſe alors dans le Corps des hommes la même choſe , à peu près , que nous
voyons arriver dans un vaſe plein d'eau, que l'on
tourne en rond ; car l'eau ne prend que peu à
peu le mouvement du vaſe , & elle le garde
encore quelque tems , quand ce mouvement eſt
arrêté.

CHAPITRE

CHAPITRE XII.

Du Mouvement composé.

§. 271.

LE Mouvement composé est celui dans lequel le Corps obéit à la fois à plusieurs forces, qui lui impriment des directions différentes, & qui le font tendre en même tems vers divers points.

§. 272. Le mouvement d'un Corps, qui est poussé en même tems par deux forces, est différent selon que l'action de ces forces est dirigée.

1°. Si ces forces agissent dans la même direction, le mobile se meut plus vîte ; mais la direction de son mouvement n'étant point chan-

Q 2 gée,

Des diffé-
rences que
les direc-
tions des
forces, qui
pouffent
un Corps,
apportent
dans fon
mouve-
ment.

gée, ce Corps fe meut d'un mouvement fimple.

2°. Si ces deux forces font égales & oppofées l'une à l'autre, elles fe détruifent mutuellement. Alors le Corps ne fort point de fa
place, & il n'y a aucun mouvement produit.

3°. Si les forces oppofées font inégales, elles
ne fe détruifent qu'en partie, & le mouvement
qui en réfulte, eft l'effet du reftant de ces deux
forces.

4°. Si ces deux forces font perpendiculaires
l'une à l'autre, comme par exemple, la force défignée par la Ligne AB. à la force active défignée
par la Ligne AD. elles ne fe détruiront ni ne s'accelereront : chacune agira fur le Corps comme
s'il étoit en repos ; alors le chemin du mobile fera changé, & ce Corps aura un mouvement
compofé du mouvement imprimé par ces deux
forces.

Fig. 19.
Planch. 4.

Il n'y a que dans le cas où les deux forces qui
agiffent fur le Corps, font perpendiculaires l'une
à l'autre, dans lequel chacune agiffe fur lui comme fi ce Corps étoit en repos.

5°. Enfin, fi ces deux forces font obliques
l'une à l'autre, comme la force A F. à la force
A E. ou bien comme la force A G. à la force
A H. elles retarderont ou accelereront le mouvement l'une de l'autre, felon que l'obliquité
des Lignes qui les repréfentent, fera dirigée, &
elles auront outre cela une action perpendiculaire l'une à l'autre, felon laquelle elles n'accelereront ni ne retarderont le mouvement l'u-
ne de l'autre.

Planch. 4.
Fig. 20. &
21.

§. 273

§. 273. Si le Corps A. est mû par une force quelconque dans la direction AB. & avec la vîtesse désignée par cette Ligne A B. & que ce Corps soit poussé en même tems par une autre force, qui lui imprime la direction & la vîtesse AC. ce Corps étant mû par deux forces qui tendent en même tems à lui faire parcourir les deux Lignes AB. AC. il obéira à ces deux forces, *Fig. 220.* selon la quantité de leur action sur lui ; & ce Corps aura un mouvement dont la direction & la vîtesse seront composées, de la vîtesse & de la direction des deux forces qui agissent sur lui.

§. 274. Pour déterminer quelle ligne un Corps qui est ainsi mû décrira dans son mouvement, imaginons que la ligne A C. & la ligne A B. soient divisées dans les parties égales. entr'elles *Fig. 221.* A, e, g, i, o, C. & A, F, H, K, M, B. & supposons que tandis que le mobile A. parcourt les divisions de la ligne A C. cette ligne coule parallelement à elle-même le long de la ligne AB. ensorte que dans le même tems, pendant lequel le Corps A. parcourt sur la ligne A C. l'espace A e, la ligne AC. parcourt sur la ligne AB. l'espace AF ; il est certain qu'au bout de ce premier moment, le mobile se trouvera au point E. De même si dans le second instant, pendant lequel le mobile va de e, en g. sur la ligne AC. cette ligne coule de F. en H. sur la *Fig. 222.* ligne

Q 3

ligne AB. le mobile au bout de ce second inftant fera en G. par la même raifon il fera en I.
au bout du troifiéme inftant, puis en O. dans
le quatriéme, puis enfin en D. dans le cinquiéme. Ainfi, fi l'on tire les lignes CD. BD. paralleles à AB. & à AC. & qu'on acheve ainfi
le parallelogramme ABCD. le Corps en obéif-
fant aux deux forces AB. AC. qui agiffent fur
lui en même tems, décrira la diagonale AD. de
ce parallelogramme ; car la force qui le pouffe
vers AB. fait fur lui le même effet que le mouvement, par lequel j'ai fuppofé que la ligne
AC. parcouroit la ligne AB.

La quantité du tranfport du Corps vers
la ligne BD. eft donc l'effet de la force qui agit
de A. vers B. & la quantité de fon tranfport vers
la ligne CD. eft l'effet de celle qui agit de A.
vers C. ainfi, ces forces fe retrouvent encore
diftinctes dans leur effet compofé.

§. 271. Le mobile parcourt cette diagonale
AD. dans le même tems dans lequel il auroit
parcouru les lignes AC. AB. féparement ; car
par la feule force dirigée vers AB. le Corps s'approchera de la ligne BD. dans le même tems,
foit que la force vers AC. lui foit imprimée ou
non ; de même, il s'approchera de la ligne CD.
dans le même tems par la force qui le dirige vers
AC. foit que la force vers AB. lui foit imprimée, foit qu'elle ne le foit pas. Donc lorfque la
ligne AC. que j'ai fuppofée couler fur la ligne AB.

fera

fera arrivée en BD, le Corps A. qui parcourt
cette ligne AC. fera alors au point C. de cette
ligne AC. mais le point C. & le point D. feront alors coïncidents; Ainſi, tout Corps qui
eſt mû par deux puiſſances qui font entr'elles
un angle quelconque, parcourt la diagonale du
parallelogramme formé fur les lignes, dont la
longueur & la poſition repréſentent la direction,
& la vîteſſe de ces deux forces; & cette diagonale repréſente la vîteſſe du mouvement compoſé, & elle eſt le reſultat des mouvemens imprimés au mobile.

§. 276. Il ſuit de-là que le mouvement d'un
Corps peut toujours ſe réſoudre en deux autres mouvemens, en faiſant que la ligne dans
laquelle un Corps ſe meut, devienne la diagonale d'un parallelogramme dont les deux côtés,
dans leur longueur & leur poſition, repréſenteront les directions & les vîteſſes des deux mouvemens, dans leſquels celui du Corps que l'on
conſidére fera reſolu.

§. 277. L'angle EAB. que les lignes AB. AE. *Fig. 21.*
qui marquent les directions des forces, font entre elles, s'appelle l'angle de direction.

§. 278. La ligne parcourue par un Corps
pouſſé en même tems par deux forces, eſt plus
ou moins longue ſelon l'angle de direction des
forces qui le pouſſent; car ſuppoſé que les li-

Q 4   gnes

gnes AE. AB. foient égales dans les Figures 24. 25. & 26. on voit aifément que la ligne AD. qui eft le chemin que le mobile parcourt dans le même tems, n'eft pas égale dans ces trois Figures.

Fig. 24. 25. & 26.

§. 279. Plus l'angle de direction EAB. eft aigu, comme dans la Fig. 24. plus la ligne AD. que le Corps parcourt eft longue; & plus cet angle EAB. eft obtus comme dans la Fig. 25. plus le chemin du mobile eft court; car dans le premier cas la force qui pouffe le Corps dans la ligne AE. & qu'on peut réfoudre dans les lignes Af. & Ag. confpire avec la force qui pouffe le Corps vers AB. & l'augmente de la quantité Ag. ou de fon action perpendiculaire vers Af. & dans le fecond cas la force qui pouffe le Corps vers AE. décompofée comme dans le cas précédent, s'oppofe à la force vers AB. & la diminuë de la quantité Ag. Ainfi, dans le premier cas, le mobile doit parcourir plus d'efpace, puifque fa vîteffe eft augmentée, & par la raifon contraire, il doit en parcourir moins dans le fecond; car le tems de fon mouvement eft fuppofé le même.

Fig. 24.

Fig. 25.

§. 280. Comme les deux côtés d'un triangle pris enfemble, font toujours plus longs que le troifième (Euclide, Livre premier, Prop. 20.) le Corps A. va par un chemin plus court, lorf-qu'il obéit, à la fois, à deux puiffances quelconques,

ques, que s'il obéiſſoit ſucceſſivement à chacune d'elles en particulier.

§. 281. On voit par l'inſpection de la Fig. 24. que le chemin d'un mobile peut être la diagonale d'une infinité de parallelogrammes divers; car la ligne AD. eſt en même tems la diagonale des parallelogrammes A E B D. & Af Dh. &c.

§. 282. Ainſi, un Corps peut parcourir la même ligne droite dans le même tems, ſoit qu'il ſoit pouſſé par pluſieurs forces, ou par une ſeule force; le Corps A. par exemple, parcourera également la ligne AD. dans un tems donné, s'il eſt pouſſé par une ſeule force dirigée vers AD. & qui lui imprime cette vîteſſe AD. ou par les deux forces AB. AE. qui lui impriment les vîteſſes déſignées par ces lignes AB. AE. & l'on peut également conſidérer le Corps qui parcourt la ligne AD. comme étant mû par ces deux différentes forces, ou par une ſeule qui leur ſoit égale; car la vîteſſe ou le mouvement vers AD. ne contient que la vîteſſe AB. dans la direction AB. & que la vîteſſe AE. dans la direction AE. Ainſi, l'effet eſt toujours le même, lorſque le mobile eſt pouſſé par trois ou quatre, ou une quantité quelconque de forces réünies, ou bien par une ſeule force qui lui imprime la même vîteſſe dans la même direction dans laquelle l'action de ces différentes forces ſe réüniroit; &
l'on

Fig. 23.

l'on peut également confidérer toutes ces forces comme étant réünies dans celle qui les repréfente, ou cette force unique, comme étant
divifée dans les forces qui la compofent.

De la ré-
folution &
de la com-
pofition du
mouve-
ment.

§. 283. Ces deux différentes façons de confidérer le mouvement des Corps, s'appellent ré-
folution & compofition.

Utilité de
cette mé-
thode.

Cette méthode eft d'un grand ufage, & d'une
grande utilité dans les Méchaniques, pour découvrir la quantité de l'action des Corps qui
agiffent obliquement les uns fur les autres.

Comment
on connoît
le chemin
du mobile
dars toutes
les compo-
fitions du
mouve-
ment.

§. 284. On connoît le chemin d'un mobile
mû par deux forces quelconques, lorfque l'un
connoît la vîteffe que chacune de ces deux forces lui imprime, & l'angle que leurs directions
font entr'elles ; car ce chemin eft le troifiéme
côté d'un triangle dont on connoît les deux autres côtés, & l'angle compris.

§. 285. Par ce moyen on connoît le chemin
d'un Corps qui obéït à un nombre quelconque
de forces qui agiffent fur lui à la fois ; car lorfqu'on a déterminé le chemin que deux de ces
forces font parcourir au mobile par la régle de
la §. précédente, ce chemin devient le côté d'un
nouveau triangle, dont la ligne qui repréfente
la troifiéme force devient le fecond côté, &
le chemin du mobile la bafe ; en procédant
ainfi jufqu'à la derniere force, on parviendra à
connoître

connoître le chemin du mobile par l'action réunie de toutes les forces qui agissent sur lui ; car le Corps A. pouffé par les deux forces E. & D. dans les directions , & avec les vîteffes AB. AG. décrira la diagonale AH. pouffé enfuite par la force C. dans la direction , & avec la vîteffe AF. il parcourera la ligne AT. Enfin , la force M. lui fera décrire la ligne AL. en lui imprimant la direction & la vîteffe AK. Ainfi, AL. eft le chemin du mobile A. pouffé en même tems par les forces E, D, C, M.

Fig. 27.

§. 286. Un Corps peut éprouver plufieurs mouvemens à la fois ; car un Corps que l'on jette horifontalement dans un batteau , par exemple , éprouve le mouvement de projectile qu'on lui communique , & celui que la péfanteur lui imprime à tout moment vers la Terre ; il participe outre cela au mouvement du vaiffeau dans lequel il eft. La Riviere fur laquelle eft ce vaiffeau s'écoule fans ceffe , & le Corps participe à ce mouvement. La Terre fur laquelle coule cette Riviere , tourne fur fon axe en vingt-quatre heures ; voilà encore un mouvement nouveau que le Corps partage : Enfin , la Terre a encore fon mouvement annuel autour du Soleil , la révolution de fes poles , le balancement de fon équateur , &c. & le Corps que nous confidérons participe à tous ces mouvemens ; mais il n'y a que les deux premiers qui lui appartiennent , par rapport à ceux qui font tranf-

portés

portés avec le Corps dans ce batteau ; car tous les Corps qui ont un mouvement commun avec nous , font comme en repos par rapport à nous.

§. 287. Un Corps qui reçoit plufieurs déterminations , demeure dans la derniere comme dans le dernier degré de vîteffe , s'il eft abandonné à lui-même , & qu'aucune force n'agiffe davantage fur lui ; il conferve cette détermination & cette vîteffe , jufqu'à ce que la rencontre de quelque obftacle lui faffe perdre fon mouvement , en confumant fa force , ou que quelque nouvelle puiffance change fa direction. Cet effet eft une fuite néceffaire de la premiere Loi du mouvement , fondée fur la force d'inertie de la matiére.

§. 288. Le mouvement compofé , peut être uniformément ou non uniformément acceleré comme le mouvement fimple.

Du mouvement en ligne courbe.

Si les deux forces qui pouffent le Corps, font inégalement accelerées , ou bien fi l'une eft accelerée , tandis que l'autre eft uniforme , la ligne décrite par le Corps en mouvement, ne fera plus une ligne droite , mais une ligne courbe dont la courbure fera différente , felon la combinaifon des inégalités des forces qui la font décrire; car ce Corps obéira à chacune des forces qui le pouffent , felon la quantité de fon action fur lui (1e. Loi §. 229.) Ainfi , par exemple,

s'il

s'il y a une des forces qui renouvelle son action à chaque instant, tandis que l'action de l'autre force reste la même, le chemin du mobile sera changé à tout moment : & c'est de cette façon que tous les Corps que l'on jette retombent vers la terre (Chap. 19.)

§. 289. Tout mouvement en ligne courbe est nécessairement un mouvement composé du mouvement qui fait aller le Corps en ligne droite, & du mouvement qui l'en retire ; car décrire une ligne courbe, c'est changer à tout moment de direction.

Le mouvement en ligne courbe, est toujours un mouvement composé.

§. 290. Le mouvement se fait toujours en ligne droite ; car bien qu'un Corps mû par deux forces qui lui impriment des vîtesses inégalement accelerées, décrive une ligne courbe; cependant le mouvement partial de ce Corps est toujours en ligne droite, & son mouvement total n'est en ligne courbe, que parce que les points vers lesquels le mobile est dirigé, changent à chaque moment, & que la petitesse des droites que ce mobile parcourt à chaque instant, nous empêchant de les distinguer chacune en particulier, tout cet assemblage de lignes droites infiniment petites & inclinées les unes aux autres, nous paroît une seule ligne courbe ; mais chacune de ces petites droites représente la direction du mouvement à chaque instant infiniment petit, & elle est la

Le mouvement est toujours en ligne droite dans un instant infiniment petit.

diagonale

diagonale d'un parallelogramme formé fur la
direction des forces actuelles qui agiffent fur ce
Corps : ainfi , le mouvement eft toujours en ligne droite à chaque inftant infiniment petit , de
même qu'il eft toujours uniforme.

§. 291. Si la force accelerative ceffoit tout
d'un coup d'agir, le Corps continueroit à fe
mouvoir dans la ligne droite dans laquelle il fe
trouveroit dirigé dans cet inftant ; car tout Corps
qui fe meut continue à fe mouvoir dans une ligne droite , & avec des viteffes égales lorfque
rien ne l'empêche felon la premiere Loi du
mouvement (§. 229.) c'eft en fuivant cette Loi
que tout Corps qui fe meut en rond , tend à
s'échapper par fa tangente ; & c'eft ce qu'on
appelle *la force centrifuge.*

§. 292. Il y a encore une autre forte de mouvement circulaire , c'eft le mouvement relatif
d'un Corps qui tourne fur lui-même , comme
la terre , par exemple , dans fon mouvement
journalier: ce font alors les parties de ce Corps
qui tendent à décrire les droites infiniment petites dont je viens de parler (§. 290.)

On peut définir cette forte de mouvement
circulaire , *un mouvement dans lequel les parties*
changent de place , quoique le tout n'en change
point.

CHAPITRE XIII.

De la Pesanteur.

§. 293.

O N appelle Pesanteur la force par la- quelle tout Corps étant abandonné à lui-même, tombe vers la surface de la terre.

Définition de la Pe-
santeur.

§. 294. Cette même force qui fait tomber les Corps, lorsqu'ils ne sont soutenus par rien, leur fait presser les obstacles qui les retiennent, & qui les empêchent de tomber : ainsi, une pierre pése sur la main qui la soutient, & tombe selon une ligne perpendiculaire à l'horison, si cette main vient à l'abandonner.

§. 295.

La gravité
produit
une force
morte , ou
une force
vive, selon
les circon-
stances
dans les-
quelles el-
le agit.

§. 295. La force qui anime les Corps à tomber, fait donc naître dans les Corps une force morte ou une force vive, selon les circonstances dans lesquelles elle agit.

§. 296. Quand les Corps sont retenus par un obstacle invincible, la gravité qui leur fait presser cet obstacle, produit en eux une force morte; car elle ne produit aucun effet.

§. 297. Mais quand rien ne retient le Corps, alors la gravité produit une force vive dans ces Corps, puisqu'elle les fait tomber vers la surface de la terre.

§. 298. On s'est apperçu dans tous les tems, que de certains Corps tomboient vers la terre, lorsque rien ne les soûtenoit, & qu'ils pressoient la main qui les empêchoit de tomber; mais comme il y en a quelques-uns dont le poids paroît insensible, & qui remontent, soit sur la surface de l'eau, soit sur celle de l'air, comme la plume, le bois très-léger, la flame, les exhalaisons, &c. tandis que d'autres vont au fonds comme les pierres, la terre, les métaux, &c. Aristote, le père de la Philosophie & de l'erreur, avoit imaginé deux appétits dans les Corps. Les Corps pesans avoient, selon lui, un appétit pour arriver au centre de la terre (qu'il croyoit être celui de l'Univers), & les Corps légers

Opinion
d'Aristote
sur la pe-
santeur.

avoient

avoient un appétit tout contraire qui les éloignoit de ce centre, & qui les portoit en enhaut.

Mais on reconnut bien-tôt combien ces appétits des Corps étoient chimériques ; & la légereté positive fut une des erreurs d'Aristote, dont on se désabusa le plûtôt.

§. 299. La pesanteur étant reconnüe appartenir à tous les Corps sensibles, & la légereté positive étant bannie, c'étoit déja beaucoup ; puisque c'étoit une erreur de moins ; mais il restoit encore bien des vérités à découvrir sur cette propriété des Corps, & sur ses effets.

§. 300. Aristote, c'est-à-dire, tout le monde, (car avant Galilée on ne connoissoit gueres d'autre preuve de vérité que l'autorité d'Aristote) Aristote, dis-je, croyoit que les différens Corps tomboient dans le même milieu avec des vitesses proportionnelles à leur masse ; mais Galilée combattit cette erreur, & osa assurer, malgré l'autorité d'Aristote, que la résistance des milieux dans lesquels les Corps tombent, étoit la seule cause des différences qui se trouvent dans le tems de leur chute vers la terre ; & que dans un milieu qui ne résisteroit point du tout, tous les Corps de quelque nature qu'ils fussent, tomberoient également vîte : *Che se si levasse totalmente la resistenza del mezzo, tutte le materie descenderebbero con eguali velocita.*

§. 301. Les différences que Galilée trouva dans le tems de la chute de plufieurs mobiles, qu'il fit tomber dans l'air de la hauteur de 100. coudées, le porta à cette affertion, parce qu'il trouva que ces différences étoient trop peu confidérables pour être attribuées aux différens poids des Corps.

Ayant de plus fait tomber les mêmes mobiles dans l'eau & dans l'air, il trouva que les différences de leur chute refpective dans les différens milieux, répondoient, à peu près, à la denfité de ces milieux, & non à la maffe des Corps : donc, conclut Galilée, la réfiftance des milieux, & la grandeur & la fcabrofité de la furface des différens Corps, font les feules caufes qui rendent la chute des uns plus prompte que celle des autres.

Lucrece, lui même, tout mauvais Phyficien qu'il étoit d'ailleurs, avoit entrevû cette vérité, & l'a exprimée dans le fecond Livre par ces deux vers.

*Omnia quæ propter debent per inane
quietum
Aeque ponderibus non æquis concita
ferri.*

§. 302. Une vérité découverte en améne prefque toujours une autre : Galilée ayant encore remarqué que les vîteffes des mêmes mobiles étoient

étoient plus grandes dans le même milieu, quand ils y tomboient d'une hauteur plus grande, il en conclut que puisque le poids du corps, & la densité du milieu restant les mêmes, la différente hauteur apportoit des changemens dans les vîtesses acquises en tombant, il falloit que les corps eussent naturellement un mouvement acceleré vers le centre de la terre : Voici comme il s'exprime, Dialog. premier : *Dico per tanto che un corpo grave ha dà natura intrinseco principio di muoversi verso 'l cōmun centro de i gravi eioe del noftro globo terreftre, con movimente continuamente accelerato.*

Ce fut cette observation qui porta Galilée à rechercher les Loix que suivroit un corps qui tomberoit vers la terre d'un mouvement également acceleré.

§. 303. Il suppofa donc que la cause (quelle qu'elle soit) qui fait la pesanteur, agit également à chaque instant indivisible, & qu'elle imprime aux corps qu'elle fait tomber vers la terre, un mouvement également acceleré en tems égal : en forte que les vîtesses qu'ils acquerent en tombant, font comme les tems de leur chute.

C'eft de cette seule supposition fi simple, & fi conforme au génie de la nature, que ce grand Philofophe a tiré toute la théorie de la chute des corps dont je vais rendre compte : Théorie qui eft à préfent adoptée par tous les Philofo-

lée que les Corps avoient en tombant un mouvement acceleré vers la terre.

pag. 164

R 2 phes.

phes, & dont chaque expérience eſt devenue
une démonſtration.

Démonſ-
trations qui
naiſſent de
cette ſup-
poſition.

Planch. 5.

Fig. 28.

§. 304. L'Eſpace parcouru dans une ſeconde
par un corps qui tombe vers la terre par la force de la gravité, peut être repréſenté par l'aire
du triangle ABC. comme je le démontrerai par
la ſuite. Suppoſé donc que cet Eſpace ABC. ſoit
parcouru par le corps A. d'un mouvement également acceleré, pendant le tems repréſenté par
la ligne AB. lequel tems j'ai ſuppoſé d'une ſeconde, & que la ligne BC. repréſente la ſomme
des vîteſſes acquiſes à la fin de cette ſeconde. Si
la force, quelle qu'elle ſoit, qui accélére le corps
vers la terre, ceſſoit d'agir, lorſque le corps eſt arrivé au point B. il eſt certain que ce corps, par la
force d'inertie, continueroit à ſe mouvoir d'un
mouvement uniforme avec la vîteſſe BC. acquiſe
au point B. (2ᵉ. Loi §. 229.) Or dans le mouvement uniforme, l'Eſpace parcouru eſt le produit de la vîteſſe & du tems. (§. 241.) Donc
l'eſpace que le mobile A. parcourroit d'un
mouvement uniforme pendant le même tems
d'une ſeconde, & avec la vîteſſe BC. ſeroit le
parallelogramme BCDE. formé par la ligne
BD.$=$AB. qui repréſente le tems, & par la ligne BC. qui repréſente la vîteſſe; mais ce parallelogramme eſt double du triangle ABC. que
j'ai ſuppoſé être parcouru par le corps d'un
mouvement accéléré pendant le même tems AB.
car ce triangle & ce parallelogramme ont mê-

me

me bafe & même hauteur (Euclide, Liv. premier, Prop. 41.) Donc fi la caufe accélératrice
venoit à ceffer, l'efpace que le corps parcourroit
d'un mouvement uniforme, avec la fomme des
vîteffes acquifes par l'accélération, feroit double, en tems égal, de l'efpace que ce corps
auroit parcouru par un mouvement accéléré
en acquerant cette même vîteffe.

§. 305. Le corps A. parcourera donc dans le
fecond inftant, par la feule vîteffe acquife au
point B. & indépendamment de l'effet actuel de
fa pefanteur, l'efpace BCDE. double de l'efpace
ABC. parcouru dans le premier inftant ; mais
la caufe qui fait tomber ce corps étant fuppofée agir également à chaque inftant indivifible,
ce corps dans la deuxiéme feconde acquerera
un fecond degré de vîteffe égale à celui qui lui
a fait parcourir l'efpace ABC. dans la premiere ;
il parcourera donc pendant la deuxiéme feconde un efpace triple de l'efpace parcouru dans la
premiere ; fçavoir, l'efpace BCDE. double de
l'efpace ABC. par un mouvement uniforme, &
l'efpace CEF.═ABC. par l'accélération imprimée par la gravité dans la deuxiéme feconde.

Fig. 29.

§. 306. Ce corps, par la même raifon, parcourera dans le troifiéme inftant un efpace quintuple du premier, & un efpace feptuplé dans le
quatriéme, & ainfi de fuite ; & par conféquent
les efpaces que ce corps parcourera en tom-

R 3. bant

bant pendant les tems égaux & confécutifs 1:
2. 3. 4. &c. feront comme les nombres impairs
1. 3. 5. 7. &c. & c'eft ce qu'il eft aifé de voir par
la feule infpection de la Figure 29.

§. 307. Mais ces nombres impairs dont la
progreffion repréfente les efpaces inégaux parcourus par le mobile d'un mouvement uniformément accéléré en tems égal, étant ajoutés les
uns aux autres à la fin de chacun de ces tems,
forment la fuite naturelle des nombres quarrés
1. 4. 9. 16. dont les nombres 1. 2. 3. 4. qui repréfentent les tems & les vîteffes, fe trouvent
être les racines; car $1 \times 1 = 1$. $2 \times 2 = 4$. 3×3
$= 9$. & $4 \times 4 = 16$. &c. les efpaces que les
corps parcourent en tombant vers la terre, doivent donc être comme le quarré des tems de
leur chute, & des vîteffes acquifes en tombant,
s'ils y tombent d'un mouvement uniformément
accéléré, comme l'avoit fuppofé Galilée.

On doit trouver toujours la même proportion entre l'efpace & le tems, depuis le premier
moment de la chute, jufqu'à la fin d'un tems
quelconque : Ainfi, le corps au bout du cinquiéme inftant, par exemple, aura parcouru un efpace 25. au bout du feptiéme un efpace 49. &
ainfi de fuite.

§. 308. Quant à ce que j'ai fuppofé (§. 304.)
que l'efpace parcouru par le corps A. d'un mouvement accéléré pendant la premiere feconde,

pouvoit

pouvoir être représenté par l'aire du triangle *Fig.* 30.
ABC. il est aisé d'en montrer la vérité.

Car on vous a fait voir dans la Géométrie, que
lorsque l'on érige sur une ligne droite AB. plu- Planch. 5.
fieurs autres lignes droites, comme DE. BC. enforte que AD. foit à DE. comme AB. eft à BC. *Fig.* 30.
les extrémités C. & E. de ces lignes font dans
une même ligne droite AC. & que la Figure
eft un triangle, parce qu'il n'y a que le triangle
auquel la propriété d'avoir fes côtés proportionnels, convienne.

Or, nous avons vû (§. 303.) que dans la
théorie de Galilée les tems font comme les vîteffes, c'eft-à-dire, que le tems qu'il a fallu au
mobile pour acquérir une vîteffe quelconque,
eft au tems qu'il lui a fallu pour acquérir une
autre vîteffe, comme la premiere vîteffe eft à la
feconde: ainfi, en exprimant le tems des chutes
par les lignes AD. DB. il faudra repréfenter les
vîteffes refpectives, acquifes pendant ces tems
par les lignes DE. BC. d'où le triangle ABC.
réfultera par la propofition de Géométrie que je
viens de vous citer. Or ce triangle ABC. repréfente l'efpace parcouru par le mobile dans fa
chute pendant le tems AB. car vous avez vû
dans le chap. 11. (§. 241.) que dans le mouvement uniforme l'efpace parcouru eft le produit de la vîteffe & du tems : vous avez vû auffi
dans le même chapitre (§. 242.) que dans un
inftant infiniment petit, le mouvement eft toû-
jours uniforme. Donc l'efpace parcouru dans

R 4 le

le premier inſtant infiniment petit, ſera un parallelogramme infiniment petit formé par la ligne
qui repréſente le tems , & par celle qui repréſen-
tera la vîteſſe : or le triangle entier ABC. peut
être conſidéré comme étant diviſé en parallelogrammes infiniment petits , la ſomme deſquels
formera le triangle ABC. par la propoſition ci-
tée. Donc l'aire de ce triangle peut repréſenter
l'eſpace parcouru par le mobile dans un tems
fini quelconque de ſa chute , comme je l'ai ſuppoſé dans la (§. 304.)

§. 309. Il eſt très-poſſible que les corps en
tombant parcourent un très-petit eſpace ſans
accélérer leur mouvement , par la raiſon qu'il
faut du tems pour produire tous les effets naturels ; mais ſi cela eſt ainſi , il eſt impoſſible que nous nous en appercevions , à cauſe
de la petiteſſe extrême de cet eſpace ; ainſi ,
cela ne change rien aux démonſtrations ci-
deſſus.

§. 310. Galilée ayant démontré ce qui doit
arriver à un mobile qui tomberoit vers la terre
par un mouvement également accéléré , chercha à s'aſſurer par l'expérience que la nature
ſuit réellement cette proportion, dans la chute
des graves. Il imagina , pour y parvenir , une expérience très-ingénieuſe. Il fit un grand tuyau
de bois haut de douze coudées , & large environ d'un pouce , au dedans duquel il colla un

parchemin

parchemin très-léger, afin qu'il fût uni autant qu'il le pouvoit être ; & ayant élevé le bout supérieur de ce canal sur un plan horisontal de la hauteur d'une, de deux, & successivement de plusieurs coudées, en sorte que ce canal devenoit un plan incliné, il laissa tomber une petite boule de cuivre parfaitement ronde, & parfaitement polie le long de ce canal, & la faisant tomber successivement de la longueur entiere, ou du quart, ou de la moitié de ce canal, il trouva toujours dans ses expériences, qu'il assure avoir répétées jusqu'à cent fois, que les tems de la chute étoient en raison sous-double des espaces parcourus ; or, en faisant un plan incliné de ce canal dans lequel la boule tomboit, Galilée rallentissoit le mouvement du mobile, & en rendoit, par ce moyen, la vîtesse discernable, ce qui n'eût pas été possible dans une chute perpendiculaire aussi courte ; car les corps tombent plus lentement par un plan incliné, que par un plan perpendiculaire, & ils suivent les mêmes loix dans l'une & l'autre de ces chutes (§. 425. & 428.) ainsi, il lui étoit aisé de sçavoir par ce moyen quel espace la pesanteur faisoit parcourir au mobile pendant un certain tems, & il mesura ce tems par la quantité d'eau qui s'étoit écoulée d'un vase pendant que le corps parcouroit ces différens espaces.

§. 311. Riccioli & Grimaldo, chercherent comme

courent des espaces qui sont entre eux, comme les quarrés des tems.

Expérien-

ce de Ric-
cioli & de
Grimaldo,
qui confir-
me celle de
Galilée.

comme avoit fait Galilée , à s'assurer de cette vérité par l'expérience. Ils firent tomber des mobiles du haut de plusieurs tours différemment élevées, & ils mesurerent le tems de la chute de ces corps de ces différentes hauteurs par les vibrations d'un pendule, de la justesse duquel Grimaldo s'étoit assuré en comptant le nombre de ses vibrations depuis un passage de la queue du Lion par le Méridien jusqu'à l'autre.

Ces deux savans Jesuites trouverent par le résultat de leurs expériences , que ces différentes hauteurs étoient exactement comme les quarrés des tems des chutes.

Les oscil-
lations des
pendules
confirment
cette dé-
couverte.

§. 312. Les tems des oscillations des pendules qui sont toujours en raison sous-doublée de leurs différentes longueurs, font encore une démonstration de cette vérité ; car la pesanteur est la seule cause de ces oscillations.

La vérité
de cette
découverte
de Galilée,
est unani-
mément
reconnue.

§. 313. Ainsi, cette découverte de Galilée est devenue, par les expériences, le fait de Physique dont on est le plus assuré ; & tous les Philosophes, malgré la diversité de leurs opinions sur presque tout le reste, conviennent aujourd'hui que les corps en tombant vers la terre, parcourent des espaces qui sont comme les quarrés des tems de leur chute, ou comme les quarrés des vitesses acquises en tombant.

§. 314.

§. 314. Le Pere Sebaftien, ce Géometre des fens, avoit imaginé une Machine compofée de quatre paraboles égales qui fe coupoient à leur fommet ; & au moyen de cette Machine, dont on trouve la defcription & la figure dans les Mémoires de l'Académie des Sciences A. 1699. il démontroit aux yeux du corps, du témoignage defquels les yeux de l'efprit ont prefque toujours befoin, que la chute des corps vers la terre, s'opére felon la progreffion découverte par Galilée.

§. 315. Il eft donc bien certain depuis cette découverte :

1°. Que la force qui fait tomber les corps, eft toujours uniforme, & qu'elle agit également fur eux à chaque inftant.

2°. Que les corps tombent vers la terre d'un mouvement uniformément accéléré.

3°. Que leurs viteffes font comme les tems de leur mouvement.

4°. Que les efpaces qu'ils parcourent font comme les quarrés des tems ou comme le quarré des viteffes ; & que par conféquent les viteffes & les tems font en raifon fous-double des efpaces.

5°. Que l'efpace que le corps parcourt en tombant pendant un tems quelconque, eft fous double de celui qu'il parcoureroit pendant le même tems d'un mouvement uniforme, avec la fomme des viteffes acquifes ; & que par conféquent

féquent cet efpace eft égal à celui que le corps parcoureroit d'un mouvement uniforme avec la moitié de ces vîteffes, &c.

La gravité eft ce qui fait péfer les corps.

6°. Que la force, qui fait tomber les corps vers la terre, eft la feule caufe de leur poids ; car puifqu'elle agit à chaque inftant, elle doit agir fur les corps, foit qu'ils foient en repos, foit qu'ils foient en mouvement ; & c'eft par les efforts que les corps font fans ceffe pour obéir à cette force qu'ils péfent fur les obftacles qui les retiennent.

Elle agit également fur les corps en mouvement, & fur les corps en repos.

§. 316. La gravité agit également fur les corps à chaque inftant, foit qu'ils foient en repos, foit qu'ils foient en mouvement ; & la vîteffe qu'elle leur imprime, eft égale en tems égal, quelle que foit la vîteffe qu'ils ont déja acquis. (§. 315. *num.* 3°.)

Les corps commencent à tomber avec une vîteffe infiniment petite.

§. 317. La gravité agiffant également à chaque inftant fur les corps, foit qu'ils foient en repos, foit qu'ils foient en mouvement, les corps commencent à tomber avec la vîteffe infiniment petite, avec laquelle ils tendoient à tomber vers la terre ; avant que l'obftacle, qui les retenoit, fût enlevé ; ainfi, M. Mariotte s'eft trompé dans la onziéme Propofition de la féconde Partie de fon Traité de la Percuffion, lorfqu'il conclut d'une expérience qu'il y rapporte, que la vîteffe avec laquelle les corps commencent à tomber, n'eft pas infiniment petite ; car fi cette vîteffe

n'étoit

n'étoit pas incomparablement plus petite que
toute vîteſſe finie, la vîteſſe d'un corps qui tombe, devroit être infiniment grande dans un
tems fini ; mais un corps en tombant n'acquiert
pas une vîteſſe infinie dans un tems fini : donc,
&c.

§. 318. Si la direction d'un corps qui eſt tombé d'une hauteur quelconque, venoit à être
changée, ſans que ſa vîteſſe fût alterée, en ſorte
que ce corps, au lieu de continuer à deſcendre,
vînt à remonter, il auroit en remontant un mouvement uniformément retardé ; car ce corps
étant tombé de A. en E. en deux ſecondes, par
exemple, doit conſerver par ſa force d'inertie
la vîteſſe acquiſe en E. à moins que quelque
cauſe ne vienne à la lui ôter. Or par cette vîteſſe acquiſe en E. le corps parcoureroit d'un
mouvement uniforme en deux ſecondes l'eſpace
ED. double de l'eſpace AE. parcouru d'un mouvement accéléré en tombant. Mais la gravité
agiſſant également ſur les corps, ſoit qu'ils ſoient
en repos, ſoit qu'ils ſoient en mouvement, ſoit
qu'ils montent, ſoit qu'ils deſcendent (§. 315.
num. 1°.) ce corps aura en remontant un mouvement compoſé du mouvement uniforme, qu'il
auroit eu indépendamment de l'action actuelle
de la gravité, & du mouvement que la gravité
lui imprime à chaque inſtant ; mais ce mouvement imprimé par la gravité qui accéléroit le
mouvement de ce corps lorſqu'il deſcendoit,

doit

Fig. 31.

doit le retarder lorfqu'il remonte , puifque l'action de la gravité eft toujours dirigée ici bas vers la terre , dont ce corps s'éloigne en remontant : ce corps aura donc en remontant un mouvement également retardé en tems égal ; ainſi , dans la premiere feconde , dans laquelle le corps d'un mouvement uniforme auroit parcouru en remontant l'efpace AE. avec la vîteffe acquife en E. (§. 3 1 5. *num.* 5°.) n'arrivera qu'en C. car la gravité lui ôte en remontant tout ce qu'elle lui avoit donné dans la premiere feconde en defcendant : de même lorfque ce corps eft arrivé en C, fi la gravité ceffoit d'agir fur lui , & de le retirer en enbas , il parcoureroit en remontant dans la deuxiéme feconde , l'efpace CF. double de l'efpace AC. car la vîteffe qui lui a fait parcourir en defcendant l'efpace AC. eft la feule qui lui refte alors ; mais la gravité agiffant toujours également, ce corps n'arrivera qu'en A. dans cette deuxiéme feconde ; la gravité diminueta fa vîteffe dans la même raifon qu'elle l'avoit augmentée en tombant ; & par conféquent l'efpace total que ce corps parcourera en remontant pendant les deux fecondes , fera égal à celui qu'il avoit parcouru en defcendant.

§. 3 1 9. Il fuit de-là :

1°. Qu'un corps en tombant acquiert par l'action de la gravité des vîteffes capables de le faire remonter en tems égal , malgré les efforts de la gravité , qui le retire fans cefle en en-bas à la même hauteur d'où il eft tombé , fuppofé que quelque chofe change fa direction , fans alterer fa vîteffe ; & c'eft ce qui fe voit dans les ofcillations des pendules. (§. 445.)

2°. Que le corps en remontant parcourera des efpaces qui feront en raifon inverfe de ceux qu'il a parcourus en defcendant: en forte que les efpaces parcourus en defcendant pendant les tems 1. 2. 3. &c. étant 1. 3. 5. &c. les efpaces parcourus , en remontant pendant les mêmes tems feront 5. 3. & 1. Car dans le premier cas, la vîteffe du corps augmente à chaque inftant , au lieu que dans le fecond, chaque inftant la diminue ; ainfi , la gravité retarde le mouvement des corps qui remontent dans la même proportion dans laquelle elle accelere celui des corps qui defcendent.

Et enfin 3°. Qu'un corps que l'on jette en en-haut, monte jufqu'à ce que la gravité lui ait fait perdre tout le mouvement qui lui avoit été imprimé pour monter ; & que par conféquent ce corps remontera à la même hauteur de laquelle il acquerreroit en tombant par la force de la gravité ; une vîteffe égale à celle qui lui a été communiquée pour remonter.

§. 320. Ainſi, les hauteurs auſquelles les
corps peuvent remonter par la viteſſe acquiſe
en tombant, ſont toujours comme le quarré de leurs viteſſes ; & deux corps qui re-
monteroient avec des viteſſes inégales, re-
monteroient à des hauteurs qui feroient entr'elles comme les quarrés de ces mêmes viteſſes.

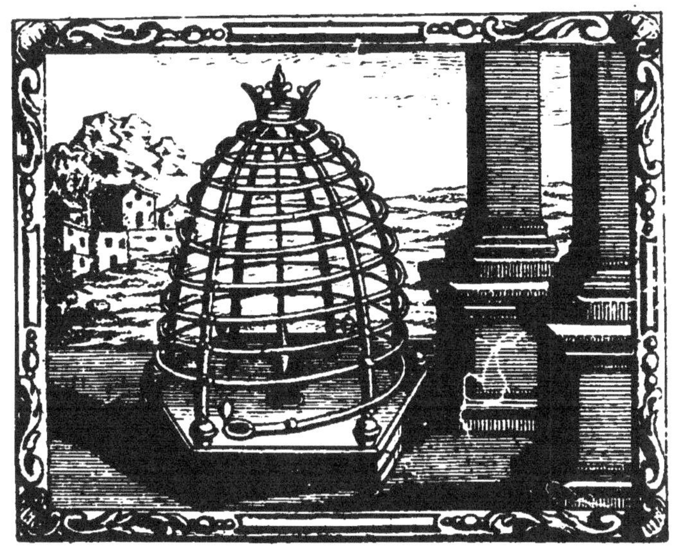

CHAPITRE XIV.

Suite des Phenomenes de la Pesanteur.

§. 321.

ON a vû dans le Chapitre précédent que Galilée assuroit que les différens corps tomberoient également vîte vers la terre, dans un milieu qui ne resisteroit point ; mais il avoit, pour ainsi dire, deviné cette vérité plûtôt qu'il ne l'avoit prouvée ; car bien que les raisons sur lesquelles il s'appuyoit, fussent vraisemblables (§. 300. & 301.) cependant on pouvoit encore douter si l'espéce des corps, leur forme, leur contexture intime, &c. n'apportoit point quelque changement dans leur gravité ; car la réfiſtance de l'air ſe mêlant tou-jours ici-bas à l'action de la gravité , dans la chute des corps , il étoit impoſſible de connoî-tre , avec préciſion , par les expériences qu'il avoit fait dans l'air , en quelle proportion cette force qui anime tous les corps à tomber vers la terre , agit ſur les différens corps.

322. Une expérience que l'on fit dans la Machine du vuide , confirma ce que Galilée avoit prévû ; car de l'or , des flocons de laine , des plumes , du plomb , tous les corps enfin étant abandonnés à eux-mêmes , tomberent en même tems de la même hauteur au fonds d'un long récipient purgé d'air.

Cette expérience paroiſſoit déciſive ; mais ce-pendant comme le mouvement des corps qui tomboient dans cette Machine , étoit très-rapide , & que les yeux ne pouvoient pas s'appercevoir des petites différences du tems de leur chute , ſuppoſé qu'il y en eût , on pouvoit encore dou-ter ſi les corps ſenſibles poſſédent la faculté de péſer à raiſon de leur maſſe , ou bien ſi le poids des différens corps ſuit quelqu'autre raiſon que celle de leur maſſe.

Expérien-ce de M. Newton ſur les oſ-cillations des diffé-rens pen-dules.

M. Newton , imagina , pour décider cette queſtion , de ſuſpendre des boules de bois creu-ſes & égales à des fils d'égales longueurs , & de mettre dans ces boules des quantités égales en poids d'or , de bois , de verre , de ſel , &c. & en faiſant enſuite oſciller librement ces pendules,

il examina si le nombre de leurs oscillations seroit égal en tems égal ; car la pésanteur cause
seule l'oscillation des pendules (§. 445.) &
dans ces oscillations, les plus petites différén-
ces deviennent sensibles. M. Newton trouva,
par cette expérience, que tous les différens pendules faisoient leurs oscillations en tems égal ;
or le poids de ces corps étant égal, ce fut une
démonstration que la quantité de matiére propre des corps est directement proportionnelle
à leur poids (en faisant abstraction de la résistance de l'air, qui étoit égale dans cette expérience) & que par conséquent la pésanteur appartient à tous les corps sensibles à raison de
leur masse.

Newton,
Prin. liber
3. prop. 6.
p. 366.

§. 323. Il suit clairement de cette expérience :

Vérités qui
naissent de
cette expé-
rience.

1°. Que la force qui fait tomber les corps
vers la terre, se proportionne aux masses, ensorte qu'elle agit comme cent sur un corps qui
a cent de masse, & comme un sur un corps qui
ne contient qu'un de matiére propre.

2°. Que cette force agit également sur tous
les corps, quelle que soit leur forme, leur contexture, leur volume, &c.

3°.Que tous les corps tomberoient également
vîte ici-bas vers la terre, sans la résistance que
l'air leur oppose, laquelle est plus sensible sur
les corps qui ont plus de volume & moins de
masse ; & que par conséquent la résistance de

 l'air

l'air eſt la ſeule cauſe pour laquelle certains corps tombent plus vîte que les autres, comme l'avoit aſſuré Galilée.

4°. Que le poids des différens corps dans le vuide, eſt directement proportionnel à la quantité de matiére propre qu'ils contiennent: en ſorte que quelque changement qui arrive dans la forme d'un corps, ſon poids dans le vuide reſte toujours le même, ſi ſa maſſe n'eſt point changée.

§. 324. Il eſt important de remarquer ici, qu'il faut diſtinguer avec ſoin la péſanteur des corps d'avec leurs poids: la péſanteur, c'eſt-à-dire, cette force, qui anime les corps à deſcendre vers la terre, agit de même ſur tous les corps, quelle que ſoit leur maſſe; mais il n'en eſt pas ainſi de leurs poids; car le poids d'un corps eſt le produit de la péſanteur par la maſſe de ce corps: ainſi, quoique la péſanteur faſſe tomber également vîte dans la Machine du vuide (§. 322.) les corps de maſſe inégale, leur poids n'eſt cependant pas égal; car les corps ne preſſent l'obſtacle qui les ſoutient, que par l'effort qu'ils font pour obéir à la force de la gravité qui agit ſans ceſſe ſur eux: or cette force agiſſant comme cent ſur celui qui a cent parties de matiére propre, & comme dix ſur celui qui n'en a que dix; le corps qui a cent parties de matiére propre, doit péſer dix fois davantage ſur l'obſtacle qui le ſoutient, que le

corps

corps qui n'en a que dix, quoique ces corps tombent également vîte.

§. 325. Le différent poids des corps d'un volume égal dans le vuide, sert à connoître la quantité comparative de matiére propre & de pores qu'ils contiennent ; car si une petite boule de sureau, PE. d'un pouce de diamette, pése une once dans le vuide, & qu'une boule d'or du même diamette y pése 87. onces, la matiére propre de l'or sera à la matiére propre du sureau, comme 87. est à l'unité ; ainsi, le différent poids des corps de volume égal dans le vuide, est ce qu'on appelle *la pésanteur spécifique des corps.*

§. 326. On connoîtroit avec précision, par ce moyen, combien chaque corps contient de pores & de matiére propre, si on avoit quelque masse de matiére propre sans pores ; mais comme tous les corps que nous connoissons sont extrêmement poreux, & que tous les corps le doivent être nécessairement, nous ignorons la quantité absolue des pores & de la matiére propre que chaque composé contient, & nous en connoissons seulement la quantité comparative.

§. 327. Les découvertes dont je viens de rendre compte dans ces deux Chapitres, avoient appris la proportion dans laquelle la chute des corps s'accélére, on sçavoit par celles de Gali-

S 3   lée,

Maniére de connoître la pésanteur spécifique des différens Corps.

lée, qu'ils parcourent des espaces inégaux en tems égaux ; & que ces espaces sont comme les quarrés des tems. L'expérience de la chute des corps dans le vuide , & surtout celle des pendules faite par M. Newton, avoit fait voir que la force qui fait tomber les corps , se proportionne à leur masse, mais on ne sçavoit point encore , du moins avec certitude , quel espace cette force leur fait parcourir au commencement de leur chute , dans un tems donné ; on sçavoit seulement que quel que soit cet espace dans le premier moment , il est triple dans le second, quintuple dans le troisiéme , & ainsi de suite (§. 306.)

§. 328. Personne ne doute que la pésanteur ne soit l'unique cause des oscillations du pendule. Or, on démontre par un Théoréme que je supposerai ici, & que vous verrez quelque jour dans l'excellent Traité de *Horologio oscillatorio*, de M. Huguens, que le tems d'une oscillation est au tems de la chute verticale, par la moitié du pendule, comme la circonférence du cercle est à son diametre, ou comme 355. à 113.& je suppose ici, pour plus de facilité, que ce soit comme 3. est à 1.Or la longueur du pendule qui bat les secondes à Paris, ayant été trouvée par le moyen des observations astronomiques de 3. pieds 8. lignes $\frac{1}{2}$. environ , si l'on prend le tiers d'une seconde, ou de 60. tierces, c'est-à-dire , 20. tierces, le corps auroit parcouru pendant

Horol. os-cill. pag. 17. 178, & 283.

dant

dant le tems de 20. tierces dans sa chute verticale, 18. pouces & 4. lignes, qui sont la demie longueur du pendule ; mais les espaces parcourus sont comme les quarrés des tems employés à les parcourir ; Ainsi, comme le quarré de 20. tierces, tems de la chute verticale, par la demie longueur du pendule, est au quarré de 60. tierces, tems de l'oscillation entiére, c'est-à-dire, comme 400. est à 3600. de même 18. pouces 4. lignes, qui est la chute verticale, sont à un quatriéme terme qui marquera l'espace parcouru pendant l'oscillation entiére, & le quatriéme terme se trouve être environ quinze pieds de Paris, je dis environ ; car j'ai négligé les fractions pour me servir des nombres ronds les plus approchans. Ainsi, M. Huguens trouva par ce moyen que les corps parcourent ici-bas 15. pieds de Paris environ dans la premiere séconde, lorsqu'ils tombent vers la terre par la seule force de la gravité.

L'on peut faire par ce moyen des expériences sur les hauteurs tombées bien plus exactes, que si on entreprenoit de déterminer ces hauteurs immédiatement ; car les plus petites différences sont sensibles sur les pendules ; ainsi, dire qu'un pendule de 3. pieds 8. lignes oscille à Paris dans une séconde, ou dire que les corps tombent verticalement de 15. pieds environ dans la premiere séconde, dans cette latitude, c'est dire la même chose.

Mais afin que ce calcul pût servir pour toutes

les

Quel est l'Espace que les corps parcourent ici-bas en tombant dans la premiere seconde.

les latitudes, il faudroit trois chofes.

1°. Que la pefanteur fût la même dans toutes les Régions de la terre. 2°. Que l'efpace que les corps parcourent en tombant dans le premier moment de leur chute, fût egal, quelle que foit la hauteur d'où ils tombent. Et 3°. Que l'air ne leur réfiftât point fenfiblement.

On verra dans la fuite que les deux premieres fuppofitions font fauffes, & que la péfanteur varie dans les différentes latitudes, & aux différentes hauteurs.

A l'égard de la troifiéme fuppofition, c'eft-à-dire, de la non-réfiftance de l'air, on peut la faire fans erreur; car cette réfiftance eft infenfible dans les vibrations des pendules, puifque des pendules de même longueur, mais qui décrivent des arcs très-différens, les décrivent cependant dans un tems fenfiblement égal: & que dans le vuide de Boyle, felon les expériences faites par M. Derham (§. 460.) le mouvement du pendule ne s'accélére que de quatre feconds environ en une heure.

Mais la réfiftance de l'air, dont l'effet eft prefque infenfible fur les pendules, à caufe de leur poids & des petites hauteurs dont ils tombent, devient très-confidérable fur des mobiles qui tombent de haut, & elle eft d'autant plus fenfible que les corps qui tombent, ont plus de volume & moins de maffe.

§. 329. Le Docteur Defaguliers a fait fur la réfiftance

réſiſtance que l'air apporte à la chute des corps, & ſur les retardemens que cette réſiſtance apporte dans leur chute, des expériences que leur juſteſſe, & les témoins devant qui elles ont été faites, ont rendu très fameuſes : il fit tomber de la lanterne qui eſt au haut de la coupole de S. Paul de Londres, qui a 272. pieds de hauteur, en préſence de Meſſieurs Newton, Halley, Derham, & de pluſieurs autres Sçavans du premier ordre, des mobiles de toute eſpéce, depuis des Sphéres de plomb de deux pouces de diametre, juſqu'à des Sphéres formées avec des veſſies de cochons très-deſſechées & enflées d'air, de cinq pouces de diametre environ. Le plomb mit 4. ſecondes ½. à parcourir les 272. pieds, & les Sphéres faites avec des veſſies, 18. ſecondes ½. environ, en ſorte que le plomb eut parcouru les 272. pieds environ 14. ſecondes plûtôt que les veſſies.

Phil. N. 362.

Expérience du Docteur Deſaguliers ſur la chûte des corps dans l'air.

Les Sphéres de plomb qui étoient tombées en 4. ſecondes ½. de 272. pieds, auroient dû tomber, ſelon la théorie de Galilée, de 324. pieds dans les 4. ſecondes ½. en comptant la chute initiale ſelon le calcul d'Huguens (§. 328.) de 16. pieds Anglois environ dans la premiere ſeconde ; mais il faut ôter de ces 324. pieds qu'elles auroient dû parcourir, ſelon le calcul d'Huguens & de Galilée, en 4. ſecondes ½. environ 35. pieds, dont elles devoient être tombées dans le dernier quart de ſeconde de leur chute, parce que l'on comptoit la fin de la chute

de

de cette balle, de l'inftant auquel on entendoit
du haut du dome le bruit qu'elle faifoit en tombant, & que le tems que le fon met à parcourir
272. pieds, eft d'un quart de feconde environ.
Ainfi, ces 35. pieds pour le tems du mouvement
du fon, étant ôtés des 324. refte 289. pieds que
ces Sphéres de plomb auroient dû parcourir dans
le vuide, dans les 4. fecondes ½. de leur chute;
mais elles n'en parcoururent que 272. L'air par
fa réfiftance retarda donc leur chute de 17. pieds
environ en 4. fecondes ½.

Une Sphére de carton de 5. pouces de diametre, mit 6. fecondes ½. à faire les 272. pieds
& l'on trouve par un calcul femblable au précédent, que la réfiftance de l'air lui ôta 53. pieds.

Un feau d'eau étant jetté du haut du dôme
où fe faifoient ces expériences, retomba dans
une pluye très-legere, par la réfiftance qu'il
rencontra dans l'air en tombant de cette hauteur.

Il eft effentiel de remarquer que le Barome-
tre étoit environ à 30. pouces, lorfqu'on fit ces
expériences.

Expérien-
ces de M.
Mariotte
fur la mê-
me matié-
re.

Mar. Traité
de la Perc.
p. 116.

§. 330. M. Mariotte a fait auffi plufieurs expériences fur la chute des corps du haut de la
plate-forme de l'Obfervatoire de Paris. Mais
comme fa hauteur n'eft que de 166. pieds, je
ne les rapporterai point, je me contenterai d'une
remarque qu'il fit, & qui me paroît très-cu-
rieufe; c'eft qu'un boulet de canon, & une boule
de mail de même groffeur, paffèrent un efpace
d'environ

d'environ 25. pieds, avec des vîteſſes ſenſiblement égales : enſuite le boulet anticipa la boule , & enfin il atteignit le bas lorſque la boule
de mail en étoit encore à 4. pieds : la même égalité dans le commencement de la chute , ſe trouva entre des corps dont le diametre étoit très-
différent ; car une boule de cire de trois pouces
de diametre , & une de ſix pouces , tomberent
de 30. pieds avec une vîteſſe égale ; mais à la fin
de la chute , la groſſe boule précéda la petite de
6. à 7. pieds.

§. 331. Ce même M. Mariotte rapporte que Mariotte, idem.
ſelon ſes expériences, une boule de plomb de
6. lignes de diametre, paroiſſoit parcourir environ 14. pieds dans la premiere ſeconde ; par
conſéquent la réſiſtance de l'air lui faiſoit perdre un pied dans la premiere ſeconde : mais il
paroît bien difficile qu'on puiſſe s'appercevoir
de cette différence. La différence totale qui ſe
trouve à la fin de la chute , entre l'eſpace parcouru par le corps , & celui qu'il auroit dû parcourir dans le vuide , eſt , ce me ſemble , la ſeule
choſe dont on puiſſe s'aſſurer ; & cette différence totale ne donne la différence initiale que
par conjecture ; l'égalité , du moins ſenſible ,
que M. Mariotte dit avoir trouvé dans la vîteſſe de la chute d'une boule de mail & d'un boulet de canon , en paſſant les 25. premiers pieds ,
pourroit peut-être même faire croire que cette
diminution n'eſt pas ſi grande dans la premiere
ſeconde.   (§. 332.)

§. 332. Ce qui eft bien certain par toutes les expériences, c'eft que l'air retarde la chute de tous les corps, & qu'il la retarde d'autant plus qu'ils ont plus de fuperficie par rapport à leur mafle : or puifque l'air retarde la chute de tous les corps, les corps qui tombent dans l'air, ne doivent pas accélérer fans cefle leur mouvement; car l'air, comme tous les Fluides, réfiftant d'autant plus qu'il eft fendu avec plus de vîteffe, fa réfiftance doit à la fin compenfer l'accélération de la gravité, quand les corps tombent de haut : Galilée avoit encore découvert cette vérité, & en a donné une démonftration dans le théoreme 13. de fon dialogue troifiéme.

§. 333. Les corps defcendent donc dans l'air d'un mouvement uniforme, après avoir acquis un certain degré de vîteffe, que l'on appelle *leur vîteffe complette*, & cette vîteffe eft d'autant plus grande, à hauteur égale, que les corps ont plus de mafle fous un même volume.

§. 334. Le tems après lequel le mouvement accéléré des mobiles, fe change en un mouvement uniforme en tombant dans l'air, eft différent felon la furface & le poid du mobile, & felon la hauteur dont il tombe; ainfi, ce tems ne peut-être déterminé en général.

§. 335. En 1669. dans la naiffance de l'Académie

démie des Sciences, M. de Frenicle fit plusieurs expériences pour déterminer l'espace que les corps parcourent en tombant dans l'air, avant d'avoir acquis leur vîtesse complette, c'est-à-dire, avant que la résistance de l'air ait changé le mouvement accéléré en uniforme.

Ce Philosophe trouva, par ces expériences, qu'une petite boule de moële de sureau, qui avoit quatre lignes de diametre, acquiert sa vîtesse complette, après avoir parcouru environ 20. pieds, & qu'une petite vessie de coq-d'inde enflée d'air, acquiert la sienne après avoir parcouru seulement 12. pieds.

Ainsi, plus les corps ont de surface, par rapport à leur solidité, & plûtôt ils acquierent leur vîtesse complette en tombant dans l'air; c'est pourquoi l'on ne peut faire ces expériences que sur des corps très-legers, à cause des petites hauteurs, ausquelles nous pouvons atteindre.

§. 336. Le même M. de Frenicle s'étoit trompé sur le tems de la chute des corps de différente masse & de même volume dans l'air, il assuroit que dans un lieu fermé, une boule de plomb & une boule de bois de même diametre tomboient en même tems de 147. pieds de haut, ce qui est entierement faux, une expérience mal faite l'avoit jetté dans l'erreur : cet exemple nous fait voir que nous devons être d'autant plus circonspects sur les expérien-

ces

ce de M. de Frenicle qui le prouve.

Hist. de Du Hamel p. 86.

Méprise de M. de Frenicle sur le tems de la chute des différens corps.

Hist. de Du Hamel p. 87.

ces que nous faisons , que l'amour propre nous
parle toujours en leur faveur.

Calcul de
M. Pitot
qui montre
comment
la pluye
peut tom-
ber sur la
terre sans
rien en-
domma-
ger.

Mem. de
l'Acad. an-
née 1728.
p. 376.

§. 337. M. Pitot a calculé qu'une goute d'eau
qui seroit la 10.000.000.000. partie d'un pouce cube d'eau tomberoit dans l'air parfaitement
calme de 4. pouces $\frac{7}{10}$. par secondes d'un mouvement uniforme , & que par conséquent elle
y seroit 235. toises par heure : on voit par cet
exemple , que les corps legers qui tombent du
haut de notre atmosphére sur la terre , n'y tombent pas d'un mouvement accéléré , comme
ils tomberoient dans le vuide par la force de
la pésanteur ; mais que l'accélération qu'elle
leur imprime , est bientôt compensée par la résistance de l'air : sans cela , la plus petite pluye
feroit des ravages infinis ; & loin de fertiliser
la terre , elle détruiroit les fleurs & les fruits ,
la Providence y a pourvû par la résistance de
l'air qui nous entoure.

Les corps
tombent
perpendi-
culaire-
ment à la
surface de
la terre.

§. 338. Les corps abandonnés à eux-mêmes
tombent vers la terre , selon une ligne perpendiculaire à l'horison ; car il est constant par l'expérience que la ligne de direction des graves est
perpendiculaire à la surface de l'eau : or la terre
étant certainement sphérique , ainsi que toutes
les observations géographiques & astronomiques le démontrent, le point de l'horison vers lequel les graves sont dirigés dans leur chûte, peut
toujours être considéré comme l'extrémité d'un

des

des rayons de cette sphére. Ainſi , ſi la ligne
ſelon laquelle les corps tombent vers la terre ,
étoit prolongée , elle paſſeroit par ſon centre ,
ſuppoſé que la terre fût parfaitement ſphéri-
que ; mais la terre au lieu d'être une Sphére
parfaite, étant un ſphéroïde applati vers les poles , & élevé vers l'équateur ſelon les meſures
par leſquelles Meſſieurs de Maupertuis, Clairaut , & les autres Académiciens qui ont été
au pole , viennent de fixer ſa figure , (§. 383.)
la ligne de direction des graves ne tend point
directement au centre de la terre ; *leur lieu
de tendance* ſe trouve être un certain eſpace autour de ce centre : cependant on ſuppoſe ordinairement que les corps en tombant tendent
directement au centre de la terre , parce que
cette ſuppoſition ſe peut faire ſans erreur ſenſible , leur direction étant toujours perpendiculaire à la ſurface.

Et tendent par conſé-quent à ſon centre.

CHAP.

CHAPITRE XV.

Des Découvertes de M. Newton sur la pesanteur.

§. 339.

I L n'y a point de Phénomenes dans la Nature, dont l'explication ait plus em-barrassé les Philosophes, que ceux de la pésanteur.

§. 340. On a vû dans le chap. 14ᵉ. qu'Aristo-te les expliquoit comme tous les autres effets physiques, c'est-à-dire, par des mots vuides de sens. *

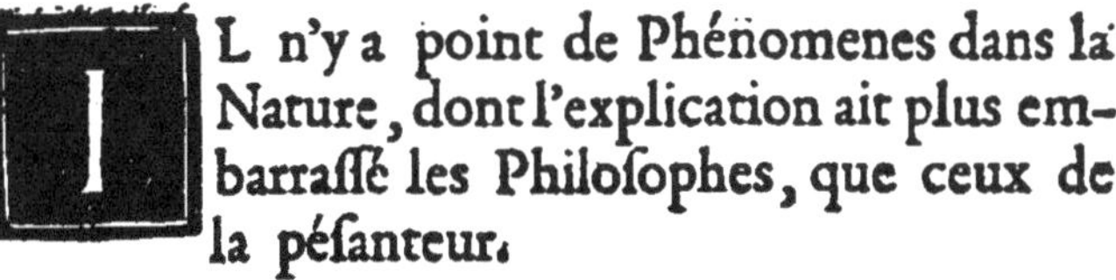

* Aristote étoit sans doute un grand homme, mais c'étoit un mauvais Physicien, & c'est tout ce que j'ai prétendu dire dans les endroits de cet ouvrage où je condamne ce Philosophe.

§ 341.

§. 341. Defcartes, qui par fa façon méthodi-
que de raifonner, avoit dégouté les hommes du
jargon inintelligible des Ecoles, lequel avoit encore obfcurci Ariftote, parut rendre une raifon
plaufible de la pefanteur; & expliquer ce Phénomene fi ordinaire, & fi furprenant, d'une
façon fatisfaifante.

Il avoit fuppofé que la terre étoit entourée
d'un grand tourbillon de matiére fubtile, qui
circule autour d'elle d'Occident en Orient, &
qui l'emporte dans fa rotation journaliére, &
que cette matiére fubtile repouffoit les corps
pefans vers la terre, par la fupériorité de la
force centrifuge qu'elle acqueroit en tournant.

Comment
Defcartes
expliquoit
la chute
des corps
vers la ter-
re.

§. 342. Il faut avouer, que lorfqu'on ne
compte pas à la rigueur, rien ne paroît plus ingénieux, & plus fimple que cette explication
que Defcartes donnoit de la pefanteur; mais
lorfqu'on entre dans le détail des Phénomenes qui accompagnent la chute des corps, ce
qui paroiffoit d'abord fi fimple, fe trouve fujet à
de grandes difficultés.

Cette ex-
plication
eft fujette à
de grandes
difficultés.

Les deux principales roulent fur la progreffion, dans laquelle la chute des corps s'opére,
& fur fa direction dans leur chute ; car fi le
tourbillon qui emporte la terre dans fa rotation journaliére, caufoit la pefanteur, les corps
ne devroient point tomber, felon la progreffion découverte par Galilée, & au lieu d'être

<table>
<tr><td>*Tome I.*</td><td>*</td><td>T</td><td>dirigés</td></tr>
</table>

dirigés vers le centre de la terre dans leur chute, ils devroient tendre perpendiculairement à son axe.

De quelle façon M. Hughens à remédié aux deux principales.

§. 343. M. Hughens a repondu à ces deux difficultés, en supposant que la matiére qui fait la pesanteur, va dix sept fois plus vîte que la terre, & que le mouvement de cette matiére se fait en tout sens ; car par ces deux supposisions, on peut expliquer pourquoi les corps tombent selon la progression de Galilée , & pourquoi ils sont dirigés vers le centre de la terre , & non pas perpendiculairement à son axe.

§. 344. Je ne m'arrêterai point à vous rapporter ici les autres objections que l'on a fait contre cette explication de Descartes, ni la façon dont les grands hommes qui ont suivi son sentiment, ont cru pouvoir y remédier ; vous pouvez les voir dans leurs ouvrages, dont plusieurs sont à votre portée ; mon but est de vous faire connoître ici la façon dont M. Newton explique les mêmes Phénoménes par l'attraction , & comment le cours des Astres lui a fait découvrir que tous les corps célestes tendent vers le centre de leur révolution par la même cause qui fait la pesanteur sur la terre.

§. 345. La matiére par son inertie tend toujours à conserver son état présent : ainsi, tout corps

corps mû en rond tend à s'échaper par la tangente, c'est-à-dire, par chacune des droitesinfi-
niment petites qu'il parcourt à chaque instant,
& c'est cet effort que le corps fait pour continuer à se mouvoir dans cette petite ligne droite,
qu'on appelle *force centrifuge*. Donc aucun corps
ne pourroit se mouvoir circulairement, si quelque force ne lui faisoit changer à tout moment
sa direction, & ne le forçoit à décrire une ligne
courbe.

Le mouvement en ligne courbe est donc
toujours un mouvement composé ; or on
sait que toutes les Planetes tournent autour du
Soleil dans des courbes, il faut donc nécessairement que deux puissances, dont l'une les fait
aller en ligne droite , & l'autre les en retire
continuellement , agissent sur elles, & les dirigent dans leur cours.

On sait que la force qui feroit seule décrire
une ligne droite aux Planetes , est la force de
projectile, qui leur a été imprimée au commencement par le Créateur; mais quelle est celle
qui les retire de cette ligne droite à chaque instant , & qui les force à décrire une ligne courbe , & à tourner autour d'un centre ; voilà
ce que M. Newton s'est proposé de découvrir.

Il est nécessaire de connoître les découvertes
de Kepler sur le cours des Astres , pour entendre comment M. Newton parvint à découvrir
que tous les corps célestes tendent vers leur

T 2   centre,

centre, & que c'eft ce principe qui les retient dans leur orbite, & qui fait la pefanteur fur la terre.

Explication des deux analogies de Kepler.

Planche 6.

Fig. 32.

§. 346. Une des loix découvertes par Kepler eft, *que les Planetes en tournant autour du Soleil décrivent des aires égales en tems égaux*, en forte que fi l'on conçoit du point B. d'où une Planete eft partie, au point C. où elle arrive, deux lignes droites B. S. C. S. tirées au Soleil S. l'aire du fecteur écliptique S. B. C. formé par ces deux lignes, & par l'arc de la courbe que la Planete a parcouru, croît en même proportion que le tems pendant lequel elle fe meut.

§. 347. La feconde loi de Kepler eft, *que le tems qu'une Planete employe à faire fa revolution autour du Soleil, eft toujours proportionnel à la racine quarré du cube de fa moyenne diftance à cet Aftre;* vous avez vû l'explication de cette loi dans les Elemens de la Philofophie de Newton, que nous avons lus enfemble; ainfi, je ne vous la repeterai point ici.

Elemens de Newton ch. 20.

Démonftrations que M. Newton a tirées des loix de Kepler.

§. 348. M. Newton, en cherchant à connoître la caufe de ces loix découvertes par Kepler, a démontré, à l'aide de la plus fublime geométrie.

1°. Que fi un corps qui fe meut eft attiré vers un centre mobile ou immobile, il décrira autour

autour de ce centre des aires proportionnelles au tems, & réciproquement, que si un corps décrit autour d'un centre des aires proportionnelles au tems, il y a une force qui le porte vers ce centre.

2°. Que si un corps qui se meut autour d'un centre qui l'attire, acheve sa revolution dans un tems proportionel à la racine quarrée du cube de sa moyenne distance à ce centre, la force qui l'attire, diminue comme le quarré de sa distance au centre vers lequel il est attiré, & réciproquement, &c.

§. 349. Ainsi, la premiere loi de Kepler, c'est-à-dire, la proportionalité des aires & des tems, fit découvrir à M. Newton, une force centrale en général, qu'il appelle *la force centripete*, & la seconde, qui est le rapport entre le tems de la revolution des Planetes, & leur distance au centre, lui fit connoître la loi que suit cette force.

§. 350. Non-seulement les Planetes principales observent ces loix en tournant autour du Soleil, mais les Planetes secondaires les suivent aussi en tournant autour de la Planete principale, qui est le centre de leur revolution : ainsi, les Planetes secondaires tendent vers les Planetes principales, autour desquelles elles tournent, dans la même proportion que les Planetes principales tendent vers le Soleil, leur

centre,

centre, puifque les unes & les autres obfervent les mêmes loix dans leur cours.

§. 351. Ce n'eft pas ici le lieu de montrer, comment tous les corps céleftes confirment cette découverte par la regularité de leur cours, & comment les Cometes ne femblent venir étonner notre Univers, que pour rendre un nouveau témoignage à ces vérités apperçues par M. Newton : cet article appartient au livre où je vous parlerai de notre Monde planetaire, & je ne vous indique même ici les découvertes que M. Newton a fait fur le cours des Aftres, que parce que ce font ces découvertes qui l'ont conduit à connoître que la même caufe qui les dirige dans leur cours, opére la chute des corps vers la terre.

Comment M. Newton eft parvenu a découvrir que la Lune en tournant autour de la terre, obferve la feconde loi de Kepler.

§. 352. La Lune tend vers la terre, car elle parcourt en tournant autour d'elle des aires egales en tems égaux ; mais par la feule confidération de la révolution de la Lune autour de la terre, on ne connoît point encore la loi que fuit cette tendance ; car quoi que j'aie dit que les Planetes fecondaires fuivent les deux loix découvertes par Kepler, en tournant autour de leur Planete principale, c'eft en comparant le tems de la révolution, & l'éloignement de deux Planetes qui tournent autour d'un même centre, que l'on découvre que le tems de leur révolution eft proportionel à la racine quarrée du cube

cube de leur moyenne distance à ce centre , &
que l'on voit par conséquent qu'elles observent
la seconde loi de Kepler, & que la force qui agit
sur elles, décroît comme le quarré de la distance; car sans comparaison il n'y a point de proportion.

§. 353. Jupiter, & Saturne, ayant chacun
plusieurs Satellites, on trouve aisément par une
régle de trois que vous connoissez, que ces
Satellites suivent dans leurs révolutions les
deux loix de Kepler; mais la terre n'ayant que
la Lune pour Satellite, on n'a point de Planete
de comparaison, pour s'assurer que la Lune en
tournant autour de la terre suit la deuxiéme loi
de Kepler, & pour connoître selon quelle proportion la Lune tend vers la terre.

§. 354. M. Newton, à force de sagacité & de
calcul, a démontré dans le corollaire premier
de la proposition 45. de son premier Livre ,
que lorsqu'une Planete se meut autour d'un centre mobile dans un orbe fort approchant du cercle (tel que l'Orbe que décrit la Lune autour de
la terre), on peut déterminer par le mouvement
de ses apsides * en quelle raison la puissance qui

Principia
Mathema-
tica.

---

* On appelle aphelie, le point A, de l'orbite le plus éloigné du Soleil S. ou du corps qui est le centre de la révolution,
& perihelie le point B. qui en est le plus proche, la ligne AB. qui
passe par l'aphelie A. & le perihelie B. s'appelle la ligne des
apsides.

Fig. 33.

T 4

lui fait parcourir fon orbite agit fur elle, & en appliquant cette propofition au cours de la Lune, il détermina que l'attraction de la terre fur cette Planete, décroît dans une raifon un peu plus grande que la raifon doublée des diftances ; mais ce fut la comparaifon de la chute des corps, & du tems periodique de la Lune qui l'affura entierement, que la force qui retient la Lune dans fon orbite, décroît dans cette proportion.

§. 355. Les corps que l'on jette horifontalement retombent vers la terre : cependant en faifant abftraction de la réfiftance de l'air, ces corps par leur inertie devroient fuivre à l'infini la ligne droite dans laquelle on les jette, fi aucune autre force n'agiffoit fur eux : il eft certain que la force qui retire à tout moment ces corps de la ligne droite dans laquelle on les a jettés, & qui les fait retomber vers la terre en décrivant une courbe, eft la même qui les y fait tomber en ligne perpendiculaire, quand on les abandonne à eux-mêmes : or, l'expérience nous apprend que les corps que l'on jette, font d'autant plus de chemin avant de retomber vers la terre, que la force projectile qu'on leur a imprimée eft grande. Donc avec une force projectile fuffifante, un corps pourroit tourner au tour de la terre fans y retomber, & la circulation de ce corps projetté autour de la terre, feroit une preuve auffi certaine

de

de sa gravité, que sa chute vers la terre en ligne perpendiculaire, lorsqu'on l'abandonne à
lui-même.

§. 356. En appliquant cette considération
à la Lune, M. Newton conclut par analogie,
que la révolution de la Lune autour de la terre
pourroit bien être l'effet de la même force, qui
fait tomber les corps pesans vers la terre; ainsi,
en faisant donc des corps qui tombent ici-bas
vers la terre par la pesanteur, une Planete de
comparaison, il raisonna ainsi : si la force qui
dirige la Lune dans son orbite, décroît comme le quarré de la distance au centre de la terre,
& si cette même force fait la pesanteur des corps
graves, elle doit être 3600. fois plus grande
sur les corps qui sont placés près de la surface de
la terre que sur la Lune ; car les espaces parcourus par des corps animés par différentes forces,
sont dans le commencement de leur chute proportionnels à ces forces : or, la Lune dans son
éloignement moyen est éloignée du centre de
la terre de 60. demi diametres de la terre environ, & tous les corps qui sont près de la surface de la terre sont regardés comme étant à un
demi diametre de son centre, à cause des petites hauteurs ausquelles nous pouvons atteindre : ainsi, si cette force décroît comme le quarré
de la distance, elle doit faire parcourir 3600. fois
moins d'espace à la Lune qu'aux corps graves
ici-bas dans le premier instant de leur chute.

§. 357.

La même cause produit la pesanteur des corps sur la terre, & dirige la Lune dans son cours.

§. 357. La diſtance de la Lune au centre de la terre étant comme je viens de le dire, d'environ 60. demi diametres de la terre dans ſon éloignement moyen, ſoit B. K. H. l'orbite de la Lune, & BF. l'arc de cet orbite qu'elle parcourt en une minute, il eſt certain que tout mouvement circulaire étant un mouvement compoſé, la Lune en décrivant cet arc BF. obéit à deux forces, ſçavoir, à la force projectile qui la dirigeroit ſeule dans une ligne droite d'Orient en Occident, vers B E. & à la force centripete, qui la feroit tomber perpendiculairement vers la terre en B. T. ſi la Lune n'obéiſſoit qu'à cette ſeule force.

Or, en décompoſant le mouvement compoſé, on peut connoître la quantité de l'action de chacune des forces compoſantes, & par conſéquent, le chemin que chacune d'elles eût fait parcourir au mobile, ſi elle avoit ſeule agi ſur lui : ainſi, en faiſant que l'arc B F. devienne la diagonale du paralellogramme B.D.G.F. on aura les lignes B G. B D. qui repréſenteront le chemin que chacune des deux forces, qui font parcourir à la Lune l'arc B F. en une minute, lui eût fait parcourir ſéparement pendant ce même tems.

Sans la force qui la porte vers la terre, la Lune parcoureroit dans une minute la tangente B G. & par conſéquent, l'effet de la force centripete eſt de la retirer de cette tangente par la ligne GF. égale à BD. C'eſt donc la force

centripete

centripete, qui fait qu'au bout d'une minute la Lune se trouve en F. au lieu d'être en G. G. F. ou B.D. qui lui est égale, est donc l'espace que la force qui porte la Lune vers la terre, fait parcourir à la Lune dans une minute, independamment de la force projectile, qui la pousse dans la tangente BE. c'est donc la valeur de G F = B D. qu'il faut trouver.

Fig. 34.

§. 358. Or, il y a plusieurs maniéres de trouver la valeur de cette ligne B D. = G F.

La plus courte & la plus simple dépend d'une proposition démontrée par Messieurs Hughens & Newton; sçavoir, *qu'un corps qui fait sa révolution dans un cercle tomberoit dans un tems donné vers le centre de sa révolution, par la seule force centripete, d'une hauteur égale au quarré de l'arc qu'il décrit dans le même tems, divisé par le diametre du cercle.*

Princip.
Mathem.
lib. I. co-
rol. 9. prop.
4. & 36.
& Hu-
ghens de
Vi Centrif.
prop. 6.

Cette proposition étant reçûe de tous les Géometres, il est aisé de trouver par son moyen la valeur de la ligne G F. & par conséquent celle de la ligne BD. qui lui est égale.

On sçait par les mesures de M. Picard, que la circonférence de la terre est de 123249600. pieds de Paris, on sçait par conséquent que l'orbite de la Lune qui est 60. fois plus grande, est de 7394976000. pieds, & que le diametre de cet orbite est de 2353893840. pieds.

Fig. 34.

La révolution de la Lune autour de la terre se fait en 27. jours 7. heures 43' sidérales, ou

dans

dans 39343. minutes. Ainfi, en divifant l'orbe de 7394976000. pieds par 39343. l'on trouve que l'arc B F. que la Lune parcourt dans une minute, eft de 187961. pieds, donc fuivant la propofition de Meffieurs Hughens & Newton, le quarré de cet arc BF^2. qui eft de 35329337521. P. étant divifé par le diametre de l'orbe de la Lune, c'eft-à-dire, par la ligne BG. qui eft de 2353893840. pieds, l'on a G F. ou B D $=$ $\frac{BF^2}{BG}$. c'eft-à-dire, $\frac{35329337521.}{2353893840.} = 15.$ pieds de Paris * environ.

§. 359.

---

* Il y a deux remarques à faire fur cette évaluation de l'arc BF. & de fa petite ligne BD. c'eft qu'afin qu'elle foit jufte, il ne faut prendre de l'orbite de la Lune qu'une partie parcourue dans un tems très-petit, comme j'ai fait dans l'exemple cité, afin que cet arc puiffe être pris pour la Diagonale du paralelogramme B D G F. car on fçait que dans un tems très-petit la ligne parcourue par un corps dans fon mouvement circulaire, peut être confidérée fans erreur fenfible, comme une petite droite qui eft la diagonale des deux directions que le corps a actuellement ; fans cette condition de la petiteffe de l'arc B F. par rapport à la grandeur du cercle B F E. il ne feroit pas permis de regarder G F. comme l'efpace tombé vers le centre, ce feroit H F. mais lorfque l'arc B F. eft très-petit, la différence entre G F. & H F. eft infenfible.

La feconde remarque eft, que la démonftration de Meffieurs Hughens & Newton eft pour un cercle, & que les Planetes font leur révolution dans des élliples, dont quelques-unes même ne font pas des élliples régulières, comme celle que décrit la Lune PE.

Mais M. Hughens a démontré que chaque courbe dans quelqu'une de fes parties que ce foit, a la même courbure qu'un certain cercle qu'on nomme *Ofculateur* ; parce que dans cet endroit il y a une partie commune a la courbe & au cercle, & par la confidération de ce cercle, dont M. Hughens a appris à trouver le rayon pour chaque point de la courbe, on peut trouver l'expreffion de la force centripete dans toutes les

courbes ;

§. 359. L'efpace que la force qui porte la Lune vers la terre, lui fait parcourir en une minute, eft donc de quinze pieds de Paris, & un peu plus. Donc fi la même force qui dirige la Lune dans fon orbite, fait tomber les corps vers la terre, & fi cette force décroît comme le quarré de la diftance au centre de la terre, les corps doivent parcourir ici-bas près de la furface de la terre 54000. pieds dans la premiére minute, ou 15. pieds dans la premiére feconde, c'eft-à-dire, 3600 fois plus d'efpace qu'ils n'en parcourroient dans le même tems, s'ils étoient tranfportés à la hauteur où eft la Lune, puifque 36000. eft le quarré de 60. éloignement de la Lune à la terre en demi diametres de la terre ; or vous avez vû dans le chapitre précédent que les corps tombent ici-bas de 15. pieds de Paris dans la premiére feconde, cette force agit donc 3600. fois moins fur la Lune que fur les corps graves qui tombent ici-bas. Donc c'eft la même force qui retient la Lune dans fon orbite, & qui fait tomber les corps ici-bas, & cette force décroît comme le quarré de diftance au centre.

La force qui retient la Lune dans fon orbite, & qui fait tomber les corps décroît comme le quarré de la diftance au centre de la terre.

courbes, & comparer cette force, non-feulement pour chaque point de la même courbe ; mais auffi de courbe à courbe : cette propofition à beaucoup fervi à M. Newton : ainfi, c'eft M. Hughens que l'on peut dire avoir été le précurfeur de Newton, bien plus que Defcartes, dont il n'a prefque rien emprunté.

§. 360.

§. 360. Tout le monde fçait, mais on ne peut trop le répéter, que M. Newton avoit adandonné l'idée qu'il avoit conçûe, que la même force qui retient les Planetes dans leur orbite, opére ici-bas la pefanteur & la chute des corps, parce qu'ayant de fauffes mefures de la terre, & n'ayant point eu de connoiffance dans la folitude, où il vivoit alors, de celles de M. Picard prifes en 1669. ni même de celle de Norwood fon compatriote en 1636. il ne trouvoit pas entre le moyen mouvement de la Lune, & la chute des corps fûr la terre le rapport qui devoit s'y trouver, fi ces deux Phénomenes étoient opérés par la même caufe, rapport que je viens de vous faire voir, que les véritables mefures lui donnerent.

§. 361. Si les mouvemens céleftes & les loix de Kepler ont découvert à M. Newton, une des loix, felon laquelle la pefanteur & le cours des Planetes s'opére, ce qui fe paffe ici-bas dans la chute des corps, lui a découvert une autre loi, que la force qui opére ces Phénomenes, fuit auffi inviolablement, c'eft qu'elle fe proportionne aux maffes.

Cette force se pro-
portionne
aux maffes.

§. 362. On a vû au chapitre 14. (§. 322.) que des Pendules égaux en poids font leurs vibrations en tems égaux, quand le fil auquel on les fufpend eft égal, quel que foit l'efpece des corps

corps qui les compofent, & que par conféquent
la force qui fait tomber les corps ici-bas, appartient à toute la matiére propre des corps,
& réfide dans chacune de fes parties, en forte
que dans différens corps, elle eft toujours directement proportionnelle à la quantité de matiére propre qu'ils contiennent. Donc puifqu'on
vient de voir dans les feffions précédentes, que
la même force qui fait tomber les corps vers
la terre, retient la Lune dans fon orbite, cette
force réfide dans le corps entier de la Lune, en
raifon directe de la matiére propre de cette
Planete, comme elle réfide ici-bas dans les différens corps, en raifon directe de leur quantité
de matiére propre : or, les Planetes principales, en
tournant autour du Soleil, & les Planetes fecondaires, en tournant autour de leur Planete
principale, fuivent les mêmes loix que la Lune
dans fa révolution autour de la terre. Donc la
force qui les retient dans leur orbite agit fur
chacune d'elles, en raifon directe de la quantité de matiére propre qu'elles contiennent.

§. 363. De plus, le tems que les Planetes
employent à faire leur révolution autour du
Soleil, étant proportionnel à la racine quarrée
du cube de leur moyenne diftance à cet Aftre,
la force qui les porte vers le Soleil décroît comme le quarré de leur diftance au Soleil. Donc
à égale diftance du Soleil la force qui les porte
vers lui, agiroit fur elles également. Donc alors
elles

elles parcourroient des espaces égaux en tems
égal vers le Soleil, & si elles perdoient toute
leur force projectile, elles arriveroient en même tems à cet Astre, de même que tous les
corps qui tombent ici-bas de la même hauteur
arrivent en même tems à la surface de la terre,
quand la résistance de l'air est ôtée : or la force
qui agit également sur des corps inégaux, doit
nécessairement se proportionner à la masse de
ces corps. Donc la force qui fait tomber les corps
vers la terre, & qui fait tourner les Planetes
autour de leur centre, se proportionne à leurs
différentes masses ; & par conséquent le poids de
chaque Planete sur le Soleil, est en raison directe de la quantité de matiére propre que chacune d'elles contient.

§. 364. On prouvera la même chose des satellites de Jupiter, & des Lunes de Saturne,
par rapport à leur Planete principale ; car le tems
de leur révolution autour de la Planete qui leur
sert de centre, est proportionnel à la racine quarrée du cube de leur moyenne distance à cette
Planete.

§. 365. Vous voyez par tout ce que je viens
de vous dire, quel chemin immense la raison
humaine a eu à faire, avant de parvenir à découvrir quelles loix suit la cause qui opére la
pesanteur, puisqu'il a fallu que les corps célestes, qui sont placés si loin de nous, nous
l'ayent, pour ainsi dire, appris.

§. 366.

§. 366. Quelques-uns ont crû que le poids de la même quantité de matiére propre, étoit variable dans le même endroit de la terre, de fausses expériences les avoient jettés dans cette erreur ; & c'est un écueil dont il faut d'autant plus se garder, que l'amour propre nous parle toujours en faveur de celles que nous avons faites. Le poids des mêmes corps peut varier, à la vérité, dans le même endroit de la terre, mais c'est seulement par l'augmentation, ou la diminution de la matiére propre de ces corps, & c'est ce qui arrive aux Plantes qui se fannent, & à tous les corps qui s'évaporent ; mais le poids des corps à la même distance du centre de la terre, est toujours comme la quantité de matiére propre qu'ils contiennent.

§. 367. Mais quand cette distance augmente, alors le poids des corps diminue, je dis leur poids absolu ; car leur poids comparatif reste toujours le même : ainsi, un homme qui porte 100ᵉ. près de la surface de la terre, par exemple, porteroit 900ᵉ. s'il étoit trois fois plus éloigné de son centre, mais le poids de 100ᵉ. y seroit la neuviéme partie du poids de 900ᵉ. comme ici-bas.

§. 368. Puisque la force qui fait tomber & peser les corps sur la terre, agit d'autant moins sur eux, qu'ils sont plus éloignés du centre de

     *   V   la

Fausse opinion sur le poids des corps.

la terre, ils y tomberont d'autant moins vîte qu'ils seront plus éloignés de ce centre, mais à égale distance, ils y tomberont tous également vîte, de sorte qu'une boule de papier transportée à la région de la Lune, & qui ne pesera sur la terre que la 3600. partie de ce qu'elle pese ici-bas, tomberoit sur la terre en même tems que la Lune, si la Lune venoit à perdre tout son mouvement de projectile, & cette boule & la Lune parcoureroient des espaces égaux pendant tout le tems qu'elles mettroient à tomber, en faisant abstraction de toute résistance du milieu dans lequel elles tomberoient ; car c'est comme si on supposoit la masse de la Lune divisée en autant de parties qu'elle contient de fois cette boule de papier.

§. 369. On a vu dans le chap. 13. que Galilée avoit démontré avant M. Newton, que la force, telle qu'elle soit, qui anime les corps à descendre vers la terre, étant supposée agir également à chaque instant indivisible, elle devoit leur faire parcourir des espaces, comme les quarrés des tems & des vitesses, & sa démonstration suffisoit pour connoître l'action de la gravité sur les corps qui tombent ici-bas, parce que les hauteurs ausquelles nous pouvons atteindre, sont trop médiocres pour produire dans la chute initiale des corps des différences sensibles.

Mais la théorie de Galilée eût été bien insuffisante, si l'on eût pû faire des expériences

à

à des hauteurs affez grandes pour s'apperçevoir du décroiffement de la pefanteur ; car cette théorie fuppofoit une force uniforme , & M. Newton a démontré , comme on vient de le voir, que l'énergie de cette force décroît com-me le quarré de la diftance.

§. 370. M. Richer fut le premier qui s'apperçut dans un voyage qu'il fit à l'Ifle de Cayenne en 1672. que l'Horloge à Pendule qu'il avoit apporté de Paris , retardoit confidé-rablement fur le moyen mouvement du Soleil, & que par conféquent, il falloit que les ofcillations du Pendule de cet Horloge fuffent de-venues plus lentes en approchant de l'équateur; or la durée des ofcillations d'un Pendule qui décrit des arcs de cycloïde ou de très-petits arcs de cercle, dépend , ou de la réfiftance que l'air apporte à fes ofcillations , ou de la lon-gueur du Pendule , ou enfin de la force avec laquelle les corps tendent à tomber vers la terre.

§. 371. La première de ces trois caufes , c'eft-à-dire , la réfiftance de l'air, eft fi médiocre , qu'elle peut fans erreur fenfible être comptée pour rien , d'autant plus que le Pendule , de M. Richer éprouvoit cette réfiftance à Paris , comme à Cayenne ; la feconde qui eft la lon-gueur du Pendule, n'avoit point changé , puifque c'étoit le même Horloge : il falloit donc

 que

que la force qui fait tomber les corps fût moindre à Cayenne qu'à Paris, c'est-à-dire, à 5. degrés environ, qui est la latitude de l'Isle de Cayenne, qu'à 49. degrés environ qui est celle de Paris, puisque les oscillations du même Pendule étoient plus lentes dans cette Isle qu'à Paris.

§. 372. On nia long-tems cette expérience de M. Richer ; quelques-uns prétendirent qu'on devoit l'attribuer à la chaleur du climat, qui avoit allongé la verge de métal, à laquelle le Pendule étoit suspendu , mais outre qu'il est prouvé par l'expérience que l'allongement causé par la chaleur de l'eau bouillante même est moindre que celui de l'expérience de Richer, on a toujours été obligé de racourcir le Pendule en approchant de l'équateur, quoiqu'il fasse souvent moins chaud sous la ligne, qu'à 15. ou 20. degrés de la latitude ; & en dernier lieu, les Académiciens des Sciences qui sont au Perou, ont été obligés de racourcir leur Pendule à Quito pendant qu'il y geloit très-fort : le racourcissement du Pendule dans l'Isle de Cayenne étoit donc uniquement causé par la diminution de la pesanteur vers l'équateur.

Quelles sont les causes de la diminu-

§. 373. En supposant le mouvement diurne de la terre, dont je ne crois pas que personne doute à présent, quoiqu'il ne soit pas démontré

en rigueur, deux raisons peuvent diminuer la tion de la pesanteur.
pesanteur des corps; sçavoir, la force centrifuge
que les parties de la terre acquerent par sa rotation; (car la force centrifuge tendant à éloigner les corps du * centre de la terre, elle est
opposée à la pesanteur, qui les y fait tendre)
& les variations qui peuvent se trouver en différens endroits de la terre, dans la force qui
fait tomber les corps vers la terre, c'est-à-dire,
dans la pesanteur même.

§. 374. La force centrifuge des corps égaux Digression sur la figure de la terre.
qui décrivent dans le même tems des cercles
inégaux, est proportionnelle aux cercles qu'ils
décrivent : ainsi, la force centrifuge des parties
de la terre doit être d'autant plus grande que
l'on approche davantage de l'équateur, puisque
l'équateur est le grand cercle de la terre : c'est
donc sous l'équateur où la force centrifuge di-
minuera le plus la pesanteur.

§. 375. On voit aisément que la figure actuelle
de la terre doit résulter de la pesanteur primitive, & de la force centrifuge, & que soit que
la forme de la terre (supposée en repos, lorfqu'elle fortit des mains du Créateur) ait été

---

* Ce n'est que sous l'équateur où la force centrifuge détruit
une partie de la pesanteur égale à elle-même; mais dans tous
les autres endroits de la terre, elle la diminue inégalement,
& d'autant moins qu'on s'éloigne davantage de l'équateur.

V 3

celle

La forme
actuelle de
la terre dé-
pend de la
pesanteur
primitive ,
&de la for-
ce centri-
fuge com-
binées.

celle d'une Sphére parfaite , ou d'un spheroïde quelconque , la force centrifuge doit avoir alteré cette forme ; car la force diminuant inégalement la pesanteur des colonnes de la matiére (supposée homogene & fluide) qui compose la terre, selon qu'elles sont plus ou moins près de l'équateur , les colonnes dont la pesanteur est plus diminuée, doivent devenir plus longues pour être en équilibre avec celles dont la pesanteur est moins diminuée : ainsi, la force centrifuge doit avoir nécessairement altéré la figure primitive de la terre.

Mais sa
forme pri-
mitive a
dépendu
de la seule
pesanteur.

§. 376. Mais quelle a été cette premiere forme de la terre? voilà ce qu'on ne pourroit sçavoir qu'en connoissant la pesanteur primitive ; car il est certain que la forme de la terre , supposée en repos , a dû être l'effet de la seule pesanteur; il est donc certain, que si la pesanteur primitive , c'est-à-dire , la pesanteur non-diminuée par la force centrifuge étoit bien connue , les expériences sur les Pendules dans différentes regions de la terre détermineroient sa figure avec certitude ; car ces expériences nous donneroient la diminution, que la force centrifuge apporte à la gravité primitive, dans les différentes latitudes ; & il seroit aisé d'en déduire l'altération qu'elle a dû apporter à la figure primitive de la terre , dont la matiére est supposée avoir été fluide & homogene dans le tems de la création.

§. 377. Auſſi Meſſieurs Hughens & Newton penſoient ils que la connoiſſance des différentes peſanteurs dans les différentes régions de la terre pourroit ſuffire à déterminer ſa figure ; M. Newton croyoit même que c'étoit la façon la plus ſure de la déterminer *Et certiùs per experimenta pendulorum , deprehendi poſſit , quam per arcus geographice menſuratos in meridiano.*

Principia Liber 3. Pag. 83.

§. 378. La gravité primitive ne pouvant guére être connue que par des Phénoménes , qui ne la déterminent qu'à *poſteriori* , l'expérience de M. Richer parut fort ſurprenante , quoi qu'elle fût une ſuite de la théorie des forces centrifuges ; mais on ne la trouva pas ſuffiſante pour déterminer la figure de la terre ; car la terre pouvoir avoir eû dans ſon origine une forme telle que la peſanteur eût été plus forte aux poles qu'à l'équateur , quoique la force centrifuge la diminue à l'équateur , & ne la diminue point aux poles.

§. 379. Meſſieurs Hughens & Newton , partant tous deux de cette expérience de M. Richer , que pluſieurs expériences poſtérieures avoient confirmée , & de la théorie des forces centrifuges , dont M. Hughens étoit l'inventeur , conclurent que la terre devoit être un ſphéroïde aplati vers les poles , quoique ces deux Philoſophes euſſent pris des loix de peſanteurs

Meſſieurs Hughens , &Newton croyoient la terre un ſphéroïde aplati.

différentes,

différentes, M. Hughens la croyant par tout la
même, & M. Newton la suppofant différente
en différens lieux de la terre, & dépendante
de l'attraction mutuelle des parties de la matiére: la feule différence qui fe trouvoit, dans la
figure que ces deux Philofophes attribuoient à
la terre, étoit qu'il réfultoit de la théorie de
M. Newton un plus grand aplatiffement que de
celle de M. Hughens.

Les mefu-
res de Mef-
fieurs Caf-
fini don-
noient un
fphéroïde
oblong
pour la for-
me de la
terre.

§. 380. Mais M. Caffini en achevant la méri-
dienne de France commencée par M. Picard,
ayant trouvé que les degrés Méridionaux étoient
plus grands que les Septentrionaux, & le fphéroïde allongé vers les poles étant la fuite néceffaire de ces mefures, le nom de Monfieur
Caffini, & la célébrité de fes opérations, lefquelles lui donnerent toujours le fphéroïde allongé, fourniffoient un nouveau motif
de doute fur la figure de la terre, & contre-
balançoient l'autorité de Meffieurs Hughens &
Newton, & les conféquences qu'ils avoient tiré de l'expérience de Richer, d'autant plus que
les raifonnemens de ces deux grands Géometres,
quoique fondés fur les loix de la ftatique, tenoient
cependant toujours à quelques hipothéfes, &
quoique ces hipothéfes fuffent, comme dit M.
de Maupertuis, de celles qu'on ne peut guéres
fe difpenfer d'admettre, cependant en faifant
d'autres hipothéfes fur la pefanteur, très-con-
traintes, mais enfin poffibles, on pouvoit à

Préface de
la figure de
la terre.

toute

toute force concilier l'expérience inconteftable de Richer, & la diminution des degrés Septentrionaux qui réfultoit des mefures de Meffieurs Caffini : ainfi, la queftion de la figure de la terre, dont la décifion importe tant à la Géographie, à la navigation, & à l'Aftronomie, reftoit indécife.

§. 381. Enfin, en 1736. l'Académie des Sçiences réfolut pour la terminer, de faire mefurer à la fois un degré du Méridien, fous l'équateur, & au cercle polaire ; ainfi, l'on peut dire, que ces deux voyages font une efpéce d'hommage qu'elle a rendu au nom de Caffini.

§. 382. Nous fçavons le réfultat du voyage du Pole, & M. de Maupertuis nous a fait voir par la relation qu'il nous en a donnée, combien cette entreprife, fi glorieufe à la Nation, a penfé lui couter de regrets, puifqu'on ne peût lire fans crainte les dangers que lui, Meffieurs Clairaut, le Monier, & les autres Sçavans hommes qui ont entrepris ce voyage, ont couru, & ils nous ont appris par leur exemple, que l'amour de la vérité peut faire affronter d'auffi grands dangers, que le défir de ce que les hommes appellent plus communément gloire.

§. 383. Il réfulte de leurs mefures, les plus exactes qui ayent peut-être jamais été prifes, que le degré du Méridien qui coupe le cercle polaire

Figure de la terre pag. 125.

Les mesu-
res des A-
cadémi-
ciens qui
ont été au
Pole, don-
nent à la
terre la fi-
gure d'un
sphéroïde
aplati vers
les Poles.

polaire, est plus grand que le degré mesuré par M. Picard entre Paris & Amiens de 437 toises sans compter l'aberration, & de 377. toises en la comptant, d'où il résulte que la terre est un sphéroïde aplati vers les Poles. Vous voyez que cette conclusion est entiérement opposée à celle qui résulte des mesures de Messieurs Cassini ; c'est aux Académiciens qui font encore au Perou à décider cette grande question, sur laquelle les plus grands Philosophes font encore partagés, & dont on attend la décision comme une époque également glorieuse aux Sciences, & à la Nation qui la leur aura procurée.

Ce font les
travaux
des Fran-
çois qui
ont fait
naître les
découver-
tes de M.
Newton.

§. 384. L'on peut dire que c'est aux mesures & aux observations des François, que M. Newton a du ses découvertes admirables, & qu'il en devra la confirmation en cas que les mesures prises au Perou décident pour l'aplatissement de la terre ; car on a vû dans ce chapitre que ce furent les mesures de M. Picard, qui lui firent découvrir que les mêmes loix qui dirigent les Astres dans leurs cours, causent la pesanteur sur la terre.

Je vous ai fait cette digression sur la figure de le terre, à cause de la grande relation qu'il y a entre cette figure, & la pesanteur.

CHAPITRE XVI.

De l'Attraction Newtonienne.

§. 385.

TOus les Phénoménes que je viens de vous exposer dans les trois derniers Chapitres, sont opérés selon les Newtoniens par l'Attraction que tous les corps exercent les uns sur les autres.

Cette attraction est selon eux, une propriété donnée de Dieu à toute la matiére, par laquelle toutes ses parties tendent l'une vers l'autre en raison directe de leur masse, & en raison inverse du quarré de leurs distances.

§. 386. On trouve le germe de cette idée
dans

dans Kepler, la façon dont il s'exprime dans l'introduction du Livre où il traite de la Planette de Mars, est trop remarquable, pour ne pas rapporter ici les termes dont il se sert.

*Si duo lapides in aliquo * loco mundi collocarentur propinqui invicem, extra orbem virtutis tertii cognati corporis, illi lapides ad similitudinem duorum Magnetum coïrent loco intermedio, quilibet accedens ad alterum tanto intervallo, quanta est alterius moles in comparatione.*

Si terra & luna non retinerentur vi animali, aut aliâ aliquâ æquipollenti qualibet, in suo circuitu, terra ascenderet ad lunam quinquagesimâ quartâ parte intervalli, luna descenderet ad terram quinquaginta tribus circiter partibus intervalli, ibique jungerentur. Posito tamen quod substantia utriusque sit unius & ejusdem densitatis.

---

* Si deux pierres étoient placées dans quelque lieu, dans lequel aucun autre corps ne pût agir sur elles, elles viendroient l'une vers l'autre comme deux aimans, & se joindroient dans un lieu intermediaire ; & le chemin qu'elles feroient l'une vers l'autre, seroit en raison renversée de leur masse.

Si la lune & la terre n'étoient pas retenues dans leur orbe, par une ame agissante, ou par quelque force équivalente, la terre monteroit vers la lune environ jusqu'à la cinquante quatriéme partie de l'espace qui les sépare, la Lune descendroit vers la terre environ jusqu'à la cinquante troisiéme partie de cet espace, & là, elles se joindroient, supposé que leur densité soit la même.

§. 387.

§. 387. Kepler n'eſt pas le ſeul qui ait parlé de l'attraction. Frenicle, un des premiers Académiciens des Sciences la concevoit comme une force miſe par le Créateur dans ſon Ouvrage pour le conſerver ; & Roberval la définiſſoit : *Vim quamdam corporibus inſitam quá partes illius in unum coïre affectent.*

§. 388. Il eſt certain, que ſi on accorde aux Newtoniens cette ſuppoſition d'une attraction répandue dans toutes les parties de la matiére, ils expliquent merveilleuſement par cette attraction les Phénoménes aſtronomiques, la chute des corps, le flux & le reflux de la mer, les effets de la lumiére, la cohéſion des corps, les opérations chimiques ; & que preſque tous les effets naturels deviennent une ſuite de cette force que l'on ſuppoſe répandue dans toute la matiére, quand on l'a une fois admiſe : ainſi, dans ce ſiſtême, la terre & la lune tournent autour du Soleil, parce que le Soleil les attire l'une & l'autre ; mais la terre ayant plus de maſſe que la lune, & étant beaucoup plus près de cette Planette, que le Soleil, force la lune à tourner autour d'elle, par la ſupériorité de ſon attraction.

Toutes les irrégularités de la lune dans ſon cours, font une ſuite palpable de la combinaiſon de l'attraction du Soleil & de la terre ſur la lune ; car l'énergie de cette attraction variant

Comment l'attraction opére la chute des corps, & les Phénoménes aſtronomiques, quand on l'a une fois admiſe.

riant avec les pofitions des corps qui s'attirent, elle doit changer continuellement la courbe que la lune décrit autour de la terre , puifque cette Planette s'approche & s'éloigne fucceffivement de la terre , & du foleil.

L'attraction étant regardée par quelques Newtoniens comme une propriété effentielle de la matiére , elle eft toujours fuppofée reciproque : ainfi , la terre en gravitant vers le Soleil , fait graviter le Soleil vers elle , & le Soleil & la terre s'attirent réciproquement l'un l'autre en raifon directe de leurs maffes ; mais ils s'avancent l'un vers l'autre en raifon inverfe de ces mêmes maffes , & le chemin que la terre fait vers le Soleil , eft au chemin que le Soleil fait vers la terre dans le même tems par cette feule attraction , comme la maffe du Soleil eft à la maffe de la terre, de même , la terre en forçant la Lune à tourner autour d'elle par la fupériorité de fon attraction, obéit elle-même à l'attraction que la Lune exerce fur elle ; cette attraction de la Lune altére beaucoup la courbe que la terre décrit en tournant autour du Soleil, elle eft caufe en partie des marées aufquelles l'attraction du Soleil contribue auffi d'une quantité déterminée.

C'eft par la même raifon que la terre va plus lentement , quand elle eft dans le figne des poiffons, parce qu'étant alors plus près des Planettes de Mars & de Vénus, fes attractions que ces deux Planettes exercent fur elle , contrebalancent

balancent en partie celle du foleil, & retardent par conféquent le chemin de la terre vers cet aftre.

Les Cometes elles-mêmes trouvent leur route toute tracée par cette attraction ; & M. Newton ayant calculé felon ce principe, lorfque la Comete de 1680. parut, le chemin qu'elle devoit faire, eut la fatisfaction de la voir répondre chaque jour aux points qu'il avoit marqués.

Les altérations que Jupiter, & Saturne, reçoivent dans leur cours, font encore un effet calculé de cette attraction ; car lorfque ces deux puiffantes Planettes fe trouvent en conjonction, leur cours fubit les changemens qui doivent réfulter de leur attraction mutuelle ; cette conjonction qui arrive rarement à caufe du tems que ces deux énormes Globes mettent à faire leur révolution dans leur orbe, arriva du tems de M. Newton, & il les vit éprouver d'une façon fenfible, les dérangemens qu'il avoit prévus & calculés.

Tous les Phénoménes aftronomiques enfin qui paroiffent prefqu'inexplicables dans le fiftême des tourbillons, ne femblent être que des corollaires néceffaires de l'attraction univerfelle répandue dans la matière ; car non-feulement cette attraction fait voir pourquoi une Planette tourne autour d'une autre, pourquoi la terre, par exemple, tourne autour de la terre ; mais elle fait voir auffi en combien de tems elle y

doit

doit tourner , & l'on prendroit fur cela les calculs pour des obfervations tant ils fe rapportent enfemble.

L'attrac-
tion
produit
auffi les
effets chi-
miques ,
la cohé-
fion des
corps , &c.

§. 389. Ce principe fi fécond dans l'Aftronomie, ne l'eft pas moins dans la plûpart des effets
qui s'opérent ici-bas , la péfanteur & la chute
des corps vers la terre, l'aplatiffement de la
terre vers les poles , & fon élevation à l'équateur fe déduifent auffi merveilleufement bien
de l'attraction en raifon renverfée du quarré
des diftances.

Les Newtoniens qui font de l'attraction une
propriété infeparable de la matiére , la veulent
faire régner par tout , mais quand ils veulent
expliquer par fon moyen, la cohéfion des corps,
les effets chimiques, les Phénoménes de la lumiére , &c. ils font obligés de fuppofer d'autres
loix d'attraction , que celle qui dirige le cours
des Aftres , & qui agit en raifon double inverfe
des diftances.

Mais alors
elle dé-
croît dans
une plus
grande rai-
fon , que
celle des
quarrés.

M. Newton en calculant les effets qui doivent réfulter des différentes loix poffibles d'attraction, a trouvé & démonfré : *que fi l'attraction qu'un corps éprouve dans le contaEt eft beaucoup plus forte que celle qu'il éprouve à toute
diftance finie , cette attraEtion décroît dans une
plus grande raifon que celle du quarré des diftances ; & vice verfa.*

Les Difciples de M. Newton, dont la plûpart
ont pouffé leurs conjectures beaucoup plus
loin

loin que lui en bien des choses ont conclu de
ce théoréme, que puisque l'on ne peut attribuer
selon eux, ces Phénoménes à aucun fluide ambiant, ni aux mouvemens conspirans des parties des corps, ni à aucune cause externe, il
falloit qu'il y eût entre les parties de ces corps
une force interne capable de les tenir unies ensemble ; & que puisque cette force augmente
à un tel point dans le contact qu'il devient
sensible, & que les corps ne peuvent plus alors
être séparés qu'avec peine, il falloit que l'attraction qu'ils exercent alors l'un sur l'autre, dé-
crût dans une plus grande raison, que celledu
quarré des distances.

On pourroit nier premierement cette conclusion précipitée ; *qu'aucun fluide ambiant, ni*
les mouvemens conspirans des parties des corps
ne peuvent être la cause de ces Phénoménes ; mais
je ne m'engagerai pas ici dans le détail des
Phénoménes & de leurs causes méchaniques ;
mon but étant seulement de vous faire voir en
général, comment les Newtoniens prétendent
expliquer ces Phénoménes par l'attraction, &
quelles sont les raisons qui doivent faire rejetter cette attraction, lorsqu'on la donne pour
cause.

Les Newtoniens expliquent par cette attraction qu'ils supposent agir au moins en raison
du cube des distances, & qui est si puissante
dans le contact, presque tous les Phénoménes
qui nous entourent : ainsi, disent-ils, si les par-

ties des corps cohérent enfemble, c'eft que fe
touchant par plufieurs points de leur furface,
l'attraction en raifon des cubes, qui feule agit
alors entr'elles d'une façon fenfible, les attache
fortement l'une à l'autre. Ainfi, les différentes
cohéfions, la dureté, la moleffe, la fluidité,
dépendent des différens dégrés de contact des
parties qui compofent les corps : voilà pourquoi
la poix ou quelqu'autre matiére gluante mife
entre deux corps, rempliffant les interftices qui
fe trouvent entre leurs parties, & uniffant
leur furface, augmente leur cohéfion.

C'eft cette attraction qui fait que toutes les
goutes des fluides ont la forme fphérique, &
qu'elles s'aplatiffent du côté par lequel elles
touchent le fuport qui les foutient, & qu'elles
s'applatiffent plus ou moins felon que ce fuport eft plus ou moins attirant, c'eft-à-dire,
felon qu'il eft plus ou moins denfe ; & que les
parties du fluide qui compofe ces goutes, s'attirent plus ou moins fortement l'une l'autre ; c'eft
par la même raifon que la furface de l'eau con-
tenue dans un vafe eft concave, & que celle
du mercure y eft convexe ; car les parties de
l'eau s'attirant moins fortement l'une l'autre,
que les bords du vafe ne les attirent, s'élevent
vers ces bords ; mais il arrive le contraire au
mercure par la raifon contraire.

L'afcenfion de l'eau dans les tubes capillaires,
fi difficile à expliquer dans les détails par la
preffion d'une matiére fubtile, eft une fuite de
l'attraction

C'eft cette
attraction
qui éleve
l'eau dans

l'attraction des parties du tube , plus puissante
sur l'eau , que l'attraction mutuelle que les parties de l'eau exercent les unes sur les autres ;
mais le mercure au contraire , ne monte jamais
dans les tubes capillaires , à cause de la densité de ses parties , dont l'attraction mutuelle est
supérieure à celle du verre : c'est encore , selon
eux , par ce même principe que l'huile monte
dans le coton d'une lampe , que l'encre s'attache à ma plume , que la séve circule dans les
plantes , &c.

les tubes
capillaires

La réfraction , & même la réfléxion de la
lumiére dans de certaines circonstances dépendent aussi , selon les Newtoniens , de cette attraction , en raison inverse du cube des distances : ainsi , le rayon se brise d'autant plus que
le milieu qu'il traverse est plus dense , parce
que ce milieu l'attire d'autant plus fortement ,
qu'il est plus dense ; le rayon se réfléchit à une
certaine obliquité d'incidence , en passant du
cristal dans l'air , parce qu'à une certaine obliquité , l'attraction du cristal sur le rayon est plus
puissante que son mouvement vertical , par lequel il tend à pénétrer le cristal ; le rayon s'in-
fléchit en passant près des bords des corps , parce qu'à une très-petite distance les corps l'attirent sensiblement : enfin , le prisme sépare les
différens rayons , parce qu'il les attire chacun
différemment.

Les effets
de la lu-
miére dé-
pendent
aussi de
l'attraction
selon les
Newto-
niens.

Les fermentations , les cristallisations , les
dissolutions , les effervescences , tous les effets

X 2   chimiques

chimiques enfin, font auffi foumis à cette attraction fi puiffante dans le contact, & M. Frenid célébre Anglois a donné une chimie entiére fondée fur ce principe, mais comme les effets chimiques font infiniment compliqués, on eft obligé de fuppofer fouvent des loix nouvelles d'attraction, quand celles des cubes n'eft pas fuffifante pour le détail des explications : ainfi, l'on eft obligé de faire varier les loix à mefure que les Phénoménes varient.

§. 390. Quelques Newtoniens fentant l'inconvenient de fupofer ainfi des loix d'attraction felon les befoins, & à combien de reproches cette facilité de créer de nouvelles loix de la nature pour chaque effet, les expofoit, ont imaginé d'expliquer tous les Phénoménes tant céleftes que terreftres, par une feule & même attraction, qui agit comme une quantité algebrique $\frac{a}{2x} + \frac{b}{2\mathfrak{z}} + $ &c. x marquant la diftance, c'eft-à-dire, (car vous n'entendez pas encore cette langue) comme le quarré, plus le cube, plus, &c. à des diftances éloignées, comme par exemple, à celle des Planetes ; la partie de l'attraction qui agit comme le cube, eft prefque nulle, & ne dérange qu'infiniment peu l'autre partie de l'attraction, qui agit comme le quarré, & d'où dépend l'éllipticité des orbites (§. 348.)

Mais à des diftances très-petites, & dans le contact

contaƈt des corps, la partie de l'attraƈtion qui agit en raiſon du cube, ou d'une plus grande puiſſance devient à ſon tour très-forte, par rapport à l'autre, qui eſt alors preſqu'inſenſible.

Cette explication eſt aſſurément très-ingénieuſe, & prévient bien des objeƈtions & des reproches que l'on pourroit faire aux Partiſans trop zélés de l'attraƈtion.

§.391. M. Keill, a mis à la fin de ſon *Introductio ad veram Aſtronomiam*, pluſieurs propoſitions, par le moyen deſquelles il prétend que l'on pourroit déduire géometriquement la plûpart des Phénoménes de cette attraƈtion ſi puiſſante dans le contaƈt.

Selon ces propoſitions, non-ſeulement la cohéſion & les effets chimiques ſont des ſuites de l'attraƈtion ; mais le reſſort des corps & les Phénoménes de l'éleƈtricité s'y trouvent auſſi ſoumis.

M. Keill, frere de celui dont je viens de parler, a fait un traité de la ſécretion animale, qu'il explique auſſi par l'attraƈtion.

On trouve la ſource de toutes ces applications de l'attraƈtion dans les queſtions que M. Newton a mis à la fin de ſon optique. Les diſciples de ce grand homme ont cru que ſes doutes même pouvoient ſervir de fondement à leurs hypothéſes : il faut avouer que quelques-unes de ces hypothéſes ſont un peu forcées, & qu'il y a bien de la différence pour la juſteſſe & la pré-

ciſion

cifion entre les applications que l'on fait de l'attraction aux Phénoménes céleftes, & l'ufage que l'on en fait dans les autres effets dont je viens de parler; auffi cet ufage de l'attraction n'eft-il pas auffi univerfellement reçu par les Newtoniens mêmes, que celui que l'on fait pour l'explication des Phénoménes aftronomiques.

§. 352. M. de Maupertuis eft de tous les Philofophes François, celui qui a pouffé le plus loin fes recherches fur l'attraction ; il donna en 1732. à l'Académie des Sciences un Mémoite, dans lequel il recherche la raifon de la préférence, que le Créateur a donné à la loi d'attraction, en raifon inverfe du quarré des diftances, qui a lieu dans les Phénoménes aftronomiques, & dans la chute des corps, fur les autres loix poffibles, qui femblent avoir eu un droit égal à être employées; & il trouve par fon calcul, que de toutes les loix qu'il a examinées, il n'y a que celle en raifon inverfe du quarré des diftances qui donne la même attractionpour le tout & pour les parties qui le compofent, & qui joigne à cet avantage celui de la diminution des effets avec l'éloignement des caufes; ces deux avantages de l'uniformité & de l'analogie, ont paru à M. de Maupertuis pouvoir être les raifons qui ont déterminé le Créateur à choifir la loi d'attraction, en raifon inverfe du quarré des diftances, par préférence à toutes les autres loix qu'il a parcourues.

§. 353.

§. 393. La confidération des effets qui doivent réfulter de la loi d'attraction, en raifon double inverfe des diftances, telle qu'elle a lieu dans la nature, felon les Newtoniens, fait découvrir un Phénoméne bien fingulier, c'eft que felon cette loi, dans l'intérieur d'une Sphére creufe, il pourroit y avoir dans l'hipothéfe de l'attraction en raifon double inverfe des diftances, un monde deftitué des Phénoménes de la pefanteur, & dont les habitans iroient en tout fens avec une égale facilité ; car dans la concavité d'une furface fphérique, les parties de cette furface qui agiffent fur le corpufcule placé dans un point quelconque de la concavité, ont toujours des actions égales, la partie la plus étroite exerçant fur le corpufcule, à raifon de la plus grande proximité, une attraction, qui contrebalance celle qui eft exercée par la plus large, ces deux chofes, la diftance du corpufcule, & la longueur de la furface fphérique qui agit fur lui, croiffant toujours en même proportion dans cette loi. Ainfi, felon ce fiftême, dans une Sphére concave les corps ne feroient point péfans, mais ils s'attireroient l'un l'autre d'une façon très-fenfible, puifque leur attraction mutuelle ne feroit point abforbée comme ici-bas, par une attraction plus puiffante.

Le Mémoire de M. de Maupertuis, dont je viens de parler eft comme tout ce que fait ce Philofophe, plein de fagacité & de fineffe de

X 4 calcul

Phénoméne fingulier qui réfulteroit de l'attraction en raifon inverfe du quarré des diftances dans une Sphére concave.

calcul, il n'y donne fon opinion fur la raifon de préférence de la loi inverfe des quarrés fur toutes les autres, que comme un doute, mais ce font affurément les doutes d'un grand homme.

§. 394. Si ce Philofophe avant de rechercher la raifon de préférence d'une loi d'attraction fur une autre, avoit recherché la raifon fuffifante de l'attraction elle-même, il eft vraifemblable qu'il auroit bien-tôt reconnu que cette attraction, telle que les Newtoniens la propofent, c'eft-à-dire, en tant qu'on en fait une propriété de la matiére, & la caufe de la plûpart des Phénoménes, eft inadmiffible ; car felon les principes de M. de Maupertuis même, s'il y a eu une raifon de préférence pour la loi d'attraction que Dieu a employée, il y en doit avoir eu une pour l'attraction elle-même.

Le principe de la raifon fuffifante fait voir que l'attraction n'eft qu'un Phénoméne.

Planche 6.
Fig. 16.

§. 395. Ce principe de la raifon fuffifante auquel vous avez vû dans le Chapitre premier qu'il eft impoffible de renoncer, détruit ce Palais enchanté fondé fur l'attraction; car foit le corps A. qui foit attiré par le corps B. felon une certaine loi à travers le vuide BA. le corps A. s'approchera du corps B. dans la direction AB. avec une vîteffe à tout moment accelerée, l'état du corps A. lorfqu'il fe meut avec cette vîteffe accelerée, & dans une direction déterminée, eft affurément différent de l'état précédent, c'eft-à-dire

dire, de l'état de repos, dans lequel il étoit avant d'être transporté dans la Sphére d'activité du corps B. car le corps mû ne peut être substitué, sauf toutes les déterminations, à la place du corps en repos; il est donc arrivé un changement dans le corps A. ce changement a eu sa raison : ainsi, il faut chercher cette raison, ou dans le corps mû, ou hors de lui, & dans les Etres extérieurs qui agissent sur lui.

Cette raison n'est point dans ce corps ; car ce corps A. qui étoit d'abord en repos, ne pouvoit se mouvoir de lui-même, ni se donner une certaine vîtesse & une certaine direction, étant par sa nature indifférent au mouvement, & au repos, & à toutes les directions & les vîtesses.

Cette raison n'est pas non plus hors de lui ; car l'espace AB. étant vuide par supposition, & les Newtoniens excluant toute matiére subtile intermediaire, ou émanante du corps B. vers le corps A. il n'entre rien dans le corps A. qui soit parti du corps B. par où on puisse expliquer le changement qui s'est fait dans le corps A. Par conséquent ce corps A. n'a rien perdu, & n'a rien reçu, puisque rien n'y est entré, & que rien n'en est sorti, & que toutes ses déterminations internes sont les mêmes, que lorsqu'il étoit en repos : cependant il est arrivé un change-ment dans ce corps A. Ainsi, il faut dire, que ce changement n'a point eu de raison suffisan-te, & le Créateur même ne pourroit point dire;

Fig. 36.

dire, (dans cette fuppofition) fi un corps qui
eft en repos, fe mouvra, & felon quelle loi,
en ne jugeant que fur ce qu'il peut voir & connoître dans ce corps même, & en faifant abftraction du corps attirant & ne voyant que le
corps attiré, & ce qui agit immédiatement fur
lui ; car on juge des changemens d'un corps,
par le changement de fes déterminations internes, par ee qui furvient de mutable à ce corps,
qui fait que fon état préfent eft différent de celui
qui l'a précedé. Ce font là les données du problême, par le moyen defquelles il faut aller
à ce que l'on cherche : or, on peut dire que dans
le fiftême de l'attraction, Dieu même ne pourroit réfoudre ce problême ; car toutes les déterminations du corps demeurant parfaitement les
mêmes, & aucune altération ne pouvant y fur-
venir du dehors, il eft abfolument impoffible,
même à Dieu, l'unique fondement de prédic-
tion étant ôté, de dire fi ce corps doit fe mouvoir, ou non, & quelle loi il fuivra dans fon
mouvement.

L'attrac-
tion ne
peut être
une pro-
priété in-
hérente, ni
donnée de
Dieu à la
matiére.

§. 396. On ne peut dire que Dieu pourroit
connoître ce qui arriveroit au corps dans la fuppofition préfente, en ce que l'attraction que l'on
fuppofe, étant une propriété appartenante à
toute la matiére, Dieu a pû prévoir ce qui doit
arriver en conféquence de cette propriété ; car
l'attraction fait mouvoir les corps avec une certaine vîteffe, & felon une certaine direction :

or, cette direction, ni cette vîteſſe ne ſont point
néceſſaires, puiſque cette attraction dirige ici-
bas les corps graves vers le centre de la terre,
& que dans la Lune, elle les fait tendre vers le
centre de la Lune, & dans les autres Planetes
vers les centres de ces Planetes, & qu'elle les
y fait arriver plus ou moins vîte, ſelon la maſſe
& le diametre de ces Planetes, comme M.
Newton l'a fait voir.

Donc par la ſeule conſidération d'un corps,
& de ce qui agit immédiatement ſur lui, Dieu
même ne pourroit prévoir quelle ſeroit en vertu
de ſon attraction, ſa direction, ni ſa vîteſſe,
puiſque cette vîteſſe eſt différente dans les différentes Planetes, & diverſement altérée dans
la même Planete, ſuivant les différens éloi-
gnemens du corps au centre de cette Planete:
or, la direction & l'accélération d'où réſulte le
degré de vîteſſe étant variables, & la cauſe que
l'on leur aſſigne, c'eſt-à-dire, l'attraction ne
pouvant rendre raiſon de l'un ni de l'autre, il
ſuit clairement que cette cauſe n'eſt point une
cauſe recevable, puiſqu'elle ne contient rien
par où un Etre intelligent puiſſe comprendre
pourquoi la vîteſſe & la direction qui ſont ici
les déterminations de l'Etre qu'on conſidére,
ſont plûtôt telles que tout autrement; car c'eſt
elle ſeule qui diſtingue une cauſe ſuffiſante d'une
cauſe inſuffiſante (v. chap. 1ʳ. §. 9. & 10.)

Il ſuit de tout ce qu'on vient de dire, que
puiſque la direction & la vîteſſe qui réſultent

de

Et c'eſt ce qui découle néceſſairement de la doctrine des eſſences.

de l'attraction font variables , l'attraction n'eſt point une propriété de la matiére ; car les propriétés étant fondées dans l'eſſence font néceſſaires comme elle, (v. ch. 3.) or le néceſſaire ne peut-être poſſible que d'une feule maniére; de plus , l'attraction ne découle point de l'eſſence de la matiére ; ainſi, elle ne peut point être , non plus que la penſée, un attribut donné de Dieu à la matiére ; car on a vu dans le ch. 3. que les propriétés font incommunicables, & ne peuvent point être tranſplantées dans les ſujets par laſ ſimple volonté de Dieu , étant abſolument contraire au principe de la raiſon ſuffiſante que les eſſences ſoient arbitraires: or, puiſque l'attraction ne peut point être eſſentielle à la matiére, qu'elle ne découle point de ſon eſſence, il s'enſuit que Dieu n'a pu lui donner cette propriété.

§. 397. On ne peut donc ſe diſpenſer de reconnoître, que l'attraction, ſi on entend par ce mot autre choſe qu'un Phénoméne , dont on cherche la cauſe, ſeroit abſolument ſans raiſon ſuffiſante.

§. 398. Puiſque tout ce qui eſt , doit avoir une raiſon ſuffiſante pourquoi il eſt ainſi plûtôt qu'autrement, la direction & la vîteſſe imprimées par l'attraction, doivent donc trouver leur raiſon ſuffiſante dans une cauſe externe, dans une matiére qui choque le corps, que l'on regarde comme attiré , & qui détermine par ſon action

la

la direction & la vîtesse de ce corps, auquel ces déterminations sont indifférentes par lui-même. Ainsi, il faut chercher par les loix de la Mécanique une matiére capable par son mouvement de produire les effets que l'on attribue à l'attraction.

§. 399. De sçavoir si celle que Messieurs Descartes, Hughens, & autres ont supposé, suffit pour satisfaire à tous les Phénoménes, c'est encore un problême ; mais quand même aucune de ces matiéres n'y satisferoit, la vérité n'en souffriroit rien, & il n'en sera pas moins constant que tous ces effets doivent être opérés par des causes méchaniques, c'est-à-dire, par la matiére, & le mouvement.

Un défaut dans lequel quelques Anglois trop zélés pour l'attraction, sont tombés, c'est de faire de toutes les objections contre les tourbillons des démonstrations en leur faveur. Ainsi, quand ils ont détruit quelques-unes des explications méchaniques que l'on a tâché de donner aux Phénoménes qu'ils attribuent à l'attraction, ils en concluent, *qu'il faut donc attribuer tous ces effets à l'attraction de toute la matiére* ; mais cette conclusion n'est nullement légitime ; car c'est faire un saut dans le raisonnement, ce qui n'est pas permis en bonne logique.

Je ne vous parlerai point des observations que Monsieur Bougüer vient de faire dans la Montagne de Simbolasso au Perou, sur le fil à plomb des Instrumens Astronomiques,

car

car n'étant point données encore au Public, on n'en peut rien sçavoir, finon que M. Bouguer a crû appercevoir d'une maniére fenfible une déviation dans la direction du fil à plomb de fon Quart de cercle, & qu'il a attribué ce dérangement à l'attraction: mais la juftefle de cette expérience dépend des plus petites différences, fuivant M. Bouguer même; il peut s'y mêler des circonftances étrangéres, qui doivent fe dérober à l'exactitude, & à la perfpicacité de l'obfervateur, en un mot M. Bouguer ne propofe point fes obfervations comme abfolument décifives, il les donne pour avertir qu'on les répete, & qu'on faffe attention aux erreurs qui pourroient peut-être retomber de ce côté-là, fur la mefure de la terre; mais quand même cette obfervation feroit hors de tout doute, il refteroit encore à examiner, fi quelque matiére fubtile n'eft point la caufe de ce Phénomène; car rien n'eft moins concluant en faveur de l'attraction, que de faire voir que telle ou telle explication méchanique d'un Phénomène ne peut fubfifter : il viendra peut-être un tems où l'on expliquera en détail les directions, les mouvemens, & les combinaifons des fluides, qui opérent les Phénomènes, que les Newtoniens expliquent par l'attraction, & c'eft une recherche dont tous les Phyficiens doivent s'occuper.

CHAP.

CHAPITRE XVII.

Du repos, & de la chute des Corps sur un plan incliné.

§. 400.

L'Action de la gravité est toujours uniforme, & toujours dirigée perpendiculairement vers le centre de la terre (§. 303. & 338.) Ainsi, lorsqu'un Corps qui tombe vers la terre change sa direction ou son mouvement, il faut nécessairement que quelque cause étrangére se soit mêlée à l'action de la gravité sur lui.

Par quelles causes un Corps qui tombe vers la terre, change sa direction.

§. 401. Ces causes étrangéres peuvent être

actives

actives ou paffives ; les caufes actives font celles qui impriment un nouveau mouvement aux corps, comme lorfque je jette une pierre qui feroit tombée par la feule force de fa gravité.

Les caufes paffives font celles qui n'impriment aucun nouveau mouvement au corps, mais qui changent feulement fa direction.

Les plans inclinés, c'eft-à-dire, les fuperficies planes, qui font un angle oblique avec l'horifon, font des caufes paffives qui changent la direction du corps fans lui imprimer aucun mouvement.

§. 402. Si ces plans étoient paralleles ou perpendiculaires à l'horifon, ils ne changeroient point la direction des corps qu'on y auroit placés ; mais dans le premier cas ils oppoferoient un obftacle invincible à la defcente de ce corps, comme le plan AB. au corps P. car ce corps étant entierement foutenu par le plan y refteroit en repos toute l'éternité, à moins que quelque caufe extérieure n'agît fur lui pour le tirer de ce repos.

Dans le fecond cas, c'eft-à-dire, fi le plan étoit perpendiculaire à l'horifon comme dans la Figure 38. il n'apporteroit aucun obftacle à la chute du corps P. & ce corps defcendroit vers la terre le long de ce plan, de même que fi ce plan n'y étoit pas, (en faifant abftraction du frottement) car l'action de la gravité étant toujours dirigée perpendiculairement à l'horifon, le plan vertical A. B. ne peut apporter aucun obftacle à fon action.

§. 403.

§. 403. Mais lorsque ce plan est incliné à l'horison, comme dans la Figure 39. alors il s'oppose en partie à la descente du corps vers la terre.

Les corps qui tombent par un plan incliné, ont donc une gravité absolue, & une gravité respective, c'est-à-dire, diminuée par la résistance du plan.

Leur gravité absolue est la force avec laquelle ils descendroient perpendiculairement vers la terre, si rien ne s'opposoit au mouvement qui les y porte, & leur gravité respective est cette même force diminuée par la résistance du plan.

La ligne AC. perpendiculaire à l'horison, s'appelle la hauteur du plan.

§. 404. La ligne AB. oblique à l'horison, s'appelle la longueur du plan.

§. 405. La ligne BC. qui est paralelle à l'horison, s'appelle la base du plan, & l'angle ABC. que le plan AB. fait avec l'horison, s'appelle l'angle d'inclinaison de ce plan.

§. 406. La gravité respective d'un corps dans un plan incliné, est à sa gravité absolue, comme la longueur du plan est à la hauteur; car ce plan ne s'oppose à la descente perpendiculaire du corps, & ne diminue par conséquent

Les plans inclinés changent la direction des corps en s'opposant à leur chute.
Fig. 39.

Définitions.
Fig. 39.

sa gravité absolue qu'autant qu'il est incliné à l'horison, puisque s'il y étoit perpendiculaire, il ne s'y opposeroit point du tout (§. 401.) Donc plus ce plan est incliné à l'horison, ou ce qui est la même chose, moins il a de hauteur, plus le corps est soutenu par le plan, & moins il a par conséquent de gravité respective : donc la gravité respective de ce corps sur ce plan, est à sa gravité absolue, comme la hauteur du plan est à sa longueur.

La gravité respective est à la gravité absolue dans un plan incliné, comme la hauteur du plan est à sa longueur.

Fig. 40.

§. 407. La gravité respective du même corps sur des plans différemment inclinés, est comme l'angle d'inclinaison de ces plans, car plus cet angle augmente, plus la gravité respective du corps est grande, & au contraire.

Ainsi, la gravité respective du corps P. est plus grande sur le plan AD. que sur le plan AC. car l'angle ADB. est plus grand que l'angle ACB.

§. 408. Si l'angle de l'inclinaison devenoit un angle droit, la gravité respective se confondroit avec la gravité absolue, à laquelle elle seroit égale ; car alors le plan ne résistant point à la chute du corps, il ne diminueroit point sa gravité absolue.

§. 409. Si cet angle devenoit nul, la gravité deviendroit aussi nulle, & le corps n'auroit plus aucune tendance à se mouvoir le long du plan,

lequel

lequel feroit alors horifontal, & fi cet angle devenoit infiniment petit, la gravité refpective de ce corps deviendroit infiniment petite:

§. 410. Un plan incliné ne peut par lui-même empêcher le corps qui eft pofé fur lui de defcendre vers la terre, il ne peut que retarder fa chûte: ainfi, afin qu'un corps refte en repos fur un plan incliné, il faut que quelqu'autre force que la réfiftance du plan l'y foutienne.

§. 411. Un corps qui refte en repos fur un plan incliné eft tenu en équilibre par deux puiffances qui contrebalancent fa gravité abfolue. 1°. La réfiftance du plan qui agit, felon la ligne BD, perpendiculaire à ce plan, car le plan étant preffé felon cette ligne par le poids P. preffe ce poids felon la même direction, à caufe de l'égalité de l'action & de la réaction. 2°. La force extérieure qui foutient le corps, fur le plan.

§. 412. La réfiftance du plan refte toujours la même dans un même plan, mais la direction de la puiffance qui foutient le corps fur ce plan peut changer, & il faut que cette force foit différente dans fes différentes directions pour empêcher les corps de tomber; car elle foutient plus ou moins dans ces directions différentes.

§. 413. Si la puiffance qui foutient le corps fur

Du repos des corps fur un plan incliné.

Comment un corps peut-être tenu en équilibre fur un plan incliné.
Fig. 411.

Quelle proportion la force qui foutient le corps fur un plan incliné, doit avoir au poids dans les différentes directions.

 le plan est verticale comme la puissance SP. il faut qu'elle soit égale au poids du corps ; car alors elle le soutient tout entier, & le plan incliné n'est plus compté pour rien.

Fig. 43.   §. 414. Cette puissance devra être d'autant moindre que sa direction s'éloignera plus de la direction verticale, en sorte que quand cette direction sera paralelle au plan incliné comme dans la Fig. 43. pour que ce corps P. soit soutenu sur le plan AB. il faudra que la puissance S. soit au poids du corps P. comme la hauteur du plan est à sa longueur, c'est-à-dire, comme la gravité respective de ce corps à la gravité absolue ; car la gravité respective de ce corps est la seule chose que cette puissance ait à contrebalancer dans cette direction.

Cette direction parallele au plan, est celle dans laquelle la puissance qui soutient le corps doit être la plus petite ; car alors la résistance du plan agit entiérement, & par conséquent la puissance qui empêche le corps de tomber a d'autant moins à soutenir.

§. 415. A mesure que la direction de la puissance qui soutient le corps, s'éloigne du parallelisme au plan, cette puissance doit être plus grande pour empêcher le corps de tomber, en sorte qu'elle doit être plus grande dans la direction OP. que dans la direction SP. jusqu'à ce qu'enfin si elle devenoit perpendiculaire au plan

comme

comme la puiffance K P. elle ne pourroit plus , quelque grande qu'elle fût , empêcher le corps de tomber le long du plan ; car elle n'auroit que la même action que le plan AB. lui-même , & par conféquent elle ne pourroit empêcher le corps de tomber le long de ce plan.

§. 416. Enfin , cette puiffance pourroit être infiniment petite , fi le plan étoit infiniment peu haut , ce qui n'a pas befoin d'être prouvé.

§. 417. Si le poids L. (que je fuppofe être la puiffance qui foutient le corps P. fur le plan AB:) fi le poids L. dis-je, au lieu de tenir le corps P. en équilibre fur le plan AB. le faifoit monter parallelement le long de ce plan, tandis qu'il defcendroit lui-même perpendiculairement le long de la ligne AC. la hauteur dont le poids P. montera , fera à celle dont le poids L. defcendra, comme la hauteur du plan eft à fa longueur ; car fuppofé que le poids L. ait fait monter le poids P. de B: en R. dans le plan AB. c'eft comme fi ce poids P. étoit monté perpendiculairement de la hauteur RH. mais le poids L. qui defcend perpendiculairement eft defcendu de la hauteur entiére BR. or à caufe des triangles femblables RBH: ABC. RH. eft à BR. comme AC. eft à AB. (Euclide Liv. 6. prop. 4.) Donc la hauteur dont le poids P. eft monté , eft à celle dont le corps L. eft defcen-

Y 3   du

Fig. 44.

Fig. 45.

du, comme la hauteur du plan eſt à ſa longueur, & les hauteurs auſquelles ces deux poids
monteront & deſcendront feront en raiſon réciproque de leur poids.

Pourquoi il eſt plus difficile de monter u-ne monta-gne, que de mar-cher dans une plaine.

§. 418. Il eſt aiſé de voir par tout ce qui
vient d'être dit, pourquoi un caroſſe monte plus
difficilement une montagne qu'il ne roule ſur
un terrain horiſontal ; car il faut que les che-
vaux ſoutiennent pendant qu'ils montent une
partie du poids du caroſſe, lequel eſt à ſon
poids total, comme la hauteur perpendiculaire
du plan, c'eſt-à-dire, de la montagne, eſt à ſa
longueur ; & c'eſt par la même raiſon que l'on
roule plus aiſément ſur un terrain uni, que ſur
le terrain raboteux ; car les inégalités du terrain ſont autant de petits plans inclinés.

Fig. 47.

§. 419. Deux corps P. & S. qui ſe tiennent
en équilibre ſur des plans inégalement inclinés, mais dont la hauteur eſt la même, ſont
entr'eux comme la longueur des plans, ſur
leſquels ils s'appuyent ; car ils ſont alors l'un
pour l'autre ce que ſeroient des poids qui les
tiendroient en repos ſur ces plans, & dont la
direction ſeroit parallèle à ces plans (§. 414.)

De la chu-te des corps par un plan incliné.

Fig. 48.

§. 420. Lorſqu'aucune force ne retient les
corps poſés ſur un plan incliné, ils deſcendent
néceſſairement vers la terre le long de ce plan
(§. 410.) & le mouvement du corps peut-être
alors

alors confidéré comme un mouvement compofé, & le plan dans lequel il defcend comme la diagonale du parallelogramme formé fur les deux directions compofantes, fçavoir, la perpendiculaire vers la terre, que la gravité imprime à tout moment aux corps, & l'horifontale caufée par l'inclinaifon du plan.

§. 421. Mais cette réfiftance du plan qui imprime au corps la direction horifontale, ne lui imprime aucun mouvement, puifque fi elle avoit fon effet entier, cet effet feroit le repos du corps; elle ne fait donc réellement que retarder le mouvement que la gravité imprime aux corps, & changer la direction de ce mouvement.

§. 422. Ainfi, les corps en defcendant dans un plan incliné, n'ont d'autre mouvement que celui que la gravité leur imprime fans ceffe pour arriver au centre de la terre.

§. 423. Puifque les corps defcendent dans un plan incliné par la feule force de leur gravité, ils y defcendent donc d'un mouvement également accéléré; car la raifon de la gravité refpective à la gravité abfolue d'un corps fur un plan incliné étant toujours comme la hauteur du plan à fa longueur (§. 406.) & la gravité agiffant toujours uniformément, le corps doit fe mouvoir d'un mouvement également

Y 4   accéléré.

accéléré , en defcendant dans le plan incliné pendant tout le tems qu'il y defcend.

§. 424. La defcente des graves dans un plan incliné fuit donc les mêmes loix que leur chute perpendiculaire : ainfi , les efpaces qu'ils parcourent dans le plan incliné font comme les quarrés de leurs tems, ou de leurs vîteffes ; l'efpace qu'ils parcourent d'un mouvement accéléré eft égal à l'efpace qu'ils parcoureroient d'un mouvement uniforme pendant un tems égal , & avec la moitié des vîteffes acquifes pendant l'accélération ; & enfin les efpaces parcourus dans les tems égaux & fucceffifs de la chute croiffent comme les nombres impairs 1. 3. 5.7. &c. (ch. 13.§. 306.)

§. 425. Mais fi les corps fuivent dans leur chute par les plans inclinés les mêmes proportions que dans leur chute perpendiculaire , les vîteffes qu'ils y acquerent, & les efpaces qu'ils parcourent ne font pas égaux en tems égaux , aux vîteffes qu'ils acquerent & aux efpaces qu'ils parcourent, lorfqu'ils defcendent perpendiculairement.

§. 426. La vîteffe d'un corps qui tombe dans un plan incliné eft l'effet de fa gravité refpective, & fa vîteffe dans un plan perpendiculaire eft celui de fa gravité abfolue ; ces vîteffes doivent donc être différentes, puifque les caufes qui

qui les produifent font différentes.

La vîteffe que le corps acquert en tombant dans un plan incliné, eft donc à la vîteffe qu'il acquert en tombant perpendiculairement en un tems égal, comme la hauteur du plan eft à fa longueur, c'eft-à-dire, comme la gravité refpective & la gravité abfolue qui produifent ces vîteffes, font entr'elles (§. 406.) & ces vîteffes confervent entr'elles la même raifon pendant tous les tems égaux de la chute.

Les vîteffes dans le plan incliné, font aux vîteffes perpendiculaires en tems égal, comme la hauteur du plan à fa longueur.

§. 427. Voilà pourquoi Galilée fe fervit du plan incliné pour découvrir les loix que les corps fuivent dans leur chute; car les corps obfervant les mêmes proportions dans leur chute oblique, & dans leur chute perpendiculaire, & leur chute oblique s'operant plus lentement, il lui étoit plus aifé de difcerner les efpaces que les corps parcouroient, lorfqu'ils tomboient par un plan incliné, que lorfqu'ils tomboient perpendiculairement.

Ainfi, les corps tombent plus lentement dans un plan incliné, que par une ligne perpendiculaire.

§. 428. Les efpaces que le corps parcourt en tombant dans un plan incliné font à ceux qu'il parcoureroit en tombant perpendiculairement dans un tems déterminé, comme la vîteffe du corps dans le plan incliné, eft à la vîteffe perpendiculaire au bout de ce tems, c'eft-à-dire, comme la hauteur du plan eft à fa longueur.

§. 429. Si de l'angle rectangle que la hauteur

teur perpendiculaire du plan fait toujours avec l'horifon, on tire une ligne BD. perpendiculaire au plan incliné AC. la ligne AD. fera à la ligne AB. comme la ligne AB. eft à la ligne AC. (Euclide Liv. 6. prop. 8.) Or, on vient de voir que l'efpace parcouru dans le plan incliné eft à la chute perpendiculaire dans le même tems, comme la hauteur du plan eft à fa longueur. Le corps parcourera donc dans le plan incliné l'efpace AD. dans le même tems dans lequel il tomberoit perpendiculairement de A. en B. puifque la ligne AD. eft à la ligne AB. comme la hauteur du plan eft à fa longueur, & il n'y a dans le plan AC. que cet efpace AD. qui puiffe être parcouru en même tems que l'efpace AB. car il n'y a dans le plan incliné ABC. que cet efpace AD. qui puiffe être à l'efpace AB. comme AB. eft à AC. (Euclide Liv. 6. prop. 8.)

§.430. Ainfi, lorfqu'on connoît l'efpace qu'un corps parcoureroit dans fa chute perpendiculaire en un tems donné, on connoît celui qu'il parcoureroit dans le même tems dans un plan incliné, dont cette chute perpendiculaire feroit la hauteur en tirant de l'angle droit formé par la ligne verticale, & par l'horifontale une ligne perpendiculaire au plan incliné.

§. 431. C'eft de cette propofition que l'on tire cette autre-ci qui eft d'un ufage très-étendu, fçavoir : *Que dans un cercle dont le diame-*
tre

tre est perpendiculaire à l'horison, la chute d'un corps par une corde quelconque menée des extrêmités du diametre à la circonférence, se fait en un tems égal à celui dans lequel le corps parcoureroit le diametre entier.

Dans le cercle ABC. le diametre AB. perpendiculaire à la ligne horisontale L M. peut être considéré comme la hauteur des plans inclinés AM. AG. or les angles ARB. AKB. sont droits (Eucl.Liv. 3. prop. 31.) Ainsi, les lignes BK. BR. sont perpendiculaires aux plans inclinés AM, AG. & par conséquent les corps qui tomberoient du point A. arriveroient en même tems en R. en K. & en B.

On prouvera de la même façon que le corps doit parcourir les cordes KB. RB. dans le même tems dans lequel il parcoureroit le diametre AB. car on peut mener par le point A. les cordes AF. AH. égales & paralleles aux cordes RB. KB. or ces cordes AF. AH. seront parcourues dans le même tems que le diametre AB. (par la §. 431.) Donc les cordes RB. KB. qui leur sont égales & paralleles, seront aussi parcourues dans le même tems que ce diametre AB.

§. 432. Il suit évidemment de cette proposition que le point dans lequel la ligne tirée perpendiculairement de l'angle droit au plan incliné rencontre le plan, est dans la circonférence du cercle, dont la hauteur du plan est le diametre.

Les corps parcourent en tems égal toutes les cordes d'un cercle dont le diametre est perpendiculaire à l'horison.

Fig. 50.

Fig. 50.

§. 433.

§. 433. Ainſi dans un cercle dont le diametre eſt perpendiculaire à l'horiſon, toutes les cordes tirées des extrêmités de ce diametre à la circonférence, ſont parcourus ainſi que le diametre lui - même dans un tems égal, & les corps étant abandonnés à eux-mêmes, arriveront en même tems au point B. ſoit qu'ils partent du point R. ou du point K. ou du point O. ou du point A. ou enfin d'un point quelconque de la circonférence ABC. car chacune de ces cordes peut être conſidérée comme des parties de pluſieurs plans inclinés, dont le diametre AB. eſt la hauteur.

Fig. 55.

La raiſon pour laquelle toutes les cordes ſont parcourues en tems égal, c'eſt qu'elles ſont d'autant plus inclinées qu'elles ſont plus courtes, & d'autant plus verticales, qu'elles ſont plus longues.

§. 434. Le tems qu'un corps employe à tomber par un plan incliné eſt d'autant plus long que ce plan eſt plus incliné, & ce tems eſt au tems de la chute perpendiculaire comme la longueur du plan eſt à ſa hauteur.

§. 435. Ainſi, les tems de la chute d'un corps par des plans differemment inclinés, mais dont la hauteur eſt la même, ſont comme les longueurs de ces plans, ce qui n'a pas besoin

besoin de preuve après ce qui vient d'être
dit.

§. 436. J'ai dit (à la §. 425.) que les vîtesses acquises dans le plan incliné, n'étoient
pas égales aux vîtesses que le corps auroit acquis en tombant perpendiculairement pendant
le même tems , mais ce qui est vrai dans les
tems partiaux de la chute , ne l'est plus dans
le tems total : car dans les parties de la chute,
on compare les vîtesses acquises dans la chute
oblique pendant un tems quelconque, aux vîtesses que le corps acquereroit en tombant perpendiculairement pendant le même tems ; mais
dans la chute totale, on compare les vîtesses acquises dans les tems totaux des deux chutes,
l'oblique , & la perpendiculaire. Or, ces tems
sont inégaux, puisqu'ils sont entr'eux comme
la longueur & la hauteur du plan sont entr'elles.
Ainsi, les vîtesses de deux corps, dont l'un tomberoit perpendiculairement, & l'autre par un
plan incliné, seroient égales à la fin de leur chute, quoiqu'elles fussent inégales dans un tems
quelconque de la chute : ainsi, dans le plan incliné ABC. l'espace AB. & l'espace AD. sont parcourus dans le même tems , mais la vîtesse que
le corps a acquis au point B. & au point D. n'est
pas égale, la vîtesse acquise au point B. est à
celle que le corps a acquis en D. comme AC.
à AB. c'est-à-dire, comme la longueur du plan
est à sa hauteur.

Les vîtesses acquises à la fin de la chute perpendicu-laire & de la chute oblique , sont éga-les , mais les tems de ces chutes sont iné-gaux.

Fig. 42.

Mais

Mais lorfque le corps eft arrivé en D. & qu'il continue à tomber de D. en C. fa vîteffe croît en même raifon que le tems de fon mouvement : ainfi, la vîteffe acquife en C. eft à la vîteffe acquife en D. comme AC. à AD. ou à AB. c'eft-à-dire, comme la longueur du plan eft à fa hauteur, puifque les vîteffes croiffent comme les tems, (§. 434.) Les vîteffes acquifes en B. & en C. font donc égales, puifqu'elles font l'une & l'autre à la vîteffe acquife en D. comme AC. à AB.

Cette propofition n'eft pas du nombre de celles dans lefquelles la géométrie perfuade l'efprit prefque malgré lui ; car il eft aifé de fentir que la force par laquelle le corps tend à defcendre vers la terre, étant la feule qui le faffe defcendre dans le plan incliné, quand cette force a eu tout fon effet, elle doit avoir communiqué au corps la même vîteffe, quelque foit le chemin par lequel il foit tombé : ainfi, le corps a acquis la même vîteffe, lorfqu'il a atteint l'horifon, foit qu'il y foit parvenu par une ligne perpendiculaire, ou par un plan incliné, ou par plufieurs plans inclinés contigus, pourvû qu'il foit tombé de la même hauteur perpendiculaire.

§. 437. Il fuit de là, qu'un corps qui eft tombé perpendiculairement de L. en I. a acquis la même vîteffe que s'il étoit tombé de H. en I.

Fig. 51.

ainfi

ainſi, s'il continuoit de tomber de I. en K. par le plan incliné I K. ſon mouvement ſeroit le même que s'il étoit tombé de H. en K.

Mais comme ſon mouvement eſt plus lent par le plan incliné I K. que par le plan perpendiculaire I M. (§. 426.) un corps qui tomberoit de L. en I. puis de I. en K. arriveroit plus tard à l'horiſon en K. que s'il y étoit arrivé par le plan perpendiculaire L M. quoique par l'un & par l'autre chemin il ait acquis la même vîteſſe; car il a employé cette vîteſſe à parcourir un eſpace plus long dans le premier cas que dans le ſecond.

§. 438. Ainſi, un corps en deſcendant par le plan incliné L M. aura acquis la même vîteſſe en M. que s'il étoit tombé de I. en M. ou de Q. en G. & ſi étant arrivé en M. il *Fig. 52.* continuoit ſon chemin le long du plan incliné M N. il auroit la même vîteſſe en N. que s'il étoit tombé de Q. en N. ou de Q. en P. & ſi étant arrivé en N. il continuoit encore ſon Une courbe chemin par N O. il auroit acquis en O. la peut être même vîteſſe, que s'il étoit tombé de Q. en conſidérée R. Ainſi, un corps qui tombe par pluſieurs comme plans inclinés contigus comme L M. M N. une infini-N O. aura acquis, lorſqu'il ſera parvenu à l'ho- té de plans riſon la même vîteſſe, que s'il étoit tombé inclinés de la hauteur perpendiculaire de ces plans ré- contigus. préſentée par la ligne Q R. en ſuppoſant que

dans

dans les changemens de direction en M. &
en N. il n'y ait eu aucun frottement qui ait
diminué la vîtesse du corps.

Les corps suivent dans les courbes les mêmes loix que dans les plans inclinés.

§. 439. Une courbe n'étant autre chose
qu'une infinité de plans inclinés contigus infiniment petits , les corps en descendant dans
la courbe QH. acquereroient la même vîtesse
que s'ils étoient tombés de Q. en R.

§. 440. Lorsque les angles d'inclinaison de
deux plans sont égaux, ils sont également inclinés , quoique leur hauteur & leur longueur
soient différentes , car leur inclinaison dépend
de l'angle qu'ils font avec l'horison , & non de
leur hauteur ou de leur longueur.

*Fig. 53.
& 54.*

Les plans également inclinés A B C. a b c.
ayant l'angle d'inclinaison B. & b. égal par
supposition , & l'angle en C. & en c. étant
droit dans l'un & dans l'autre , ces plans forment des triangles semblables , dont les côtés
sont proportionnels (Euclide Liv. 6. prop. 4.)
ainsi , A B. est à a b. comme A C. est à a c.
Dans les plans également inclinés , les hauteurs sont donc proportionnelles aux longueurs ; & si deux corps descendent dans
deux plans ou dans plusieurs plans contigus
également inclinés , les tems qu'ils employe-
ront à tomber par ces plans , feront entr'eux
en raison sous-double de leur longueur, ce
qui

qui n'a pas besoin de preuve, puisque ces tems sont toujours en raison sous-double des espaces parcourus (§. 315. n. 2°.)

§. 441. Si au lieu de plans contigus on imagine deux courbes composées de plans inclinés infiniment petits, les tems de la chute dans les deux courbes seront dans la même raison que dans les plans également inclinés.

§. 442. Il suit de tout ce qui a été dit dans ce Chapitre, que les corps en tombant par une superficie quelconque, soit courbe, soit inclinée, acquierent la vîtesse nécessaire pour remonter à la même hauteur, si leur direction venoit à être changée, sans que leur vîtesse fût diminuée, soit qu'ils remontassent par la même surperficie, ou par quelque autre dont la hauteur fût la même ; car les corps en tombant par un plan incliné suivent les mêmes loix qu'en tombant perpendiculairement : or dans la chute perpendiculaire les corps acquierent des vîtesses capables de les faire remonter à la même hauteur dont ils sont descendus, & ces vîtesses leur sont ôtées en remontant de la même façon qu'elles leur avoient été imprimées en descendant, & c'est là la cause de l'oscillation des Pendules, dont je vais vous parler dans le Chapitre suivant.

Les corps acquierent dans les plans inclinés la vîtesse nécessaire pour remon er à la même hauteur, dont ils sont tombés.

CHAPITRE XVIII.

De l'Oscillation des Pendules.

§. 443.

Ce que c'est qu'un Pendule.

UN Pendule est un corps grave, suspendu à un fil, & attaché à un point fixe autour duquel il peut se mouvoir par l'action de la gravité, lorsqu'on l'a mis une fois en mouvement.

Quelle est la cause de ses vibrations.

Fig. 56.

§. 444. Si le corps P. suspendu à un fil BP. est attaché au point immobile B. & qu'étant tiré de la position BP. perpendiculaire à l'horison, il soit élevé en C. par exemple, & ensuite abandonné à lui-même, il est certain qu'il
descendra

vers la terre par la force de sa gravité autant qu'il lui sera possible.

Si ce corps étoit entièrement libre, il suivroit la ligne perpendiculaire CL. mais étant attaché en B. par le fil BP. il ne peut obéir qu'en partie à l'effort de la gravité qui le porte dans cette ligne C L. ainsi, il est contraint de descendre par l'arc CP.

Le corps P. en tombant de C. en P. par l'arc C P. a acquis la même vîtesse, que s'il étoit tombé de la hauteur perpendiculaire EP. & par conséquent il a la vîtesse nécessaire pour rémonter à cette même hauteur, par la même courbe en tems égal, supposé que quelque cause change sa direction sans altérer sa vîtesse ($.319. $n^\circ.1^\circ.$) Cette cause, qui change la direction que la gravité imprime au corps P. est le fil BP. car lorsque le corps est arrivé en P. il ne peut plus descendre vers la terre; cependant il conserve toute la vîtesse, que la gravité lui avoit imprimée de C. en P. Or, si dans ce moment la gravité cessoit d'agir sur le corps, & qu'il ne fût plus retenu par le fil BP. il suivroit la ligne droite P D. tangente du cercle C P. dans lequel le corps se meut (premiere loi §. 229.); mais le fil BP. opposant au point P. un obstacle invincible à sa gravité, le corps tend à s'échapper par la tangente P D. dont le fil BP. le rétire au premier moment pour lui faire commencer une autre tangente, dont il est à tout moment retiré : ainsi, le fil BP. faisant changer à tout mo-

Z z   ment

ment de direction à ce corps, il lui fait parcourir l'arc du cercle P R. & cet arc P R. est égal à CP. car ce corps par la force acquise en tombant de C. en P. doit remonter à la même hauteur d'où il étoit tombé , puisque la gravité lui ôte de P. en R. tout ce qu'elle lui avoit donné de C. en P. (§. 318.)

C'est de la même maniére à peu près que les corps célestes font leur révolution dans des courbes autour du Soleil sans tomber dans cet astre, comme je l'expliquerai en parlant de l'Astronomie.

Lorsque le corps P. est arrivé en B. toute la force qu'il avoit pour remonter étant consumée, il tombera de nouveau en P. par la pesanteur, d'où il remontera en C. & ainsi de suite. Cette allée & ce retour du Pendule BP. de C. en P. & de P. en R. est ce qu'on appelle les oscillations , les vibrations de ce Pendule, dont on voit que la pesanteur est l'unique cause.

Fig. 56.

Ce que c'est qu'u-ne vibration.

Les Pen-dules dans leurs vi-brations décrivent des arcs de cercle.

§. 445. Le corps P. étant retenu par le fil BP. dans la circonférence du cercle G P M. dont ce fil BP. est le rayon, l'arc CPR. qu'il décrira sera un arc de cercle.

§. 446. Ainsi, le fil BP. auquel le corps qui oscille, est attaché, est pour ce corps un obstacle, qui s'oppose à la force qui le porte vers la terre, & c'est cette seule force de la gravité, qui fait faire des vibrations à ce corps.

§. 447.

§. 447. La ligne droite SBT. parallele à l'horison, & passant par le point B. autour duquel le Pendule BP. oscille, s'appelle l'axe d'oscillation & le point B. auquel le fil BP. est attaché, s'appelle le point de suspension.

   Dans les Pendules on considere le poids du corps suspendu comme étant concentré en un seul point.

§. 448. Les Pendules peuvent être simples ou composés.

§. 449. Les Pendules simples sont ceux ausquels il n'y a qu'un poids suspendu ; & les Pendules composés sont ceux ausquels plusieurs poids sont attachés à différentes distances du point de suspension.

§. 450. Si l'air ne résistoit point au mouvement du Pendule, & que le fil auquel il tient n'éprouvât aucun frottement à son point de suspension, on sent aisément qu'un corps qui auroit commencé à faire des oscillations de C. en P. & de P. en R. les continueroit pendant toute l'éternité, puisqu'en tombant de C. en P. il acquiert la vitesse nécessaire pour remonter de P. en R. & qu'étant arrivé en R. il retombe en P. par la force de sa gravité, pour remonter ensuite en C. par la force acquise en descendant, & ainsi de suite.

Définitions.

Fig. 56.

Des Pendules simples.

Des Pendules composés.

Un Pendule feroit des oscillations pendant toute l'éternité, dans un milieu non résistant sans les frottemens

Fig. 56.

Z 3

§. 451.

§. 451. Mais comme nous ne connoiſſons point de corps exempt de frottement, & que l'air dans lequel les Pendules oſcillent, réſiſte à leur mouvement, tout pendule étant abandonné à lui-même perd à la fin ſon mouvement, & au bout d'un certain tems les arcs qu'il décrit diminuent, juſqu'à ce qu'enfin les arcs devenant infiniment petits, le Pendule reſte en repos dans la direction perpendiculaire à l'horiſon qui eſt ſa direction naturelle.

§. 452. On fait cependant abſtraction de la réſiſtance de l'air & du frottement, que le Pendule éprouve à ſon point de ſuſpenſion, lorſqu'on traite des oſcillations des Pendules, parce qu'on ne les conſidere que dans un tems très-court, & que dans un petit eſpace de tems, ces deux obſtacles ne font pas un effet ſenſible ſur le Pendule.

§. 453. Si les arcs du cercle CP, PG, que le corps P parcourt dans ſes vibrations ſont très-petits, ils différeront très peu en longueur & en inclinaiſon des cordes MP, RP, qui les ſouſtendent; ainſi le corps fera une demie oſcillation de C en P, dans un tems ſenſiblement égal à celui qu'il employeroit à parcourir la corde MP, ou le diametre AP, du cercle ACP, dans lequel il oſcille (§. 433.)

§. 454. Il suit de là qu'un Pendule, qui fait ses oscillations dans des arcs de cercle très-petits, les fait dans des tems sensiblement égaux, quoique les arcs qu'il parcourt ne soient pas égaux ; car ces arcs étant parcourus dans des tems sensiblement égaux à ceux que le corps employeroit à parcourir les cordes qui les souftendent, & ces cordes étant toutes parcourues en tems égal (§. 433.) le Pendule P. parcourera les petits arcs CPG. DPF. dans des tems sensiblement égaux ; ainsi, deux Pendules d'égale longueur que l'on fait osciller dans de petits arcs de cercle différens, font leurs vibrations si également, que dans cent vibrations, à peine différent-ils d'une seule.

Les oscillations dans de très-petits arcs de cercle inégaux, se font dans des tems sensiblement également.

Fig. 57.

§. 455. Les vîtesses des corps qui oscillent dans des arcs de cercle différens CB. DB. sont entre elles, lorsqu'ils sont arrivés au point B. comme les souftendantes de l'arc qu'ils ont parcouru ; car en tirant les lignes horifontales CF. DE. les vîtesses que le corps a acquis en tombant par les arcs CB. DB. sont les mêmes que celles qu'il auroit acquis en tombant perpendiculairement de F. en B. & de E. en B. (§. 438.) Or la vîtesse acquise de F. en B. est à la vîtesse acquise de G. en B. en raison sous doublée de GB. à FB. (§. 315. *num.* 4°.) où comme la ligne CB. est à la ligne GB. (§. 429.); de même la vîtesse acquise de E. en B. est à la vîtesse de G. en B. en raison sous-doublée de EB. à GB.

Les vîtesses acquises par des arcs inégaux, sont comme leur souftendantes.

Fig. 58.

Z 4   c'est-à-dire,

c'eſt-à-dire, comme la ligne DB. eſt à la ligne GB. & par conſéquent la vîteſſe de F. en B. eſt à celle de E. en B. comme la corde CB. eſt à la corde DB. mais la vîteſſe acquiſe en tombant par les arcs CB. DB. eſt égale à la vîteſſe que le corps acqueReroit en tombant perpendiculairement de F. en B. & de E. en B. (§. 444.) Donc les vîteſſes acquiſes en tombant par ces arcs ſont auſſi entre elles comme les cordes CB. DB. qui les ſouſtendent.

§. 456. Il ſuit de là , que ſi dans le cercle GB. on prend les arcs B1. B2. B3. dont les ſouſtendantes ſoient reſpectivement 1. 2. 3. &c. les vîteſſes d'un Pendule qu'on feroit deſcendre ſucceſſivement par les arcs 1 B. 2 B. 3 B. &c. ſeroient 1. 2. & 3. reſpectivement au point B. c'eſt-à-dire, comme les cordes qui ſouſtendent ces arcs. On peut donner aux corps par ce moyen des degrés de vîteſſe précis & différens, & cette méthode eſt d'un grand uſage pour connoître les loix du choc des corps, dont je parlerai dans la ſuite.

§. 457. Galilée fut le premier qui imagina de ſuſpendre un corps grave à un fil, & de meſurer le tems dans les obſervations Aſtronomiques & dans les expériences de Phyſique, par les vibrations ; ainſi, on peut le regarder comme l'inventeur des Pendules, mais ce fut M. Hughens qui les fit ſervir le premier à la conſtruction

Fig. 52.

Galilée eſt l'inventeur des Pendules.

Et M. Hughens des Horloges à Pendule.

tion des Horloges. Avant ce Philofophe les mefures du tems étoient très-fautives, ou très-pé-
nibles ; mais les Horloges qu'il conftruifit avec
des Pendules, donnent une mefure du tems infiniment plus exacte que celle qu'on peut tirer
du cours du Soleil ; car le Soleil ne marque que
le tems relatif ou apparent, & non le tems vrai.
Voilà pourquoi les Horloges à Pendules retardent ou avancent quelquefois, de 15. ou 16.
minutes fur le cours du Soleil, comme je l'expliquerai plus en détail en parlant de l'Aftronomie.

§. 458. Quoique les vibrations du même
Pendule dans de petits arcs de cercle inégaux
s'achevent dans des tems fenfiblement égaux
(§. 454.) cependant ces tems ne font pas égaux
géometriquement ; mais les ofcillations dans de
plus grands arcs fe font toujours dans un tems un
peu plus long, & ces petites différences qui font
très-peu de chofe dans un tems très-court, & dans
de très-petits arcs, deviennent fenfibles, lorfqu'elles font accumulées pendant un tems plus confidérable, ou que les arcs different fenfiblement.
Or mille accidens, foit du froid, foit du chaud,
foit de quelque faleté qui peut fe glifter entre
les rouës de l'Horloge, peuvent faire que les
arcs décrits par le même Pendule ne foient pas
toujours égaux, & par conféquent le tems marqué par l'éguille de l'Horloge, dont les vibrations du Pendule font la mefure, feroit ou plus

court

court ou plus long, felon que les arcs que le Pendule décrit feroient augmentés ou diminués.

§. 459. L'expérience s'eft trouvée conforme à ce raifonnement, car M. Derham ayant fait ofciller dans la machine de Boyle un Pendule, qui faifoit fes vibrations dans un cercle ; il trouva que lorfque l'air étoit pompé de la machine, les arcs que fon Pendule décrivoit étoient d'un cinquiéme de pouce plus grands de chaque côté que dans l'air, & que fes ofcillations étoient plus lentes de deux fecondes par heure.

Les vibrations du Pendule étoient plus lentes de fix fecondes par heure dans l'air, lorfqu'on ajuftoit le Pendule, de façon que les arcs qu'il décrivoit, fuffent augmentés de cette même quantité d'un cinquiéme de pouce de chaque côté ; car l'air retarde d'autant plus le mouvement des Pendules que les arcs qu'ils décrivent font plus grands.

§. 460. Le Pendule parcourt de plus grands arcs dans le vuide par la même raifon qui fait que les corps y tombent plus vîte, c'eft-à-dire, parce que la réfiftance de l'air n'a plus lieu dans le vuide.

§. 461. M. Derham remarqua de plus que les arcs décrits par fon Pendule étoient un peu plus grands

grands lorſq_'il avoit nouvellement nettoyé le mouvement qui le faiſoit mouvoir.

§. 462. M. Hughens qui avoit prévû ces inconveniens, imagina pour y remedier, & pour rendre les Horloges auſſi juſtes qu'il eſt poſſible, de faire oſciller le Pendule qui les régle dans des arcs de cicloïde, au lieu de lui faire décrire des arcs de cercle; car dans la cicloïde tous les arcs étant parcourus dans des tems parfaitement égaux, les accidens qui peuvent changer la grandeur des arcs décrits par le Pendule, ne peuvent apporter aucun changement au tems meſuré par ſes vibrations, lorſqu'elles ſe font dans des arcs de cicloïde.

§. 463. Cette courbe qui eſt très-fameuſe parmi les Géometres par le nombre & la ſingularité de ſes propriétés, ſe forme par la révolution d'un point quelconque d'un cercle, dont la circonférence entiére s'applique ſucceſſivement ſur une ligne droite.

Lorſque le cercle B O. applique ſucceſſivement tous les points de ſa circonférence ſur la ligne droite B A b. en ſorte que ſon point B. par lequel il touchoit cette ligne au commencement de ſa révolution, ſe trouve toucher l'autre extrémité b. de cette ligne, quand la révolution du cercle ſur cette ligne eſt achevée, on voit aiſémentique cette ligne B A b. ſera égale à la circonférence du cercle B O. qui

s'eſt

s'est appliquée succeſſivement ſur elle comme pour la meſurer.

Si l'on conçoit maintenant que le point B. du cercle BO. qu'on appelle le point décrivant, laiſſe à tous les points par leſquels il paſſe en allant de B. en b. une production de lui-même, il s'en formera la courbe BGb. & c'eſt cette courbe qu'on appelle *une Cieloïde*. Les rouës d'un caroſſe, en tournant décrivent dans l'air des cicloïdes.

Définition

§. 464. Le cercle BO. dont la révolution a formé la cicloïde BGb. s'appelle le cercle géné-rateur de cette cicloïde : le point G. eſt le ſom-met de la cicloïde, & la ligne horiſontale BAb eſt ſa baſe.

§. 465. Si l'on conçoit le cercle générateur BO. parvenu dans ſa révolution au point dans lequel ſon diametre GA. partage la cicloïde, & ſa baſe en deux parties égales, alors ce diame-tre devient l'axe de la cicloïde.

Des pro-priétés de la cicloïde.

§. 466. Si je voulois vous démontrer toutes les propriétés de cette courbe, il faudroit en faire un traité entier. Je me contenteraï donc de vous indiquer ici celles qui ſont néceſſaires au ſujet que je traite; vous en ſuppoſerez les dé-monſtrations, ou ſi vous voulez les connoître, vous les trouverez dans l'excellent Livre de M. Hughens *de Horologia Oſcillatorio*, ou dans le Traité

Traité que M. Wallis a donné de la Cicloïde.

1°. Cette courbe se décrit elle-même par son évolution, en sorte que si CA. CN. sont deux demi-cicloïdes renversées, formées par le même cercle générateur DA. lesquelles se réunissent au point C. ayant leur sommet en A. & en N. & que l'on conçoive un° fil CBA. égal à la demie-cicloïde CA. à laquelle je le suppose appliqué. Si l'on attache à l'extrémité de ce fil un poids P. ce fil deviendra un Pendule égal à la demi-cicloïde CA. or si ce poids P. est abandonné à lui-même, il tombera vers la terre autant qu'il lui sera possible par sa gravité, & en tombant, il déployera le fil CA. lequel en se déployant de A. en F. décrira par son extrémité auquel tient le poids P. une courbe AF.

Si le poids P. qui a déployé le fil CBA. & qui l'a amené dans la direction perpendiculaire C F. continue à se mouvoir par l'action de sa gravité, lorsqu'il est arrivé en F. il décrira en remontant de F. en N. une courbe FN. égale à AF. & quand le point P. sera arrivé au point N. le fil C B P. sera appliqué à la demi-cicloïde C N. à laquelle il est égal : donc la courbe entiére A F N. sera décrite par l'évolution & la révolution de la demi-cicloïde CA. ou du fil CBP. qui lui est égal, & cette courbe AFN. se trouve être une cicloïde égale aux deux demi-cicloïdes CA. CN. & ayant le même cercle générateur, & elle est par conséquent double du fil CBP. égal à chacune de ces demi-cicloïdes. Afin

Afin que les Pendules décrivent des arcs de cicloïde dans leur évolution & leur révolution, il faut qu'ils soient suspendus entre des demi-cicloïdes de métal, contre lesquelles ils s'appuyent fans ceffe en fe déployant, & qui les empêchent de décrire des arcs de cercle.

Deuxiéme propriété. 2°. Le tems de la chute d'un corps par un arc quelconque d'une cicloïde renverfée, eft au tems de la chute perpendiculaire par l'arc de la cicloïde, comme la demie circonférence du cercle eft à fon diametre.

Idem p. 2. prop. 25. C'eft cette propriété de la cicloïde dont vous pouvez voir la démonftration dans le Traité de M. Hughens, qui fit découvrir à ce Philofophe la proportion entre le tems d'une ofcillation, & l'efpace tombé dont j'ai parlé.

Troifiéme propriété. 3°. De cette propriété de la cicloïde, il en naît une autre, c'eft que tous les arcs d'une cicloïde renverfée font parcourus en tems égal, par un corps qui tombe dans cette courbe par fon propre poids; car puifque par la propriété précedente les tems de la chute d'un corps par des arcs quelconques de cicloïde, font au tems de fa chute perpendiculaire par l'axe de cette cicloïde dans une raifon conftante, ces tems font égaux entr'eux.

Quatriéme propriété. 4°. Cet ifochronifme des arcs de la cicloïde eft fondé fur une propriété de cette courbe, *Hughens de Horol. Ofcil. p. 2. prop. 1.* dont je ne vous ai pas encore parlé, & qui fe prouve par une démonftration affez compli-quée, c'eft que toute tangente de la cicloïde eft est parallele à la corde de son cercle générateur comprise entre le sommet de la cicloïde, & le point auquel la parallele à la base tirée du point de tangence, coupe le cercle générateur : ainsi, la tangente HBN. est parallele à la corde EA. dans la cicloïde MGL.

Fig. 61.

Il est aisé de voir comment l'isochronisme des arcs de la cicloïde découle de cette propriété, quoique ce ne soit pas par là qu'on l'a découvert, car la gravité agira sur le corps au point de cette courbe où il se trouve, de la même maniére qu'elle y agiroit sur la corde du cercle générateur qui correspond à ce point, puisque chaque point de la cicloïde a la même inclinaison que la corde du cercle générateur qui lui correspond : or on a vû que sur toutes les cordes d'un cercle tirées des extrémités de son diametre, le corps reçoit des impulsions de la pesanteur proportionnelles aux cordes qu'il parcourt, c'est-à-dire, d'autant plus grandes que ces cordes sont plus longues : ainsi, dans la cicloïde chaque point de cette courbe ayant la même inclinaison que la corde du cercle générateur qui lui correspond, le corps reçoit à chacun de ces points des impulsions de la pesanteur proportionnelles à la corde, ou au double de cette corde, c'est-à-dire à l'arc qui lui reste à parcourir ; car chacun de ces arcs est double de la corde du cercle générateur qui lui correspond : ces impulsions sont par conséquent d'autant moindres que ces arcs sont plus courts, & d'autant plus

Hughens de Horol Oscill. p. 3. prop. 5. &c 7.

Fig. 62.

grandes

grandes qu'ils font plus grands, ces arcs étant d'autant plus inclinés qu'ils font plus courts. Suivant cela, deux corps qui partent en même tems des points H. & B. de la cicloïde DFO. avec des vîteſſes initiales proportionnelles aux arcs HF. BF. qu'ils ont à parcourir, arriveroient en même tems au point F. s'ils continuoient à ſe mouvoir avec les vîteſſes initiales de H. en F. & de B. en F. d'un mouvement uniforme ; or comme on peut faire le même raiſonnement ſur tous les points qui font entre H. & F. & entre B. & F. les corps qui partent de ces différens points, doivent atteindre le ſommet F. en même tems.

Je me ſuis arrêté à prouver cette quatriéme propriété de la cicloïde, & ſurtout à en faire ſentir la raiſon Phyſique, parce que c'eſt celle qui ſert le plus à la juſteſſe des Pendules qui oſcillent dans des arcs de cicloïde.

<table>
<tr><td>

Cinquiéme propriété.</td><td>

§. 467. Je ne puis paſſer ſous ſilence une des plus belles propriétés de la cicloïde, & aſſurément celle qui eſt la plus ſurprenante de toutes, c'eſt que cette courbe eſt la ligne de la plus vîte deſcente d'un point à un autre.</td></tr>
</table>

La cicloïde eſt la ligne de la plus vîte deſcente.

§. 468. Le problême de la ligne de la plus vîte deſcente d'un corps tombant obliquement à l'horiſon par l'action de la peſanteur d'un point donné à un autre point donné, eſt fameux par l'erreur du grand Galilée, qui a crû que cette

ligne

ligne étoit un arc de cercle, & par les différentes folutions que les plus grands Géometres de
l'Europe en ont donné; vous lirez un jour ces
folutions dans les *Acta Eruditorum*, & dans les
Tranfactions Philofophiques, & vous verrez que
tous ces grands hommes arriverent au même
but par différens chemins, & que tous trouverent que cette ligne étoit une demi-cicloïde
renverfée, qui a pour origine & pour fommet les
deux points donnés.

§. 469. La folution de ce problême femble
une efpece de paradoxe, puifqu'il s'enfuit que
la ligne droite qui eft toujours la plus courte
entre deux points donnés, n'eft pas celle qui
eft parcourue dans un moindre efpace de tems,
& cela étonne d'abord un peu l'imagination,
cependant la géometrie le démontre, & il n'y
a pas à en appeller, & cela dépend de cette
proprieté de la cicloïde, par laquelle les vîteffes
initiales d'un corps à un point quelconque de
cette courbe, font proportionnelles aux arcs qui
lui reftent à parcourir.

§. 470. Ainfi la ligne de la plus vîte defcente eft auffi celle dont tous les arcs font parcourus en temps égaux, & il eft utile de remarquer que ces deux proprietés qui dépendent vifi-
blement du même principe, je veux dire des
vîteffes initiales proportionnelles aux arcs à parcourir, ne fe trouvent réunies dans une même

Tome I.　　　　*　　　A a　　　courbe,

courbe, qu'en suivant le siftême, ou pour mieux dire, les découvertes de Galilée fur la progreffion de la chute des corps.

§. 471. M. Jean Bernoulli, ce fameux Mathématicien qui avoit propofé le problême de la ligne de la plus vîte defcente, le réfolut par la dioptrique, en démontrant que tout rayon rompu dans l'atmofphére doit décrire une cicloïde ; ce grand Géometre fupofoit dans fa fulution que la lumiére en traverfant des milieux d'une denfité héterogene, devoit fe tranfmetre par le chemin du plus court tems, comme Fermat l'avoit prétendu contre Defcartes, & comme Meffieurs Hughens & Leibnits l'avoient foutenu depuis Fermat.

§. 472. On fent aifément avec quel plaifir M. de Leibnits adopta une opinion qui prenoit fa fource dans le principe d'une raifon fuffifante ; car Fermat prétendoit que puifque le rayon ne va d'un point à un autre, ni par le chemin direct, ni par le plus court, il étoit convenable à la Sageffe de l'auteur de la Nature qu'il y allât par le chemin qu'il parcourt dans le moins de tems poffible.

Ce n'eft pas ici le lieu d'entrer dans cette difcuffion ; vous pouvez voir ce que M. de Mairan a rapporté de la difpute de Defcartes & de Fermat dans les Mémoires de l'Académie des Sciences Année 1722. en attendant que je

vous

Solution du problême de la cicloïde par la dioptrique donnée par Jean Bernoulli.

Acta Erudit. 1697. *p.* 206.

vous en parle, lorfque je vous expliquerai la réfraction de la lumiére.

§. 473. Vous avez vû ci-deffus qu'afin qu'un Pendule décrive des arcs de cicloïde, il eft néceffaire qu'il foit fufpendu entre deux demi-cicloïdes, comme dans la Fig. 60. lefquelles étant ordinairement de métal, l'empêchent de décrire un arc de cercle.

Or, quoique les deux demi-cicloïdes C A. C N. empêchent le corps P. de décrire l'arc de cercle E F L. cependant il y a vers le fommet de la cicloïde un petit efpace PFP. dans lequel le Pendule fe meut de la même façon que s'il ofcilloit librement dans le cercle EFL. & c'eft là la véritable raifon pour laquelle les ofcillations du Pendule dans de très-petits arcs de cercle différens, s'achevent cependant dans des tems fenfiblement égaux, comme je l'ai dit.

Fig. 63.

Voilà pourquoi on ne fufpend guéres les grands Pendules entre des arcs de cicloïde ; la petiteffe des arcs qu'ils décrivent, fuffifant pour rendre leurs vibrations ifochrones, & ce n'eft que pour les petits Horloges dont le Pendule eft très-court, que l'on fe fert de la cicloïde.

§. 474. Il fuit de l'égalité du petit arc de cercle P F P. & de cette portion de la cicloïde AFN. que le tems pendant lequel un corps fait une ofcillation dans un très-petit arc de cercle, eft au tems de la chute perpendiculaire par la

demie

demie longueur du Pendule , comme la circonférence du cercle eſt à ſon diametre , puiſque le tems d'une oſcillation dans une cicloïde
ſuit cette proportion.

Cette égalité du tems des oſcillations dans
un petit arc de cercle aux tems des oſcillations dans de petits arcs de cicloïde , étoit néceſſaire à trouver , pour en déduire , comme
fit M. Hughens, l'eſpace que la gravité fait parcourir ici-bas dans la premiere ſeconde aux
corps qu'elle fait tomber vers la terre ; car les
Pendules qui font leurs oſcillations par la ſeule
force de la gravité, décrivent des arcs de cercle,
& non pas des arcs de cicloïde.

§. 475. La durée des oſcillations de deux Pendules qui oſcillent dans des arcs de cercle ſemblables , ſont en raiſon ſous-doublée de la longueur de ces Pendules.

Vous avez vû dans le chapitre 13. (§. 315.
num. 4°.) qu'un corps qui tombe vers la terre
par la ſeule force de la gravité, parcourt en tombant des eſpaces qui ſont comme les quarrés
des tems employés à tomber , ou des vîteſſes
acquiſes en tombant , à la fin de chacun de ces
tems.

Or dans les oſcillations des Pendules les eſpaces parcourus ſont des arcs de cercle , dont
les rayons ſont les longueurs des Pendules :
ainſi, le tems de la chute par l'arc E B. eſt au
tems de la chute par l'arc ſemblable G D. en
raiſon

raiſon ſous-doublée de EB. à GD. & par conſéquent en raiſon ſous-doublée de AB. à CD. car
les arcs ſont entr'eux comme leurs rayons. On
voit aiſément que ce qui eſt vrai par les demi-oſ-
cillations EB. GD. l'eſt auſſi par les oſcillations
entiéres EBF. GDH. Ainſi, les longueurs des Pendules qui décrivent des arcs de cercle ſemblables,
ſont entr'elles en raiſon double inverſe du nombre de leurs oſcillations, en tems égal, & par
conſéquent le Pendule AB. qui a 9. pieds, par
exemple, fera deux oſcillations dans le même
tems dans lequel le Pendule CD. qui a quatre
pieds en fera trois ; car les quarrés de ces oſcillations ſont 9. & 4. reſpectivement, ce qui eſt
la longueur des Pendules. Les vibrations qui ſe
font dans des arcs de cicloïde, ſuivent les mêmes proportions.

§. 476. Il ſuit de-là que dans les Pendules qui
oſcillent dans des arcs de cercle ſemblables, les
plus longs ſont ceux dont les oſcillations ſont
les plus lentes ; car ils ſe meuvent ſur un arc
ſemblable, & plus incliné que les Pendules
plus courts. Donc il faut que le Pendule qui fera ſes vibrations en une ſeconde, ait une certaine longueur déterminée, puiſque la longueur des
Pendules décide du tems qu'ils employent à faire leurs oſcillations.

§. 477. M. Picard avoit déterminé cette lon-

gueur

gueur pour le Pendule qui bat les fecondes à Paris, à 3. pieds de Paris, 8. l. $\frac{1}{3}$. & ce fut cette longueur & la proportion que M. Hughens avoit trouvé entre le tems d'une ofcillation, & la quantité de la chute verticale (§. 328.) qui fit naître à M. Hughens l'idée de faire de la longueur du Pendule qui fait fes vibrations en une feconde à Paris, une mefure univerfelle pour tous les pays & pour tous les tems, & pour rendre cette mefure univoque, il avoit donné le nom de *pied horaire* au tiers de cette longueur.

§. 478. Mais afin que cette mefure fût univerfelle, il faudroit que la pefanteur fût la même à tous les points de la furface de la terre ; car la pefanteur étant la feule caufe de l'ofcillation des Pendules (§. 444.) & cette caufe étant fuppofée refter la même, il eft certain que la longueur du Pendule qui bat les fecondes devroit être invariable, puifque la durée des vibrations dépend de cette longueur, & de la force avec laquelle les corps tombent vers la terre, & que par conféquent la mefure qui en réfulte feroit univerfelle pour tous les pays, & pour tous les tems, car nous n'avons aucune obfervation, qui puiffe nous porter à croire que l'action de la gravité foit différente dans les mêmes lieux en différens tems.

§. 479. Il faut avouer que cette idée eft très-belle

belle, & qu'une mesure universelle seroit très-desirable, mais la supposition nécessaire pour la rendre telle, je veux dire la pesanteur égale dans toutes les regions de la terre, se trouve entierement fausse; car des observations incontestables ont fait connoître que l'action de la pesanteur est différente dans différens climats, & qu'il faut toujours allonger le Pendule vers le Pole, & le racourcir vers l'Equateur, afin qu'il fasse ses vibrations en tems égal : ainsi, cette mesure proposée par M. Hughens ne peut être universelle par tous les endroits de la terre, mais seulement pour les pays situés dans la même latitude que Paris, puisque c'est à Paris que la longueur du Pendule qui bat les secondes a été déterminée, & pour rendre cette mesure universelle, il faudroit avoir par l'expérience des tables des différences des longueurs du Pendule, qui battroit les secondes dans les différentes latitudes sur les deux hemispheres, comme nous en avons par la théorie pour notre hemisphere, & en rapportant toutes ces longueurs à la longueur du Pendule qui bat les secondes à Paris, ce qui serviroit aussi à déterminer la figure de la terre (§. 377.)

C'est un projet dont l'exécution auroit plus d'une utilité pour la Physique, mais il faut pour ces opérations des mains très-exercées, & des esprits très attentifs, & il n'est nullement aisé de déterminer ces longueurs par l'expérience avec la précision nécessaire pour en faire sentir

Cette mesure ne peut être universelle, & pourquoi.

A a 4   les

les différences qui dépendent quelquefois de moins d'un quart de ligne.

§. 480. Il faut surtout pour y parvenir avoir établi bien sûrement la longueur du Pendule qui bat les secondes dans une certaine latitude, & c'est ce que nous pouvons nous flatter d'avoir pour la latitude de Paris depuis les expériences que M. de Mairan a faites en 1735. pour la déterminer.

M. Picard & M. Richer avoient déja donné cette longueur ; mais dans les choses qui dépendent de l'expérience, il ne suffit pas d'avoir raison, il faut être bien sûr de l'avoir, & on n'avoit point encore sur la longueur du Pendule avant 1735. cette sorte de certitude qui ne laisse rien à desirer.

Comment on connoit la longueur du Pendule qui bat les secondes dans un lieu quelconque par la seule force de la pesanteur.

§. 481. Pour connoître la quantité de l'action de la pesanteur, dans un certain lieu, il ne suffit pas d'avoir une Horloge à Pendule qui batte les secondes avec justesse dans ce lieu ; car ce n'est pas la seule pesanteur qui meut le Pendule d'une Horloge, mais l'action du ressort, & en général tout l'assemblage de la machine agit sur lui, & se mêle à l'action de la gravité pour le mouvoir, & c'est un problême très-difficile & très-délicat de déterminer combien en vertu de la construction de l'Horloge, la longueur du pendule qui bat les secondes de cette Horloge, est

altéré

altérée par rapport à celle d'un pendule qui fait ses oscillations dans le même tems par l'action de la seule pesanteur ; cependant c'est cette longueur qu'il faut trouver pour connoître la quantité de l'action de la seule pesanteur , dans l'endroit pour lequel on veut déterminer la longueur du Pendule à secondes.

On se sert pour y parvenir d'un corps grave suspendu à un fil , lequel étant tiré de son point de repos , fait les oscillations dans de petits arcs de cercle par la seule action de la pesanteur , & pour connoître combien ce pendule fait d'oscilations en un tems donné, on se sert d'un Horloge à pendule bien reglé sur le tems moyen, & qui bat les secondes de ce tems bien exactement, & l'on compte le nombre d'oscillations que le pendule sur qui la seule pesanteur agit , & qu'on appelle *Pendule d'expérience* , a fait pendant que le pendule de l'Horloge a battu un certain nombre de secondes ; car le nombre des oscillations que les pendules font en tems égal étant en raison sous-double inverse de leurs longueurs (§. 475.) lorsqu'on connoît le nombre d'oscillations que deux pendules font en un tems donné , on connoît en quelle raison sont leurs longueurs, en quarrant ces nombres ; ainsi les quarrés des oscillations que le pendule de l'Horloge & le pendule d'expérience font en tems égal , donnent le rapport entre la longueur du pendule d'expérience , & celle du

pendule

pendule simple qui feroit ses oscillations par la seule force de la pesanteur, & qui seroit isochrone au pendule composé de l'Horloge, & qui par conséquent battroit les secondes dans la latitude, où l'on fait l'expérience, & cette longueur est celle du pendule que l'on cherche.

§. 481. C'est de cette façon que M. de Mairan à déterminé la longueur nécessaire au pendule pour battre les secondes à Paris par la seule action de la pesanteur à 3. pieds, 8 lignes, $\frac{17}{30}$. ou environ $\frac{5}{9}$. d'un fil de pite (fil tiré de la feuille d'une espéce d'aloës) presque aussi délié qu'un cheveu, & auquel une boule de cuivre d'un pouce de diametre étoit suspendue.

§. 482. Cette longueur tient à peu près le milieu entre celles que Messieurs Picard & Richer avoient données, & si on la prend de 3. pieds 8. lignes $\frac{5}{9}$. elle est la même que celle que M. Newton rapporte au troisiéme Livre de ses Principes, d'après les mesures de Messieurs Varin & des Hayes prises en 1682.

§. 483. On peut voir dans l'excellent Mémoire de M. de Mairan toutes les précautions qu'il a prises pour s'assurer de la justesse de ses expériences, & on verra que les desirs de ceux qui ne prennent que la peine de desirer, ne peuvent pas même aller au de-là.

C'est

Détermination de la longueur du Pendule qui bat les secondes à Paris, par M. de Mairan en 1735.

C'eft à ces mefures que les Académiciens qui ont été mefurer un degré du Méridien fous l'équateur, & au cercle polaire, rapportent toutes les obfervations qu'ils ont faites fur la longueur du Pendule, dans ces différens climats.

§. 484. Tout ce que j'ai dit jufqu'à préfent des Pendules, ne doit s'entendre que des Pendules fimples, c'eft-à-dire, des Pendules aufquels un feul poids eft fufpendu, & dont le fil eft fuppofé exempt de toute pefanteur; car lorfque le fil auquel le poids eft attaché, a une pefanteur fenfible par rapport à ce poids, alors le Pendule fimple devient un pendule compofé (§. 449.) puifque le poids du fil qu'il faut alors compter, fait le même effet qu'un fecond poids qui tiendroit au même fil, & que les Pendules compofés ne font autre chofe que des Pendules aufquels plufieurs poids font attachés à des diftances invariables tant les uns des autres que du point de fufpenfion, &c.

§. 485. Les Pendules compofés fuivent les mêmes loix que les Pendules fimples, mais ils les fuivent avec de certaines modifications.

§.486.Pour déterminer le tems des ofcillations d'un Pendule compofé, & les arcs qu'il décrit, il faut confidérer une chofe dont je n'ai point encore parlé, parce qu'elle appartient principalement

lement aux Pendules composés , c'est le *centre d'oscillation.*

Du centre d'oscilla- tion.

§. 487. Le centre d'oscillation d'un Pendule composé, est le point dans lequel les efforts ou actions des poids qui le composent, se réunissent pour faire faire à ce Pendule ses vibrations dans un certain tems; ainsi, le centre d'oscillation & le centre de gravité ont un rapport néces- saire.

Du centre de gravité.

§. 488. On appelle *centre de gravité* le point par lequel passe nécessairement la ligne qui par- tageroit le corps en deux parties également pe- santes, ensorte que si chaque moitié étoit mise dans le bassin d'une balance, elles se tiendroient en équilibre.

§. 489. Toute la gravité d'un Corps peut être conçuë rassemblée dans ce seul point , ensorte que les autres parties sont considerées comme en étant entierement privées, & c'est ainsi que l'on conçoit la pesanteur des Pendules simples.

§. 490. Le centre de gravité d'un Corps est toujours dans une ligne perpendiculaire à l'hori- son, ensorte que ce Corps peut être soutenu , soit qu'il soit suspendu par le point même de son centre de gravité, soit qu'il le soit par un point quelconque de cette ligne qu'on appelle *ligne du centre.*

§. 491.

§. 491. Le centre d'ofcillation eſt toujours dans cette ligne du centre de gravité.

Quand deux ou pluſieurs corps tiennent enſemble , ſoit qu'ils ſoient contigus , ſoit qu'ils ſoient ſéparés , ils ont un centre de gravité commun , ce centre eſt un point quelconque dans la ligne droite qui joindroit les centres de ces corps ; & ce point eſt toujours ſitué de façon que la diſtance des corps à ce point , eſt toujours en raiſon réciproque de leur gravité.

§. 492. Le centre d'ofcillation d'un Pendule ſimple dont le fil eſt ſuppoſé ſans peſanteur (ce qui eſt le cas ordinaire), n'eſt point dans le point de ſon centre de gravité , comme on le croiroit d'abord, mais dans la ligne de ce centre de gravité,un peu plus bas que le point du centre,duquel il eſt plus loin ou plus près , ſelon une certaine proportion entre le rayon de la boule qui compoſe le pendule , & la longueur du fil auquel elle eſt attachée, & cela , parce qu'il faut avoir égard à la diſtance du centre de gravité de la boule au point de ſuſpenſion ; car cette diſtance ſera d'autant plus grande , la longueur du fil reſtant la même , que le rayon de la boule ſera plus grand , & au contraire. C'eſt à M. Hughens à qui l'on doit encore cette remarque ; & c'eſt lui qui a déterminé cette proportion entre le rayon de la boule , & la longueur du pendule pour trouver le centre d'ofcillation.

Du centre d'ofcillation des Pendules ſimples dont le fil eſt ſans poids ſenſible.

§. 493.

§. 493. La véritable longueur du Pendule simple, dont le fil est supposé sans pesanteur, n'est donc pas la longueur du fil depuis le point de suspension jusqu'au point auquel la boule y est attachée, ni jusqu'au centre de gravité de cette boule ; mais cette longueur est à compter depuis le point de suspension, jusqu'au centre d'oscillation, lequel n'est le même que le centre de gravité, que lorsque la longueur du fil excede à un certain point le rayon de la boule ; car alors l'abaissement du centre d'oscillation devient insensible, & n'est plus à compter.

Quel est le centre d'oscillation d'un Pendule simple quand le fil a un poids sensible.

§. 494. Quand le fil du Pendule simple a une pesanteur qui peut être sensible par rapport à celle du poids qui y est attaché, alors ce Pendule n'est plus considéré comme un pendule simple, mais comme un pendule composé (§. 484.); & son centre d'oscillation n'est plus alors dans la boule suspendue ; il est sur le fil même dans un point quelconque au-dessus de cette boule, c'est-à-dire, dans un point où l'on conçoit que l'action de la gravité du fil, & du poids, se rassemble, & ce point est d'autant plus haut que le poids du fil est plus grand par rapport à celui de la boule, & au contraire.

Dans ce cas, la vraie longueur est la distance qui se trouve entre le point de suspension, & ce centre d'oscillation, & les oscillations de ce pendule seront plus promptes, que si ce fil étoit sans pesanteur ; car alors la vraie longueur
du

du Pendule fera moins grande (§. 476.)

§. 495. On a vû (§. 476.) qu'un poids fufpendu
à un fil, fait fes ofcillations d'autant plus lentes
que ce fil eft plus long, ou, ce qui revient au
même, que le corps eft plus loin du point de
fufpenfion, & au contraire; ainfi, fi à un fil
C A. long de quatre pieds, par exemple, qui
porte un poids P. à fon extrémité A. on ajoute
en O. un fecond poids R. un pied plus haut,
c'eft-à-dire, à 3. pieds du point de fufpenfion, le
corps P. qui eft à 4. pieds du point de fufpenfion
doit faire fes ofcillations plus lentes que le corps
B. qui n'en eft qu'à trois pieds, cependant ces
deux poids tenant à un même fil, ce fil ne peut
pas faire fes vibrations plus longues & plus
courtes en même tems ; il les fera donc dans
un tems qui tiendra le milieu entre la lenteur
avec laquelle il eût ofcillé, fi le poids P. attaché à quatre pieds du point de fufpenfion y eût
été feul, & la promptitude dont ces ofcillations
euffent été, s'il n'avoit eû que le poids R. attaché en O. Ainfi, le fecond poids hâte les vibrations du premier, & le premier retarde celles
du fecond, & le centre d'ofcillation de
ce pendule fera dans le point dans lequel, fi
ces deux poids étoient réunis, le Pendule fimple qu'ils compoferoient alors, feroit fes vibrations dans un tems égal au tems des vibrations
du Pendule compofé, auquel ils tiennent féparement. Ainfi, chercher le centre d'ofcillation
d'un

d'un Pendule compofé, c'eft chercher la longueur d'un pendule fimple qui feroit fes vibrations dans un tems égal à celles de ce Pendule, & la véritable longueur du Pendule compofé eft celle du Pendule fimple qui lui feroit ifochrone comme le Pendule CB. par exemple, au Pendule COA. Or comme les longueurs des Pendules font comme les quarrés des tems de leurs ofcillations, on voit aifément que le Pendule fimple CB. dont les vibrations feroient ifochrones à celles du Pendule compofé COA. auroit plus de trois pieds, & moins de quatre, puifque fes ofcillations ne feroient ni fi lentes que celles du poids attaché à quatre pieds, ni fi promptes que celles du poids attaché à trois pieds : par conféquent, un pendule fimple eft toujours plus court que le pendule compofé auquel il eft ifochrone, & le centre d'ofcillation du pendule compofé COA. fera entre les deux poids P. & R. c'eft-à-dire, environ au point Q.

§. 496. On voit de-là que pour déterminer ce qui arrive aux pendules compofés, il faut que nous les décompofions ; car nous ne pouvons voir les objets que par parties, & pour confidérer le compofé, il faut toujours que nous le fimplifions.

§. 497. On fent aifément que dans le pendule COA. compofé de deux poids, plus l'un

des

des poids eft près du point de fufpenfion, c'eft-
à-dire, plus les deux poids font loin l'un de
l'autre, plus le centre d'ofcillation eft près du
point de fufpenfion, & au contraire, enforte
que fi ces deux poids étoient également loin du
point de fufpenfion, leurs centres d'ofcillations
fe confondroient, & le pendule compofé deviendroit un pendule fimple, puifque le pendule fimple qui lui feroit ifochrone, feroit de la
même longueur que lui.

§. 498. Ainfi, tout pendule auquel un feul
poids eft fufpendu, peut être confidéré comme
un pendule compofé, en fuppofant le poids
fufpendu divifé en plufieurs parties, dont les
différentes gravités font réunies dans le centre
d'ofcillation de ce pendule.

§. 499. Tout ce qu'on dit d'un pendule compofé de deux poids, on peut le dire d'un pendule compofé de trois, de quatre, ou d'un nombre quelconque de poids; car les proportions
font toujours inviolablement les mêmes.

§. 500. Dans tout ce que je vous ai dit fur les
pendules dans ce chapitre, je n'ai point déterminé le poids, ni l'efpéce des corps fufpen-
dus, car la réfiftance de l'air étant prefque infenfible fur les pendules, & la gravité fe pro-
portionnant aux maffes, tous les corps, de
quelque efpéce qu'ils foient, font leurs vibra-

Le poids &
la matiére
des corps
qui compo-
fent le pen-
dule, font
indifférens

Et cela
parce que
la gravité

se propor-
tionne aux
masses.

tions également vîte, toutes choses d'ailleurs égales, ce qui est encore une preuve que la gravitation agit selon la quantité directe de la matiére propre des corps (. §. 361.) car toutes les vérités se donnent mutuellement la main.

CHAP.

CHAPITRE XIX.

Du Mouvement des Projectiles.

§. 501.

JE n'ai confidéré dans les deux Chapitres précédens que le mouvement des
corps qui tombent vers la terre par la
feule force de la gravité ; mais lorfque
quelque force étrangére fe mêle à fon action ;
comme quand je jette une pierre, alors le mouvement de cette pierre doit être néceffairement
différent de celui qu'elle auroit eû, fi elle étoit
tombée vers la terre par fon propre poids feulement.

§. 502. La force que j'imprime à la pierre

que je jette, s'appelle la *force projectile.* Cette force peut être dirigée perpendiculairement ou
parallelement à l'horison , ou bien elle peut
faire un angle quelconque avec lui.

Quel est
le chemin
du mobile,
quand la
force qui le
pousse , est
dirigée
perpendi-
culaire-
ment vers
l'horison.

Ou lors-
que cette
force est
dirigée
perpendi-
culaire-
ment en
en haut.

Pourquoi
les corps
que l'on
jette per-
pendiculai-
rement ,
retombent
au même
lieu.

§. 503. Lorsque cette force est dirigée perpendiculairement à l'horison , le chemin du
mobile n'est point changé ; mais son mouvement vers la terre est seulement accéléré. ·

Si cette force pousse le corps selon une ligne qui tende perpendiculairement en enhaut,
alors ce corps montera perpendiculairement ;
mais son mouvement de projectile qui le porte
en enhaut, s'affoiblira à chaque instant , &
lorsqu'il l'aura perdu entiérement , il descendra
vers la terre par la force de la gravité, qui alors
agira seule sur lui (§. 319. *num.* 3°.)

§. 504. Les corps que l'on jette perpendiculairement , ne tombent cependant pas perpendiculairement vers la terre , mais ils retombent
en décrivant une courbe ; car les corps ont déja acquis un mouvement par la rotation de la
terre , lorsqu'on commence à les jetter : ainsi,
ils retombent vers la terre par un mouvement
composé du mouvement que la gravité leur imprime , & du mouvement qu'ils avoient acquis
par la rotation de la terre : voilà pourquoi ils
retombent au même point d'où on les avoit
projettés , quoique la terre ait marché pendant
le tems qu'ils ont employé à tomber.

§. 505.

§. 505. Si le corps est poussé selon une ligne qui soit parallele à l'horison, ou bien si cette ligne fait avec l'horison un angle quelconque, alors le mouvement de ce corps deviendra un mouvement composé du mouvement, que la force extérieure qui agit sur lui, lui a communiqué, & du mouvement que la gravité lui imprime à chaque instant (§. 3 1 5. *num.* 1°.)

Quel est le chemin du mobile, lorsque la force projectile fait un angle avec l'horison.

§. 506. La force de projectile imprimée au corps reste toujours uniforme, dans un milieu non résistant (§. 3 1 5. *num.* 1°.) (& c'est dans un tel milieu que je considère ici le mouvement de projectile) la force de projectile restant donc toujours la même, & la gravité renouvellant à chaque instant son action (§. 3 1 5.) le corps en obéissant à ces deux forces, qui agissent à la fois sur lui, & dont l'une est uniforme, & l'autre accelerée, changera à tout moment sa direction; & par consequent la ligne qu'il décrira, sera nécessairement une ligne courbe (§. 286.)

§. 507. Je vais commencer par examiner quelle est cette courbe dans un milieu qui ne résiste point, lorsque la direction de la force projectile est parallele à l'horison.

On a vû dans le chap. 1 2. (§. 274.) que tout corps mû par deux forces dont les directions font entre elles un angle quelconque, décrit en leur obéissant la diagonale du parallelogramme, formé par les lignes qui représentent ces forces.

                    Ainsi

Ainſi , ſoit le corps B. jetté dans la direction horifontale BR, & ſoit cette ligne BR. qui repréſente la force projectile diviſée dans les parties égales BM. MG. GR. le corps par la force d'inertie doit parcourir dans un milieu non réſiſtant des eſpaces égaux en tems égaux , en ſuivant le mouvement de projectile imprimé dans la direction BR. (§. 234.) puiſque la force qui le pouſſe vers BR. eſt ſuppoſée reſter toujours la même ; ainſi , le tems du mouvement de ce corps vers le point R. peut être ſuppoſé diviſé comme cette ligne en trois parties égales ; or ſuppoſé que dans le premier moment la force projectile eût fait aller le corps de B. en M. ſi elle avoit ſeule agi ſur lui , & que pendant ce même tems la gravité l'eût fait aller de B. en E. ſi ſon action eût été ſans mêlange , il eſt clair que le mobile en obéiſſant à ces deux forces, décrira dans le premier moment la diagonale BS. du parallelogramme BEMS.

Dans le ſecond moment pendant lequel la force projectile (qui eſt toujours la même) feroit parcourir au corps l'eſpace ST. égal à BM. la gravité lui auroit fait parcourir l'eſpace SP. triple de BE. ſelon la progreſſion de Galilée (§. 305.)

Ainſi , le corps dans le ſecond moment en obéiſſant à chacune de ces deux forces ſelon la quantité de ſon action ſur lui , décrira la diagonale SL. du parallelogramme STPL.

De même dans le troiſiéme moment l'eſpace

que

que la gravité feroit parcourir au corps étant quintuple du premier, & la force projectile reftant la même, le corps décrira la diagonale LD. Or les diagonales BS. SL. LD. réunies ne forment pas une ligne droite, & cela, parce que le mouvement de projectile imprimé au corps eft uniforme, ou fuppofé tel, & que le mouvement imprimé par la gravité eft un mouvement également accéléré : ainfi le corps à chaque inftant infiniment petit, s'approchera du centre de la terre par une diagonale infiniment petite, & toutes ces diagonales infiniment petites étant jointes les unes aux autres, formeront une courbe, laquelle fe trouve être une démi-parabole.

§. 508. Vous avez affez étudié les fections coniques pour fçavoir qu'une de propriétés de la parabole eft que les parties de fon axe prifes entre fon origine, & les ordonnées à cet axe font entr'elles comme les quarrés de ces ordonnées ; ainfi dans la parabole EAC. les parties AP. AM. de l'axe AR. font entr'elles comme les quarrés des ordonnées BP. & DM.

Fig. 67.

§. 509. Or, il eft aifé de voir que les mêmes propriétés fe trouvent dans la courbe que les projectiles décrivent en tombant; car les parties BE. BH. BK. de la ligne BK. qui repréfentent les efpaces parcourus par l'action de gravité font entr'elles comme les quarrés des lignes

La ligne que le corps décrit quand il eft jetté dans une direction oblique ou

ES.

ES. HL. KD. qui repréfentent les tems des chutes ; car BE. eft 1. BH. eft 4. & BK. eft 9. & ES. eft 1. HL. 2. & KD. 3. & par conféquent la ligne BK. peut être confidérée comme l'axe de la demi-parabole BD. & les lignes ES. HL. KD. comme les ordonnées à cet axe. La courbe que les projectiles décrivent en tombent vers la terre dans un milieu non réfiftant , eft donc une parabole, puifqu'elle en a les propriétés.

§. 510. Lorfque la direction de la force qui a jetté le corps eft oblique à l'horifon, la courbe qu'il décrit eft encore une parabole, foit que l'angle formé par l'horifon & par la ligne qui repréfente cette direction, foit obtus, foit qu'il foit aigu ; car le mouvement imprimé par la force projectile étant toujours uniforme dans un milieu non réfiftant, & celui de la gravité étant toujours également acceleré en tems égal, la courbe qui réfulte de la combinaifon de ces deux forces , doit être la même dans toutes les directions , puifque les forces font les mêmes.

§. 511. Une des propriétés de la parabole eft encore que le parametre de fon axe ou d'un de fes diametres * eft troifiéme proportionnelle

à

---

* On appelle Diametres d'une parabole toutes les lignes menées d'un des points de la parabole parallelement à fon axe , comme

à l'abfciffe de ce diametre & fon ordonnée ,
c'eft-à-dire, à la ligne B E. qui repréfente
l'efpace dont le corps eft tombé par l'action de
la gravité dans le premier tems de la chute, &
la ligne S E. qui repréfente l'efpace parcouru
dans le même tems par la vîteffe imprimée par
la force projectile : ainfi, puifque l'on connoît
que l'efpace parcouru dans la premiere feconde
par l'action de la gravité eft de quinze pieds, fi
on connoît l'efpace que la force projectile peut
faire parcourir au corps dans le même tems
d'une feconde, le quarré de ce dernier efpace
qui repréfente l'ordonnée, étant divifé par quinze pieds, qui eft l'efpace parcouru par la gravité,
lequel efpace eft repréfenté par l'abfciffe, donnera le parametre de la parabole que le corps
doit décrire : or quand on connoît le parametre d'une parabole, on peut la décrire : par conféquent on connoît le chemin du mobile,
quand on connoît l'efpace que la force projectile peut lui faire parcourir en un tems donné,
car celui qu'il parcourt par la force de la gravité
eft toujours le même.

 Il fuit de cette propofition, que fi le mouvement de projectile de deux corps leur fait
parcourir des efpaces égaux en tems égaux, les

Wolf. Al-
rishm.
(§. 302.)

---

comme la figure NO. Le parametre eft la ligne quadruple
de la partie de l'axe comprife entre le foyer & le fommet de la
parabole, & l'abfciffe eft la partie de l'axe comprife entre le
fommet de la parabole, & l'ordonnée à fon axe ou à un de fes
diametres.

paraboles

paraboles qu'ils décriront, auront le même parametre.

Fig. 66. §. 512. La ligne de direction du mouvement de projectile est toujours tangente de la parabole que le corps décrit ; ainsi, la ligne BR. touche la parabole BD. au point B. seulement, car la gravité agissant sur le corps dans le premier instant de son mouvement, elle change la direction de ce corps dans ce premier instant ; par conséquent, la ligne qui représente la force qui pousse ce corps, étant une ligne droite, elle ne peut toucher la courbe que ce corps décrit qu'en un seul point.

Fig. 68. §. 513. La parabole BED. s'appelle le chemin du mobile, & la ligne droite ST. qui soutent cette parabole BD. décrite par ce corps dans son mouvement, s'appelle l'amplitude de ce chemin, & l'angle CBT. s'appelle l'angle d'élevation.

Supposition nécessaire pour que le chemin du projectile soit une parabole. §. 514. En déterminant que le chemin des projectiles étoit une parabole, on a été obligé de faire plusieurs suppositions : car pour réduire les effets Physiques aux calculs Mathématiques, on est toujours obligé de supposer bien des choses, & lorsqu'ensuite on veut repasser des calculs Mathematiques aux effets Physiques, on trouve bien du déchet sur l'exactitude, & sur la précision.

1°.

1°. On a fuppofé que les lignes M S. G L. R D. qui repréfentent l'action de la gravité fur les corps étoient paralleles entr'elles, car fi elles n'étoient pas paralleles, la courbe décrite par le corps ne feroit plus une parabole ; mais l'action de la gravité étant toujours dirigée vers le centre de la terre, les lignes M S. G L. R D. qui repréfentent cette action, ne font point paralleles, puifqu'elles fe réuniroient au centre de la terre, fi elles étoient prolongées.

Fig. 66.

2°. On a fuppofé de plus, que les efpaces parcourus par la force projectile étoient égaux en tems égaux, mais ils ne le font point à caufe de la réfiftance de l'air, qui diminue fans ceffe cette force, & par conféquent, les efpaces qu'elle fait parcourir.

3°. Enfin, on a encore fuppofé que les efpaces parcourus par l'action de la gravité, font tous en raifon du quarré des tems, mais c'eft ce qui n'eft point exactement vrai ; car cette même réfiftance de l'air altére auffi la proportion de ces efpaces.

§. 515. La premiere fuppofition peut être faite fans erreur fenfible, car l'étendue des plus grandes projections que nous puiffions faire font fi courtes, par rapport à la diftance qu'il y a de la furface de la terre à fon centre, que les différences qui réfultent du manque de parallelifme dans les lignes, qui repréfentent l'action de la gravité, font une parfaite égalité pour nous.

M.

M. Blondel a calculé qu'une piéce d'artillerie, pointée horiſontalement ſur une montagne élevée de cent toiſes, & qui chaſſera à la longueur de deux mille cinq cent toiſes, en comptant les lignes verticales paralleles, chaſſera à la longueur de 2499. toiſes, 5. pieds, 6. pouces $\frac{1}{2}$. en comptant le changement cauſé par le manque de paralleliſme dans les lignes, qui repréſentent l'action de la gravité, & par quelque altération inévitable, qui ſe trouve toujours dans la ligne horiſontale de projection. Or que ſont pour nous 5. pouces $\frac{1}{2}$. ſur 2500. toiſes? Cette différence eſt encore bien plus petite dans les projections ordinaires; ainſi l'on voit que l'on peut ſans erreur la compter entierement pour rien.

§. 516. A l'égard de la réſiſtance de l'air au mouvement vertical, & à l'horiſontal que l'on ſuppoſe nulle, lorſque l'on détermine que la courbe décrite par les projectiles en tombant eſt une parabole, ſon effet eſt ſi ſenſible dans la chute des corps ordinaires, que la courbe qu'ils décrivent en tombant dans l'air, n'eſt plus une parabole; mais une courbe fort approchante de l'hiperbole, laquelle reçoit des altérations ſelon la maſſe & la forme des corps, & ſelon la nature de l'air dans lequel ils tombent.

§. 517. Ainſi, la parabole ne ſert à déterminer

ner le mouvement des projectiles que dans un milieu non réſiſtant, & c'eſt cependant cette courbe qui eſt le fondement de l'art de l'artillerie, car la réſiſtance de l'air eſt preſque inſenſible ſur un corps auſſi peſant qu'un boulet de canon, & il eſt d'ailleurs aiſé de remedier dans ce cas aux petites irrégularités que cette réſiſtance peut cauſer.

le que les projectiles décriroient dans un eſpace non reſiſtant, eſt le fondement de l'art de l'artillerie.

CHAPITRE XX.

Des Forces Mortes, ou Forces Pressantes ;
& de l'Equilibre des Puissances.

§. 518.

LA Force motrice qui est le principe du mouvement fait parcourir au corps un certain espace, ou lui fait déranger un certain nombre d'obstacles, quand son action n'est point arrêtée, selon qu'elle s'exerce plus ou moins ; mais lorsque son action est arrêtée par quelque obstacle invincible, alors elle ne fait parcourir aucun es-

pace

pace au corps ſur lequel elle agit, mais elle lui fait faire un effort, elle lui imprime une tendance pour déranger cet obſtacle, & pour lui imprimer un mouvement.

§. 519. On diſtingue ces deux Forces, par ces mots *de Force morte*, ou *Force virtuelle*, & de *Force vive.* La Force morte conſiſte dans une ſimple tendance au mouvement : telle eſt celle d'un reſſort prêt à ſe détendre, & la *Force vive* eſt telle qu'un corps a lorſqu'il eſt dans un mouvement actuel.

Il y a deux ſortes de Forces, comment il faut les diſtinguer.

§. 520. Les Forces mortes s'appellent encore *Forces preſſantes*, parce qu'elles preſſent les corps qui leur réſiſtent, & qu'elles font effort pour les déranger de leur place.

§. 521. Les Forces preſſantes peuvent ou reſter en repos avec les corps qu'elles preſſent, ou bien parcourir avec eux un certain eſpace.

§. 522. Les Forces preſſantes, qui reſtent en repos avec les corps ſur leſquels elles agiſſent, ſont :

1°. Le poids des corps, lequel les porte vers le centre de la terre, c'eſt par cette force que tout corps preſſe l'obſtacle qui le ſoutient.

Quelles ſont les forces preſſantes en repos.

2°. L'effort que fait un reſſort tendu pour ſe détendre, & pour éloigner de lui les puiſſances qui le retiennent.

3°.

3°. La cohéfion & la force magnetique par lefquelles deux corps fe preffent mutuellement l'un l'autre, à peu près comme nos mains s'appliquent l'une contre l'autre, lorfque nous les ſerrons.

§. 523. Les Forces preffantes qui, en reftant appliquées au corps fur lequel elles agiffent, fe meuvent avec lui, font:

1°. Le poids qui eft dans le baffin d'une balance, & qui force ce baffin à defcendre avec lui.

2°. Un reffort qui vient à fe détendre, & à pouffer devant lui les obftacles qui le retenoient.

3°. Ma main qui preffe un corps pofé fur une table, & qui parcourt cette table avec lui.

4°. Un corps attaché à un autre corps avec lequel il tourne en rond, & qu'il tire par fa force centrifuge, &c.

§. 524. Ainſi, on appelle également *Force preffante*, la force par laquelle un corps en tire un autre, & celle par laquelle un corps preffe fur un autre: en un mot tout ce qui fait effort pour déranger de fa place un corps auquel il tient, foit qu'il le touche immédiatement, comme le poids qui eft dans le baffin d'une balance, foit qu'il lui tienne par un autre corps, comme le corps tourné en rond, qui tire celui auquel une corde l'attache; foit enfin qu'il le preffe fimplement comme une pierre pofée ſur une table.

§. 525.

§. 525. Toute Force motrice produit une preſſion ; mais la preſſion de la force morte eſt détruite à tout moment, & celle de la force vi-ve ne l'eſt pas.

§. 526. Les obſtacles ſur leſquels les forces preſſantes agiſſent, peuvent être ou invincibles, ou de nature à céder.

§. 527. Quand les obſtacles ſont invincibles, l'action de la force qui tend à les déplacer, eſt à tout moment détruite par ces obſtacles, & à tout moment reproduite par l'effort continuel que fait la force preſſante pour vaincre cette réſiſtance. Ainſi, les petits degrés que la force preſſante imprime à l'obſtacle qui retient ſon action, périſſent en naiſſant, & naiſſent en pé-riſſant ; & c'eſt dans cette réciprocation con-ſtante, dans ce retour dé production & de de-ſtruction que conſiſte l'effet de la peſanteur d'un corps, lorſqu'il eſt retenu par un obſtacle in-vincible ; & c'eſt cette preſſion auſſi-tôt détruite, que produite, qu'on appelle *force morte.*

§. 528. Quoique les forces mortes ne pro-duiſent aucun effet, elles peuvent cependant être conſidérées comme actives ou comme paſ-ſives.

§. 529. La Force morte que je conſidére

comme active, est la force que les corps ont pour tenir quelque puissance en équilibre.

En quoi consistent les forces mortes.

§. 530. La Force morte que je considére comme passive, est celle que reçoit un corps sans mouvement, lorsqu'il est sollicité de se mouvoir, & qu'il reste cependant en repos.

Quel est leur effet.

§. 531. Lorsque la force morte est détruite par un obstacle invincible, son effet est le même, soit que son action dure un moment, soit qu'elle soit continuée des millions d'années ; car dans l'un & dans l'autre cas, elle ne produit aucun effet réel ; mais elle tend seulement, à chaque instant, à en produire un : ainsi, quelque long-tems que la pression contre un obstacle invincible puisse être continuée, la force qui la produit, ne s'épuise jamais.

§. 532. Dès que l'action de la Force morte sur un obstacle invincible cesse, son effet, qui est la pression du corps qui lui résiste, cesse aussi, & son effet ne survit jamais à son action.

Toute pression se consume pendant qu'elle agit, & son effet, dans un moment, ne dépend point de son effet dans un autre, de sorte qu'elle est toujours détruite dans un instant infiniment petit, soit par la pression contraire d'un obstacle invincible, soit en communiquant ou en détruisant de la force.

On appelle résistance ce qui détruit la pression ;

fion, & c'eft pour cela que la réaction eft toujours égale à l'action, ce qui veut dire feulement que la réfiftance eft égale à la preffion
qu'elle détruit.

§. 533. Un obftacle invincible pour une force,
ne l'eft pas pour une autre, fi cette force eft fu-
périeure à la premiere.

§. 534. Lorfque les obftacles fur lefquels la
force motrice agit, ne font pas invincibles, l'action de cette force fur ces obftacles eft de les
faire fortir de leur place, & alors les petits degrés de mouvement, que cette force communique, à chaque inftant infiniment petit, au corps
fur qui elle agit, s'y accumulent, & s'y confervent, & cette force oblige le corps à changer
de place ; & dans ce cas la *force morte* fe change en *force vive*.

§. 535. On voit déja que la force morte &
la force vive différent entr'elles effentiellement,
puifque l'une ne produit aucun effet, & que
l'autre produit un effet réel, qui eft le dépla-
cement de l'obftacle : ainfi, ces deux efpéces
de force ne peuvent pas plus être comparées
qu'une ligne & une furface : ce font des quantités hétérogénes, & entre lefquelles il y a
l'infini.

Je parlerai des forces vives dans le Chapitre 21. Je n'examine ici que l'effet de la fimple
preffion.   C c 2   §. 536.

Comment
les forces
mortes doi-
vent être
estimées.

§. 536. Dans les corps en repos on estime la force qu'ils ont pour tenir quelque puissance en équilibre, par le produit de leur masse ou de leur matiére propre multipliée par leur vîtesse virtuèlle ou élémentaire, c'est-à-dire, par la vîtesse initiale qu'ils auroient, si cette puissance, qui les retient, venoit à faire quelque mouvement.

§. 537. Le corps est quelque tems à acquérir la force motrice ; car tout effet suppose un tems dans lequel il s'opére.

§. 538. La puissance qui agit sur le corps, & qui lui communique la force motrice, reste appliquée à ce corps, jusqu'à ce qu'il ait acquis cette force qu'elle lui communique.

La puissance motrice reste appliquée au corps, & parcourt avec lui un certain espace dans le premier instant, dans lequel la puissance transporte l'obstacle.

§. 539. Dans ce premier instant, dans lequel la puissance motrice reste appliquée au corps sur qui elle agit, l'intensité de cette puissance, est le produit de la masse par la vîtesse initiale ; car tant que le corps pressé n'a pas encore acquis tout son mouvement la puissance qui lui communique le mouvement, est alors une force morte.

§. 540.

Les puiſſances peuvent différer entr'elles ſelon la grandeur des maſſes qu'elles peuvent tranſporter, & ſelon l'eſpace infiniment petit qu'elles peuvent parcourir avec elles en tems égal ; & c'eſt ce qu'on appelle *l'intenſité des puiſſances.*

§. 540. On ne peut point connoître la grandeur d'une ſeule puiſſance : il faut comparer l'action momentanée de deux puiſſances qui agiſſent ſur des maſſes égales ou inégales, & qui les pouſſent avec un increment de vîteſſe plus ou moins grand, afin de pouvoir connoître en quelle raiſon ces puiſſances agiſſent ; car toutes nos connoiſſances ne ſont que comparatives.

§. 541. Si dàns un eſpace égal, les puiſſances déplacent des maſſes inégales, leurs interſités ſeront comme les maſſes deplacées, multipliées par leurs vîteſſes initiales.

§. 542. Si les maſſes déplacées ſont égales & les eſpaces inégaux, les intenſités ſeront comme les eſpaces.

§. 543. Si les maſſes & les eſpaces ſont inégales, les intenſités des puiſſances ſeront comme ces maſſes, & ces eſpaces, c'eſt-à-dire, en raiſon compoſée des deux.

§. 544. Les maſſes déplacées ſont toujours en raiſon directe de la grandeur des puiſſances, & en raiſon inverſe des eſpaces.

§. 545. Ainſi, les intenſités des puiſſances ſont égales, ſi les eſpaces parcourus ſont en raiſon réciproque des maſſes déplacées. Par exemple, ſi les maſſes déplacées ſont 8. & 6. & les eſpaces parcourus 3. & 4. reſpectivement, l'intenſité de chacune de ces deux puiſſances ſera 24. car dans ce cas, la premiere maſſe eſt à la ſeconde, comme la vîteſſe initiale de la ſeconde eſt à la vîteſſe initiale de la premiere : ainſi, le produit des eſpaces parcourus, & des maſſes déplacées, multipliés l'un par l'autre, repré-ſente l'intenſité des puiſſances qui communi-quent la force motrice.

§. 546. Les puiſſances égales qui agiſſent dans une direction directement oppoſée, ſe ſervent l'une à l'autre d'un obſtacle invincible, & dé-truiſent mutuellement l'effet l'une de l'autre ; ainſi, toute puiſſance oppoſée peut être conſi-dérée comme un obſtacle invincible, par rap-port à la puiſſance qu'elle contrebalance ; & tout obſtacle invincible peut être conſidéré comme une puiſſance égale à la puiſſance dont il arrête l'effet.

§. 547. Dans l'équilibre des puiſſances, les
forces

forces mortes font en raifon compofée des maffes, & de leur vîtefse virtuelle.

Ainfi, quand 10. livres paroiffent en équilibre avec 2. livres, comme dans une romaine,
ce n'eft en effet qu'une illufion ; car ce n'eft pas
entre 2. & 10. qu'eft l'équilibre, mais entre 2.
& 10. difpofées de façon, que les deux livres,
auroient 5. fois plus de vîteffe que les 10. fi
elles venoient à fe mouvoir, ce qui rétablit l'é-
quilibre.

L'équilibre eft donc un repos caufé par l'op-
pofition & l'égalité de deux ou de plufieurs
forces.

§. 548. Deux forces ne peuvent être en équilibre, & fe détruire mutuellement, que lorfqu'elles feroient parcourir à la même maffe des
efpaces égaux en tems égaux, fi elle venoit à
céder à leur action, dans le premier moment
quelle y céderoit, car ces forces pourroient déranger les mêmes maffes, quoiqu'elles ne puffent pas les tranfporter également loin en tems
égal ; & fi une de ces puiffances, par exemple,
pouvoit faire parcourir au même corps un efpace infiniment petit, double de l'efpace infiniment petit que l'autre puiffance lui feroit parcourir dans un même tems, l'intenfité de cette
puiffance feroit double de celle de l'autre puiffance ; car lorfque les maffes font égales, les
puiffances font comme les efpaces. (§. 542.)

*Pourquoi
2. livres &
10. livres
paroiffent
en équili-
bre.*

§. 549. Les puiſſances égales & oppoſées ſe détruiſent mutuellement, & alors leur deſtruction eſt le ſeul effet qu'elles produiſent.

Lorſque deux puiſſances ſont en équilibre, elles ſont égales.

De l'équilibre des puiſſances.

§. 550. Afin que deux puiſſances puiſſent être en équilibre, il faut que leurs directions ſe réuniſſent en un point, & concourent dans la même ligne, ſans quoi elles ne ſeroient point oppoſées, ou bien elles ne le ſeroient qu'en partie.

§. 551. Si deux puiſſances agiſſent ſur le même corps dans une direction contraire, & avec des forces inégales, la force de la puiſſance plus foible ſera détruite, ainſi qu'une égale partie de la force de la puiſſance ſupérieure, enſorte que la plus forte puiſſance pouſſera la plus foible devant elle avec la force qui lui reſtera ; & l'effet produit ſera égal à la force reſtée à la puiſſance ſupérieure.

§. 552. Si les directions oppoſées de deux puiſſances égales en tout, ſe réuniſſent ſur un même obſtacle, ni ces puiſſances, ni cet obſtacle ne ſortiront de leur place ; & ces puiſſances détruiront mutuellement l'effet l'une de l'autre, tant qu'elles continueront à preſſer cet obſtacle dans une direction oppoſée.

§. 553.

§. 553. Afin que les trois puissances ABC. dont les directions se réunissent au point D. soient en équilibre, il faut que leurs intensités soient entr'elles comme les trois lignes DG. GE. ED. paralleles aux directions des trois puissances ABC. lesquelles forment entr'elles le triangle DGE. ou DEF. car si la puissance B. en tirant le point D. lui eût donné la vîtesse DG. & que la puissance C. lui eût donné la vîtesse DF=GE. le point D. eût parcouru la diagonale DE. du parallelogramme GDFE.

Donc afin que la puissance A. tienne le point D. en repos, & contrebalance les puissances C. & B. il faut qu'elle puisse donner au corps B. la vîtesse ED. car alors la force vers DE. sera égale aux deux forces vers DG. & vers DF=GE. puisque les forces sont entr'elles comme les vîtesses qu'elles communiqueroient au même corps (257.) Les côtés du triangle DGE. expriment donc en quelle raison ces trois puissances qui se tiennent en équilibre, sont entr'elles.

§. 554. Une puissance est en équilibre avec 4. 5. ou un nombre quelconque de puissances, lorsque toutes les puissances qui la contrebalancent, peuvent être renfermées dans une seule puissance, dont l'intensité soit égale à l'intensité de la puissance contrebalancée, & si de plus elles concourent avec elle dans la même ligne.

Soit ce point A. tiré par les cinq puissances

D.

D. E. F. G. B. enforte que la puiffance B. foit en équilibre avec les quatre autres puiffances D. E. F. G. Si ces cinq puiffances font refpective- ment proportionnelles aux lignes AD. AE. AF. AG. AB. ayant formé le triangle ADC. ou le parallelogramme ADCE. les puiffances AE. AD. feront renfermées dans la feule puiffance AC. qui agira dans la direction AC. ainfi les puiffan- ces AD. AE. AC. feront en équilibre par la §. précédente.

Les puiffances AG. AF. étant enfuite renfer- mées de la même façon dans la puiffance Ah. ces deux nouvelles puiffances AC. & Ah. fe- ront réduites par le même moyen à la feule puiffance Ab. qui fe trouvera égale & directe- ment oppofée à AB. puifqu'elle fera dans la même ligne, & qu'elle repréfente les forces AE. AD. AF. & AG. qui étoient en équilibre avec AB.

§. 555. Il fuit de la §. 553. que l'action de toute puiffance peut fe réfoudre en l'action de deux ou. de plufieurs puiffances ; & cela d'une infinité de maniéres différentes , à caufe de la quantité infinie de triangles qui peuvent avoir le même côté. (§. 281.)

Ainfi , on peut confidérer l'effet opéré par plufieurs puiffances , comme étant l'effet d'une feule force qui leur eft égale , & au contraire.

§. 556. C'eft fur tout dans la combinaifon de l'action

l'action des forces preſſantes que l'on trouve l'accompliſſement de la troiſiéme Loi du mouvement, par laquelle la réaction eſt toujours égale à l'action (§. 258.) car les forces preſſantes n'agiſſent jamais ſans une réſiſtance égale, ſoit que l'obſtacle céde, ſoit qu'il réſiſte invinciblement.

Ainſi, dans l'équilibre où ſe tiennent deux ou pluſieurs puiſſances, quoiqu'elles ſe preſſent l'une l'autre, & que la moindre augmentation de force les pût faire ſortir de leur place, cependant elles y reſtent toutes, tant que les efforts qu'elles s'oppoſent mutuellement, ſont égaux.

CHAPITRE XXI.

De la Force des Corps.

§. 557.

Un corps
ne peut
passer subi-
tement du
mouve-
ment au
repos, ni
du repos au
mouve-
ment.

VOus avez vû dans le Chapitre premier, que le principe de la continuité,
fondé sur celui de la raison suffisante,
ne souffre point de saut dans la nature,
& qu'un corps ne sçauroit passer d'un état à un
autre, sans passer par tous les degrés qui sont
entre deux ; ainsi, par cette Loi un corps qui
est en repos, ne sçauroit passer subitement au
mouvement, il faut qu'il y aille successivement,
& comme par nuances, en acquerant l'un après
l'autre tous les degrés de mouvement qui sont

entre

entre le repos, & le mouvement qu'il doit acquérir.

§. 558. Un corps qui eſt en mouvement, poſſéde une certaine force qui augmente, lorſque la vîteſſe de ce corps augmente, & qui diminue, lorſque la vîteſſe diminue. Donc puiſque l'on vient de voir qu'un corps ne reçoit point ſa vîteſſe totale tout d'un coup ; mais qu'il l'acquiert par gradation, la force qui accompagne cette vîteſſe, paſſe auſſi ſucceſſivement de la cauſe preſſante, dans le corps qu'elle met en mouvement.

Les corps acquerent la force ſucceſſivement comme la vîteſſe.

§. 559. Ainſi, il ſe preſente naturellement deux façons de conſidérer la force des corps, la premiere, lorſque la force eſt encore naiſſante, ou prête à naître, & la ſeconde, lorſque la force eſt déja née dans le corps, c'eſt-à-dire, lorſque le corps eſt dans l'état d'un mouvement actuel, & fini.

Deux façons de conſidérer la force des corps.

§. 560. Lorſque la force eſt encore dans ſa naiſſance, elle eſt l'effet de la preſſion d'une cauſe étrangére ſur le corps qui la reçoit, cette preſſion imprime au corps un élement de mouvement, s'il peut céder, & obéir à la cauſe qui le ſollicite, & ſi le corps eſt retenu par un obſtacle invincible, qui ne lui permette point d'acquérir de la vîteſſe, & d'accumuler en lui les degrés de force, que la cauſe qui agit ſur

Toute preſſion produit ou une tendance au mouvement ou une vîteſſe infiniment petite.

lui

lui, peut lui donner, cette cauſe lui communique ſimplement une tendance au mouvement ; de cette eſpéce, eſt la force de la gravité, quand ſon action eſt retenue.

Tout le monde convient que c’eſt cette force qui fait deſcendre les corps vers la terre ; or un corps qui eſt ſur une table, ou ſuſpendu à un fil, ne ſçauroit deſcendre vers la terre, parce que la réſiſtance de la table, ou du fil l’en empêche, cependant il preſſe la table, & il tend le fil, & il montre par-là ſa tendance au mouvement, qui ne peut avoir d’effet, tandis que ces obſtacles qu’il ne ſçauroit vaincre, s’y oppoſent. La preſſion du corps peſant eſt donc ſans effet dans ces deux cas, ou plûtôt les effets qu’elle produit, c’eſt-à-dire, la tenſion du fil, & la preſſion de la table, ſont *des effets non nuiſibles ;* qui n’épuiſent point la cauſe preſſante : ainſi, la cauſe preſſante ne perd rien alors de ſa force parce qu’elle ne la déploye point ; mais elle tend ſimplement à la déployer, & *cette force* demeureroit éternellement en elle ſans s’altérer, ſi les obſtacles reſtoient toujours invincibles. L’on appelle cette force que la cauſe preſſante déploye ſans ſuccès, *force morte.*

Ce qu’on appelle *force morte.*

De l’élement de la force vive.

§. 561. Lorſqu’on ôte l’obſtacle invincible qui empêchoit l’effet de la cauſe preſſante, & qu’on lui donne la liberté de ſe déployer, & de transferer de la force dans le corps preſſé ; auſſi-tôt le corps céde, & ne renvoye plus les
preſſions

preſſions de cette cauſe, mais il les reçoit & les
accumule dans lui, & alors ces preſſions qui n'é-
toient que de ſimples efforts, une force morte,
deviennent une force vive, mais une force vive
infiniment petite, l'élément de la force vive, ſon
commencement qui ne peut devenir une force
vive finie, que lorſqu'elle eſt répetée une infinité
de fois, & accumulée par une infinité de preſſions ſucceſſives dans le corps qui reçoit le mouvement, & comme cette force infiniment petite
qui eſt l'élément de la force vive, eſt l'effet de
la preſſion qui étoit une force morte, lorſque ce
corps étoit encore retenu, & qu'il ne pouvoit
point recevoir le mouvement, & que ces deux
forces, c'eſt-à-dire, la force morte & l'élément
de la vive ont une même meſure qui eſt la
maſſe du corps multipliée par la vîteſſe infiniment petite que la preſſion lui communique,
à chaque inſtant infiniment petit, on les con-
fond ordinairement, & on le peut faire ſans
erreur ; mais j'aime cependant mieux les diſtinguer ici, parce qu'il y a une différence réelle
entre elles ; car dans le premier cas les degrés
de force infiniment petits ſont détruits à tout
moment, au lieu que dans le ſecond, ils s'accumulent dans le corps qui reçoit le mouvement.

La meſure de la force morte eſt le produit de la maſſe par la viteſſe initiale.

§. 562. Lorſque la preſſion imprime au corps
qui lui céde, le premier degré de force, ou l'é-
lement de la force vive, cet élement eſt proportionnel

La meſure de cet élé-ment de viteſſe eſt

portionnel au petit espace que la preſſion fait parcourir au corps dans un petit tems donné, ou à la vîteſſe infiniment petite qu'elle lui communique dans ce petit tems, & une preſſion qui feroit parcourir au même corps un eſpace double, en même tems, ſeroit double, (§. 541.) & comme cette preſſion, qui produit dans le premier moment un élément de force vive lorſque l'obſtacle céde infiniment peu, eſt la même qui produiſoit une force morte, lorſque cet obſtacle ne cedoit point du tout à ſon effort; on connoît la quantité de la preſſion qu'un obſtacle invincible détruit, par rapport à une autre preſſion à laquelle l'obſtacle céde infiniment peu dans un tems infiniment petit, par l'eſpace, que cette preſſion, qui agit contre un obſtacle invincible, feroit parcourir à cet obſtacle dans un tems donné, ſi la force qu'elle communique au corps ſur qui elle agit, devenoit vive de morte qu'elle étoit auparavant, comparé à l'eſpace, que l'autre preſſion à laquelle l'obſtacle céde infiniment peu, fait parcourir dans le même tems à un corps égal en maſſe au premier, en conſidérant toujours les effets dans un inſtant infiniment petit.

§. 563. C'eſt de cette maniére qu'on meſure les efforts des Machines, par les petits eſpaces que les maſſes preſſées parcoureroient, ſi on leur donnoit la liberté de céder aux efforts qui les preſſent, & en examinant le rapport que ces petits eſpaces ont entre eux. La

La force des Machines eſt du genre des forces mortes, de même que la force de tous les
corps qui tendent à un mouvement actuel, mais
qui n'y ſont point encore, & on doit eſtimer
leur rapport, lorſqu'on les compare entr'elles
par le produit de leur maſſe dans leurs vîteſſes
initiales, leſquelles ſont toujours proportionnelles à l'effort que ces corps ſont pour ſe
mouvoir.

Ainſi, ſoient les deux bras d'une Romaine
M. E. N. E. chargés à leurs extrémités de deux
poids M. & N. qui s'y tiennent en équilibre :
on ſçaura le rapport de ces forces, ſi on conſidére ce qui arriveroit ſi l'un des bras obéiſſoit à
l'effort du corps qui le preſſe, on voit qu'alors
le bras ME. viendroit en mE. & le bras N E.
en n E. & que par conſéquent le corps M. décriroit le petit arc M m. pendant que le corps
N. décriroit le petit arc N n. dans le même
tems, leurs efforts ſeront donc comme ces petits
eſpaces M m. N n. multipliés par leurs maſſes ;
car ces petits eſpaces ſont comme leur vîteſſe
initiale : mais les efforts ſont égaux par la ſuppoſition, ainſi, la maſſe M. eſt à la maſſe N.
comme l'eſpace N n. eſt à l'eſpace M m. c'eſt-
à-dire, que les maſſes ſont en raiſon renverſée
des eſpaces par la propoſition ſeize du ſixiéme
Livre d'Euclide ; mais comme les triangles MmE,
NnE. ſont ſemblables, leurs côtés ſont proportionnels (Euclide Prop. 4. Liv. 6.) Ainſi,
Nn. Mm. = NE. ME. c'eſt-à-dire, les eſpaces

 parcourus

parcourus font entr'eux comme la longueur des bras de la Romaine, mettant donc à la place de la raifon des petits efpaces Nn. à Mm. la raifon de la longueur des bras NE. ME. qui lui eft égal, on aura M : N ⸺ NE : ME. c'eft-à-dire, que les poids M. & N. font en raifon réciproque de la longueur des bras de la Romaine, ce qui eft la propofition fondamentale de la Statique.

Fig. 71.

§. 564. On démontrera de la même maniére la propofition fondamentale de l'Hydroftatique, que les fluides font en équilibre, lorfque leurs furfaces font à une hauteur égale dans les vafes, & les tuyaux qui les contiennent; car fuppofons que dans le vafe AT. la furperficie AB. foit dix fois plus grande que celle du tuyau C D. & que cette fuperficie defcende en a b. il eft clair que la fuperficie CD. du tuyau communiquant montera en c d. d'autant plus haut que la furperficie du vafe eft plus grande que celle du tube : or fi ces deux quantités d'eau doivent être en équilibre, il eft néceffaire que les produits de leurs maffes multipliés dans leurs vîteffes initiales foient égaux; or puifque la vîteffe initiale de l'eau du tube eft 10. tandis que celle du vafe eft 1. il faut que la maffe dans le tube foit auffi 10. fois plus petite, & par conféquent que les hauteurs des fluides foient égales, puifque la furface C D. eft feulement la dixiéme partie de la furface AB.

§. 565.

Exemple tiré de la propofition fondamentale de l'Hydroftatique.

Fig. 72.

§. 565. De cette maniére on parvient toujours à déterminer le rapport de toutes sortes
de puiſſances, qui ſe tiennent en équilibre au
moyen de leurs vîteſſes initiales, & toute la
Statique, tant des fluides que des ſolides, eſt
compriſe ſous cette régle.

Tous les Mathématiciens conviennent de
ce principe, ils meſurent toujours le rapport
des efforts ou des forces mortes par les produits des maſſes multipliés par les vîteſſes initiales, & perſonne ne s'eſt jamais aviſé de révoquer cette vérité en doute; mais il n'en eſt
pas de même de la force vive, c'eſt-à-dire,
de la force qui réſide dans un corps qui eſt
dans un mouvement actuel, & qui a une vîteſſe finie, c'eſt-à-dire, une vîteſſe infiniment
plus grande, que cette vîteſſe initiale dont je
viens de parler.

§. 566. Sans entrer encore dans la diſcuſſion
de la meſure de cette force vive, on s'apperçoit aiſément qu'elle eſt d'un autre genre que
la force morte; qu'elle doit être infiniment
plus grande que ſon élement, & qu'elle doit
lui être comme une ligne eſt à un point, ou
comme une ſurface eſt à une ligne.

M. de Leibnits qui a découvert le premier
la véritable meſure de la force vive, a diſtingué avec beaucoup de ſoin ces deux forces, &
il a ſi bien expliqué leurs différences qu'il eût

M. de
Leibnits eſt
l'inventeur
des forces
vives.

Acta E-

D d 2   été

rud. An-
née 1686.
& fuiv.

Il faut di-
ſtinguer a-
vec ſoin la
force vive
de ſon éle-
ment.

été impoſſible de s'y méprendre , & de les
confondre , ſi au lieu de ſe révolter contre
cette découverte , on l'avoit examinée.

§. 567. On a vû (§. 560.) qu'une preſſion
imprime au corps qui lui céde , une vîteſſe initiale, & une force infiniment petite, & que cette
force infiniment petite paſſe dans le corps ſur
qui la cauſe preſſante agit ; à cette preſſion ſuc-
céde une autre preſſion, & à celle-ci encore une
autre , & ainſi de ſuite juſqu'à ce que le corps
ayant reçu ſucceſſivement une infinité de preſſions toutes efficaces , & qu'il conſerve toutes ,
ce corps ſe meuve avec une vîteſſe finie , &
qu'il ait acquis une force , qui eſt la ſomme de
toutes ces preſſions accumulées & aſſemblées
dans lui.

Fig. 73.

Or perſonne ne peut nier que de trois reſſorts AB. CD. EF. également forts , & également tendus , chacun poſſéde la même force ,
& que je puis mettre l'un à la place de l'autre,
ſans altérer l'effet qui doit réſulter de la force
de ces reſſorts : ainſi , ſi un corps a acquis toute
la force qui réſidoit dans le reſſort AB. & qu'un
autre corps ait acquis toute la force qui réſidoit
dans les deux autres reſſorts égaux CD. EF. ce
ſecond corps aura deux fois plus de force que le
premier, & un corps qui auroit la force de trois
de ces reſſorts égaux & ſemblables , auroit trois
fois plus de force , que celui qui n'auroit que
la force d'un de ces reſſorts , & ainſi de ſuite

Rien

Rien ne paroît plus évident que cette propofition, & fi on vouloit la nier, je ne fçais plus
ce qu'il y auroit de fur dans les connoiffances humaines, ni fur quel principe on pourroit
bâtir en Philofophie; il vaudroit autant, ce me
femble, renoncer à toute recherche.

La gravité preffe uniformement les corps
graves à chaque inftant, & dans tous les points
où ils fe trouvent pendant leur chute vers la
terre; je puis donc confidérer la gravité, quant
à fes effets, comme un reffort infini NR. qui
preffe également un corps A. dans tout l'efpace
AB. & qui le fuit en le preffant toujours également, & en accelérant continuellement fon
mouvement vers B. par les nouvelles preffions
qu'il lui imprime dans tous les points qui font
entre A. & B. Or fi on exprime la preffion que
le corps éprouve en A. par la ligne A m, celle
qu'il reçoit dans le moment le plus proche a.
par la ligne a n, la preffion fuivante pa: b p. &
ainfi de fuite jufqu'en B. où le corps fe trouve
actuellement, on voit que toutes ces lignes
A m, a n, b p. &c. font le rectangle Ab. & que
la force vive acquife en B. doit être repréfentée
par ce rectangle, puifqu'elle eft compofée de
la fomme de toutes les preffions reçûes pendant le tems AB. lefquelles preffions les lignes
A m, a n, b p, B b. repréfentent: ainfi, la force
vive du corps A. arrivée au point B. fera à celle
d'un corps R. qui feroit defcendu de A. en R.
comme le rectangle Ab. au rectangle A L. c'eft-

Dd 3   à-dire,

à-dire , comme les espaces A B. A R. car les rectangles qui ont la même hauteur , sont entr'eux comme leurs bases (Euclide Livre 6; Prop. premiere.)

Les forces que les corps ont reçuës en A. & en R. doivent être nécessairement comme ces lignes AB. AR. car par la §. précédente , les forces vives doivent être entre elles comme le nombre des ressorts égaux , & semblables qui se sont détendus , & qui ont communiqué leurs forces aux corps en mouvement ; or le nombre de ces ressorts est évidemment ici comme les espaces AB. AR. puisque dans un espace double il y a deux fois plus de ressorts que dans un espace sous double. Donc les forces vives des corps que la gravité fait descendre, doivent être entre elles comme les espaces AB. AR.

On a vû au chap. 13. qu'il est démontré par la théorie de Galilée que les espaces que la gravité fait parcourir aux corps qui tombent vers la terre, sont comme les quarrés des vîtesses : donc les forces vives que les corps acquerent en tombant , sont aussi comme les quarrés de leurs vîtesses , puisque ces forces sont comme les espaces.

Cette assertion parut d'abord une espece d'Héresie Physique. *D'où viendroit ce quarré,* disoit-on ? mais on voit qu'il est aisé par ce qui vient d'être dit dans les sections précédentes, de le déduire de l'accumulation de toutes les pres-
lions

fions qui ont agi fur le corps dans un tems infini.

§. 568. Toutes les expériences ont confirmé depuis cette découverte , dont on a l'obliga-tion à M. de Leibnits, & elles ont fait voir que dans tous les cas , la force des corps qui font dans un mouvement actuel , & fini, eſt pro-portionnelle aux quarrés de leurs vîteſſes multi-pliées dans leur maſſe , & cette eſtimation des forces eſt devenue un des principes les plus fé-conds de la Méchanique.

Toutes les expérien-ces l'ont confirmée.

Les Philoſophes font d'accord fur les expé-riences qui prouvent cette eſtimation des for-ces vives, & ils conviennent tous, que les ma-tiéres déplacées , les reſſorts tendus, les fibres aplaties , les forces communiquées , &c. que tous les effets des corps en mouvement enfin, font toujours comme le quarré de leur vîteſſe multipliée par leur maſſe.

Il ſembleroit dabord qu'il ne devroit y avoir aucune diſpute fur cette matiére ; car puiſque de l'aveu de tout le monde, toute force eſt égale à ſon effet pleinement exécuté, & que des expériences non conteſtées prouvent que tous les effets des corps en mouvement, ſont comme les quarrés de leurs vîteſſes multipliées par leurs maſſes , il paroît indiſpenſable de con-clure que les forces de ces corps font auſſi comme le quarré de leurs vîteſſes.

§. 569. Les adverſaires des forces vives ont crû pouvoir ſe dérober à cette concluſion par la conſidération du tems, lequel, diſent-ils, doit toujours être la meſure commune de deux forces que l'on compare; or les corps qui avec des vîteſſes doubles font des effets quadruples, ne les font que dans un tems double : donc, conclue-t-on, leur force n'eſt que double en tems égal, c'eſt-à-dire, en raiſon de la ſimple vîteſſe, & non du quarré de cette vîteſſe.

Il me ſemble qu'il y a une reponſe bien ſimple à cette Objection; car pouvoir produire plus d'effets, & agir pendant plus de tems, c'eſt là ce que j'appelle, & ce que je crois que tout le monde doit appeller, *avoir plus de force*, & la meſure totale de cette force doit être ce que le corps peut faire, depuis le tems qu'il commence à ſe mouvoir, juſqu'à celui où il aura épuiſé toute ſa force, quelque ſoit le tems qu'il y employe, & le tems ne doit pas plus entrer dans cette conſidération que dans la meſure de la richeſſe d'un homme, qui doit avoir été toujours la même, ſoit qu'il ait dépenſé ſon bien dans un jour, ou dans un an, ou dans cent ans.

§. 570. La queſtion de la force des corps ne doit pas rouler ſur une force métaphiſique ſans emploi & ſans réſiſtance, car je ne ſçais quelle eſt la force de celui qui ne ſe bat point ; ſi donc

donc rien ne refifte à la force d'un corps, s'il fe
meut feulement avec fa maffe & fa vîteffe, je
ne le connois que comme *vîte*, & je ne puis
découvrir quelle eſt fa force, ni ce que c'eſt.

Mais fi ce corps vient à rencontrer d'autres
corps qu'il fait mouvoir, des refforts qu'il tend,
des maffes qu'il tranfporte, qu'il déplace, ou
qu'il comprime, alors je le connois comme
fort, & je puis eſtimer fa force par la quantité d'effets qu'il produit en la confumant, &
je ne puis craindre de me tromper en eſtimant
cette force, par les effets qui l'ont confumée.

Le tems eſt à confidérer dans les occafions,
dans lefquelles pendant un plus long-tems il
peut y avoir un plus grand effet produit, comme dans le mouvement uniforme; car alors
l'efpace total parcouru qui eſt le feul effet produit, fera plus ou moins grand, felon que le
mouvement du corps fera continué plus ou
moins de tems; mais un corps qui a eû la force
de fermer un tel nombre de refforts, ou de remonter à une telle hauteur, ne fermera jamais
une plus grande quantité de refforts femblables, & ne remontera jamais plus haut, quelque
tems qu'il y employe.

En quelles circonftances le tems eſt à confi-dérer.

Si avec un tems plus long le corps pouvoit
produire un plus grand effet, comme, par exemple, de remonter à une plus grande hauteur
que celle dont il eſt tombé, alors l'effet feroit
plus grand que fa caufe, & le mouvement perpétuel méchanique feroit poffible; car il ne fe-

Le mouve-ment per-pétuel mé-chanique feroit pof-fible, fi dans un tems plus

roit

long, la même force pouvoit produire plus d'effets.

roit queſtion que d'employer un tems d'une longueur ſuffiſante ; mais tout le monde regarde le mouvement perpétuel méchanique comme impoſſible ; donc quand il s'agit d'eſtimer la force d'un corps, les obſtacles ſurmontés ſont ſeuls à compter.

§. 571. Ainſi, la force détruite eſt toujours égale à l'effet qu'elle a produit, quelque ſoit le tems dans lequel elle l'a produit ; car ſi ce tems a été plus court, & la réſiſtance égale, le corps aura conſumé plus de force, & ſurmonté par conſéquent une plus grande partie de cette réſiſtance à chaque inſtant, & ſi le tems a été plus long, il ſera arrivé tout au contraire ; mais dans l'un & l'autre cas, il y a eu la même force dépenſée & la même quantité d'effets produits, enſorte que pour ſurmonter une réſiſtance qui eſt 100. il faut toujours cent degrés de force, quelque tems que l'on mette à la ſurmonter.

Abſurdités qui s'enſuivroient de la conſidération du tems dans l'eſtimation des forces.

§. 572. Je demanderai, de plus, aux perſonnes qui appuyent tant ſur cette diſtinction du tems, ſi un corps, qui en vertu d'une double vîteſſe produit des effets quadruples pendant un tems double, n'agit pas dans le ſecond tems par ſa force, ſi ce n'eſt pas ſa force qui le fait agir alors, ſi ce n'eſt pas enfin ſa force qu'il conſume dans ce ſecond tems comme dans le premier.

Il faut bien qu'ils repondent que *oui* , or un corps avec une vîtesse *deux* fermera trois ressorts dans la premiere seconde , tandis qu'un corps dont la vîtesse est sous-double de la sienne , n'en fermera qu'un , & dans la deuxiéme seconde , le corps qui avoit la vîtesse *deux* fermera un quatriéme ressort , tandis que celui dont la vîtesse étoit un , restera dans un parfait repos ; or , je demande comment il peut rester quelque force dans la deuxiéme seconde , au corps qui avoit *deux* de vîtesse , s'il n'a eu en commençant à se mouvoir qu'une force double du corps qui avoit *un* de vîtesse , puisque dans la premiere seconde il a depensé le triple de force , & produit le triple d'effets semblables ; il ne lui devroit assurément rien rester , puisque même il a plus depensé dans la premiere seconde qu'il n'étoit censé avoir : il faut donc convenir que l'effet quadruple que le corps qui avoit *deux* de vîtesse , a produit en deux secondes , a été produit par une force quadruple , ou bien il faudra dire que l'effet a été plus grand que sa cause , ce qui est absurde.

Si l'on admettoit que la force supérieure, qui ferme quatre ressorts , ne fût que double de la force inférieure , qui s'est consumée en fermant un ressort seulement, il s'ensuivroit que le corps qui a *deux* de vîtesse,ne consume dans le premier instant que la même force du corps qui a *un* de vîtesse , quoiqu'il dérange dans ce premier instant le triple d'obstacles égaux , & que par conséquent conféquent un homme qui au bout d'une lieue feroit tombé de laffitude, auroit cependant eu la même force que celui qui ne fe feroit laffé qu'après avoir parcouru trois lieues dans le même tems : il faut avoüer que ce font là des affertions un peu étrangéres.

Il eft donc bien difficile de fe réfoudre à eftimer les forces autrement que par les effets, dans lefquels elles fe font confumées, puifque fi elles avoient été plus grandes que ces effets, elles ne fe feroient point confumées en les produifant, & que fi elles avoient été moindres, elles ne les auroient point produits.

§. 573. Les forces vives font peut-être le feul point de Phyfique, fur lequel on difpute encore en convenant des expériences qui le prouvent ; car fi vous demandez à ceux qui les combattent quels feront fur des obftacles égaux les effets de deux corps égaux en maffe, mais dont les vîteffes font 4. & 3. ils vous repondront que l'un fera un effet, comme 16. & l'autre comme 9. or, l'on fent aifément que quelque diftinction, & quelque modification qu'ils apportent enfuite à cet aveu que la force de la vérité leur arrache, il refte toujours certain que l'effet étant quadruple, il a fallu une force quadruple pour le produire.

On refufe d'admettre les forces vives en convenant des expériences qui les établiffent.

§. 574. Il feroit inutile de vous rapporter ici toutes les expériences qui prouvent cette vérité,

té, vous les verrez un jour dans l'excellent
Mémoire que M. Bernoulli a présenté à l'A-
cadémie des Sciences en 1724. & en 1726.
& que l'on trouve dans le Recueil des Piéces
qui ont remporté, ou merité les Prix qu'elle dif-
tribue, & vous en avez déja vû une partie dans
le Mémoire que M. de Mairan a donné en 1728.
à l'Académie contre les forces vives, & que
nous avons lû enfemble, & dans lequel ce fameux Procès eft expofé avec beaucoup de clarté, & d'éloquence.

Comme cet ouvrage me paroît être ce que
l'on a fait de plus ingénieux contre les forces
vives, je m'arrêterai à vous en rappeller ici
quelques endroits, & à les réfuter.

M. de Mairan dit, n°. 38. & 40. de fon Mémoire: » Qu'il ne faut pas eftimer la force des
» corps par les efpaces parcourus par le mobile
» dans le mouvement retardé, ni par les obfta-
» cles furmontés, les reflorts fermés, &c. mais
» par les efpaces non parcourus, par les parties
» de matiéres non déplacées, les reflorts non
» fermés, ou non aplatis: or dit-il, ces efpa-
» ces, ces parties de matiére, & ces reflorts
» font comme la fimple vîteffe. Donc, &c.

Un des exemples qu'il apporte, eft celui d'un
corps qui remonte par la force acquife en tombant à la même hauteur d'où il étoit tombé, &
qui furmonte en remontant les obftacles de la
pefanteur: » Car un corps tombé de la hau-
» teur 4. & qui a acquis 2. de vîteffe en tom-
» bant,

» bant, parcoureroit en remontant par un mou-
» vement uniformé, & avec cette vîteſſe 2. un
» eſpace 4. dans la premiere ſeconde ; mais la
» peſanteur qui le retire en en-bas, lui faiſant
» perdre dans cette premiere ſeconde 1. de
» force & 1. de vîteſſe , il ne parcourt que
» 3. dans la premiere ſeconde, de même dans
» la deuxiéme ſeconde où il lui reſte encore 1.
» de vîteſſe & 1. de force, & où il parcoureroit 2.
» par un mouvement uniforme , il ne parcourt

Num. 39.
& 44.

» qu'un , parce que la peſanteur lui fait encore
» perdre *un*, quelles ſont donc les pertes de ce
» corps , *un*, dans la premiere ſeconde, & *un*
» dans la deuxiéme? ce corps qui avoit 2. de vîteſ-
» ſe, a donc perdu 2. de force, ſes forces étoient
» donc comme ſes vîteſſes, conclud M. de Mai-
» ran , & non comme le quarré de ſes vîteſſes.

Mais pour ſentir le vice de ce raiſonnement,
il ſuffit de conſidérer (comme dans la §. 567.)
l'action de la peſanteur comme une ſuite infinie de reſſorts égaux, qui communiquent leur
force aux corps en deſcendant, & que le corps
referme en remontant ; car alors on verra que
les pertes d'un corps qui remonte, ſont comme
le nombre des reſſorts fermés, c'eſt-à-dire ;
comme les eſpaces parcourus , & non pas comme les eſpaces non parcourus.

Dans les obſtacles ſurmontés comme les dé-
placemens de matiére , les reſſorts fermés, &c.
on ne peut réduire , même par voix d'hipothé-
ſe ou de ſuppoſition, le mouvement retardé en
uniforme;

uniforme , comme M. de Mairan l'avance dans son Mémoire , & quelque eſtime que j'aie pour ce Philoſophe , j'oſe aſſurer que lorſqu'il dit n°. 40. 41. & 42. *qu'un corps , qui par un mouvement retardé , ferme trois reſſorts dans la premiere ſeconde , & 1. dans la deuxiéme , en fermeroit 4. dans cette premiere ſeconde , & 2. dans la deuxiéme par un mouvement uniforme , & une force conſtante ,* il dit , je ne crains point de l'avancer , une choſe entiérement impoſſible ; car il eſt auſſi impoſſible qu'un corps avec la force néceſſaire pour fermer 4. reſſorts en ferme 6. (quelque ſuppoſition que l'on faſſe) qu'il eſt impoſſible que 2. & 2. faſſent 6. car ſi on ſuppoſe avec M. de Mairan que le corps n'auroit conſumé aucune partie de ſa force pour fermer 4. reſſorts dans la premiere ſeconde d'un mouvement uniforme, je dis que ces 4. reſſorts ne ſeroient point fermés, ou qu'ils le ſeroient par quelqu'autre agent ; que ſi on ſuppoſe au contraire, qu'ayant épuiſé une partie de ſa force à fermer ces trois premiers reſſorts dans la premiere ſeconde, & n'ayant plus que la force capable de luï faire fermer un reſſort dans la deuxiéme ſeconde, le corps, reprendroit une partie de ſa force pour en fermer deux dans cette deuxiéme ſeconde par un mouvement uniforme, (car il faut faire l'une ou l'autre de ces ſuppoſitions) on ſuppoſe viſiblement dans le dernier cas, que le corps a renouvellé ſa force ; ce qui ſort entiérement de

la queſtion ; ainſi, il n'eſt point vrai que la
force totale d'un corps ſoit repréſentée , par ce
qu'elle eût fait , ſi elle ne ſe fût point conſumée ; car elle ne pouvoit jamais faire un effet
plus grand que celui qui l'a détruite , & elle
ne contenoit en puiſſance que ce qu'elle a déployé dans l'effet produit : ainſi ce raiſonnement très-ſubtile , & qui pourroit d'abord ſé-
duire, ne porte que ſur ce faux principe , que
la quantité de mouvement & la quantité de la
force ſont une même choſe , & que la force peut
être ſuppoſée uniforme comme le mouvement ;
quoiqu'elle ait ſurmonté une partie des obſta-
les qui doivent la conſumer : mais c'eſt ce qui eſt
entiérement faux , & ce qui ne peut être admis ;
même par ſuppoſition ; car ſuppoſer en même
tems qu'une force reſte la même , & que cependant elle a produit une partie des effets qui doivent la conſumer ; c'eſt ſuppoſer en même tems
les contradictoires : ainſi , la meſure de la force
des corps dans les mouvemens retardés , *n'eſt*
point les parties de matiére non déplacées , les
reſſorts non tendus ; les eſpaces non parcourus
en remontant ; mais , les eſpaces parcourus en
remontant les parties de matiére déplacées , &
les reſſorts tendus.

M. de Mairan dit encore n°. 33. que , » de
» même qu'une force n'eſt pas infinie, parce
» que le mouvement uniforme qu'elle produi-
» roit dans un eſpace non réſiſtant, ne ceſſeroit
» jamais, il ne s'enſuit pas non plus à la rigueur,
» que

» que la force motrice de ce même corps en
» ſoit plus grande, parce qu'elle dure plus long-
» tems. Mais on voit aiſément que dans le mouvement uniforme ſuppoſé éternel, il n'y a nulle
deſtruction de force, au lieu que lorſque la force
motrice pendant un tems double a dérangé
des obſtacles quadruples, il y a eû une dé-
penſe réelle de force, laquelle n'a pû ſe faire
ſans un fond de force quadruple, & qu'ainſi,
ces deux cas ne peuvent ſe comparer.

Je me flatte que M. de Mairan regardera les
remarques que je viens de faire ſur ſon Mémoire, comme une preuve du cas que je fais
de cet ouvrage; j'avoue qu'il a dit tout ce que
l'on pouvoit dire en faveur d'une mauvaiſe
cauſe : ainſi, plus ces raiſonnemens ſont ſédui-
ſans, plus je me ſuis crû obligé de vous faire
ſentir qu'ils ne portent aucune atteinte à la
doctrine des forces vives.

§. 575. Cette doctrine peut être confirmée par
un raiſonnement fort ſimple, & que tout le
monde fait naturellement quand l'occaſion s'en
préſente : que deux voyageurs marchent également
ment vîte, & que l'un marche pendant une
heure, & faſſe une lieue, & l'autre deux lieues
pendant deux heures, tout le monde convient
que le ſecond a fait le double du chemin du
premier, & que la force qu'il a employé à faire
deux lieues, eſt double de celle que le premier
a employé pour faire une lieue : or, ſuppoſant

maintenant qu'un troifiéme voyageur faffe ces deux lieues en une heure, c'eft-à-dire, qu'il marche avec une vîteffe double, il eft encore évident que le troifiéme voyageur, qui fait deux lieues dans une heure, employe deux fois autant de force que celui qui fait ces deux lieues en deux heures : car on fçait que plus un courier doit marcher vîte, & faire le même chemin en moins de tems, plus il lui faut de force, ce que tout courier fent fi bien qu'il n'y en a point qui ne veuille être d'autant mieux payé, qu'il va plus vîte ; or puifque le troifiéme voyageur employe deux fois plus de force que le fecond, & que le fecond en employe deux fois plus que le premier, il eft évident que le voyageur qui marche avec une double vîteffe pendant le même tems, employe quatre fois plus ; & que par conféquent les forces que ces voyageurs auront dépenfées, feront comme le quarré de leurs vîteffes.

§. 476. Les ennemis des forces vives trouvent le moyen d'éluder la plûpart des expériences qui les prouvent, parce qu'ils ne peuvent les nier ; ils rejettent, par exemple, toutes celles que l'on fait fur les enfoncemens des corps dans des matiéres molles, & il eft vrai qu'il fe mêle toujours inévitablement dans ces expériences, & dans les exemples que l'on tire des créatures animales, des circonftances étrangéres qui éter-nifent les difputes.

§. 577. Maïs M. Herman rapporte un cas qui ne laiſſe lieu à aucun ſubterfuge, & dans lequel on ne peut diſputer que la force du corps n'ait été quadruple en vertu d'une double vîteſſe; ce cas eſt celui dans lequel une boule A. qui a *un* de maſſe, par exemple, & *deux* de vîteſſe, frappe ſucceſſivement ſur un plan horiſontal, ſuppoſé parfaitement poli, une boule B. en repos, qui a 3. de maſſe, & une boule C. qui a 1. de maſſe; car ce corps A. donnera un degré de vîteſſe à la boule B. dont la maſſe eſt 3. & il donnera le degré de vîteſſe qui lui reſte à la boule C. qu'il rencontre enſuite, & dont la maſſe eſt *un*, c'eſt-à-dire, égale à la ſienne, & ce corps A. ayant alors perdu toute ſa vîteſſe reſtera en repos.

Or, examinons quelle eſt la force des corps B. & C. auſquels le corps A. a communiqué toute ſa force, & toute ſa vîteſſe, certainement la maſſe du corps B. étant 3. & ſa vîteſſe *un*, la force ſera *trois* de l'aveu même de ceux qui refuſent d'admettre les forces vives, le corps C. dont la vîteſſe eſt *un*, & la maſſe *un*, aura auſſi *un* de force: donc le corps A. aura communiqué la force *trois* au corps B. & la force *un* au corps C.: donc le corps A. avec 2. de vîteſſe a donné 4. de force: donc il avoit cette force; car s'il ne l'avoit pas eû, il n'auroit pû la donner: donc la force du corps A. qui avoit 2. de vîteſſe & *un* de maſſe, étoit 4. c'eſt-à-

Académie de petersbourg, Tome premier.

Expérience décifive de M. Herman en faveur des forces vives.

Fig. 75.

Fig. 75.

dire,

dire, comme le quarré de cette vîteſſe multiplié par ſa maſſe.

§. 578. Il y a un rapport admirable entre la façon dont le corps A. perd ſa force par le choc dans cette expérience, & celle dont un corps, qui remonte par la force acquiſe en deſcendant, perd la ſienne par les coups redoublés de la gravité ; car un corps qui avec la vîteſſe 2. remontera à la hauteur 4. perd *un* de vîteſſe, quand il a remonté à la hauteur *trois*, de même que la boule A. perd *un* de vîteſſe, en mettant en mouvement la boule B. dont la maſſe eſt *trois* ; & le corps qui remonte, perd le deuxiéme degré de vîteſſe qui lui reſte, en remontant de la hauteur 3. à la hauteur 4. c'eſt-à-dire, en parcourant un eſpace ſous-triple du premier, de même que le corps A. perd le degré de vîteſſe, qui lui reſte, en frappant le corps C. ſous-triple du corps B. Ainſi, la même choſe arrive, ſoit que la force des corps leur ſoit communiquée par l'impulſion, ſoit qu'elle ſoit l'effet de leur gravité.

§. 579. Quoique dans cette expérience de M. Herman, un corps avec deux de vîteſſe ait communiqué 4. degrés de force à des corps égaux à lui qui peuvent exercer cette force, & la communiquer à d'autres corps, ce qui ne laiſſe aucun lieu aux prétextes que l'on allégue contre la plûpart des autres expériences qui prouvent les forces vives, cependant la difficulté

Fig. 75.

Cependant la difficulté du tems reſte toujours dans cette expérience.

ſiculté du tems (ſi c'en eſt une) reſte toujours
dans cette expérience, puiſque la boule A. n'a
communiqué ſa forœ aux boules B. & C. que
ſucceſſivement, auſſi tous les adverſaires des
forces vives, & M. Papin qui les combattit
contre M. de Leibnits leur inventeur, & M.
Jurin qui s'eſt déclaré en dernier lieu contre
cette opinion, ont-ils toujours défié M. de
Leibnits, & les partiſans des forces vives de
leur faire voir un cas dans lequel une vîteſſe
double produiſit un effet quadruple dans le
même temps, dans lequel une vîteſſe ſimple produit un effet ſimple, juſques là même qu'ils ont tous promis d'admettre les forces
vives, ſi on pouvoit leur trouver un tel cas
dans la nature : voici comme s'exprime M. Jurin. *Id ſi facere dignati fuerint me ipſis diſci-*
pulum, parum id quidem eſt, at multos ægregios
viros auſim promittere. *

§. 580. Comme les loix du mouvement ne
permettent pas, lorſqu'un corps en choque un
ſeul autre, de tranſporter toute la force de ce
corps dans un autre de maſſe quadruple par un
ſeul coup, M. de Leibnits pour ſatisfaire à cet
eſpéce de défi eut recours au levier, par le
moyen duquel il vint à bout de tranſporter

---

* Et s'ils peuvent trouver un tel effet dans la nature, je
leur promets, non ſeulement d'être leur diſciple, ce quiſeroit
peu de choſe ; mais de leur en procurer de beaucoup plusdignes
que moi.

par un feul coup toute la force d'un corps dans un autre de maffe quadruple, auquel il communiquoit la moitié de fa vîteffe, mais la confidération du levier donna encore lieu à des exceptions qui rendirent cette expérience de M. de Leibnits infructueufe pour la converfion de fes adverfaires : ainfi, l'objection tirée de la confidération du tems fubfiftoit toujours.

Expérience qui détruit entierement l'objection tirée du tems

§. 581. Mais on a renverfé entierement cette objection en trouvant le cas que les adverfaires des forces vives croyoient introuvable, ce cas eft celui dans lequel un corps A. fufpendu librement dans l'air, & dont la vîteffe eft *deux*, & la maffe fuppofée *un*, choque en même tems fous un angle de 60. degrés, *deux* corps B. & B. dont la maffe de chacun eft *deux*; car dans ce cas le corps choquant A. demeure en repos après le choc, & les corps B. & B. partagent entr'eux fa vîteffe, & fe meuvent chacun avec un degré de vîteffe : or ces corps B. & B. dont la maffe eft *deux*, & qui ont reçu chacun un degré de vîteffe ont chacun *deux* de force, quelque parti que l'on prenne : donc le corps A. avec une vîteffe 2. a communiqué une force 4. dans un feul & même tems, ce qui eft précifément le cas éxigé par les adverfaires des forces vives; ainfi, cette expérience fait tomber entierement l'objection tirée de la confidération du tems, dont les ennemis des forces vives ont fait jufqu'à préfent tant de bruit.

Fig. 76.

Fig. 76.

§. 582.

§. 582. De plus, la force eſt toujours la mê- me, ſoit qu'elle ait été communiquée dans un petit tems ou dans un grand tems ; le tems dans lequel les reſſorts communiquent leur force, par exemple, dépend des circonſtances dans leſ- quelles ils ſe déployent; car il y a des circonſtan- ces dans leſquelles la force d'un reſſort peut ſe transmettre dans un même corps plus vîte que dans d'autres circonſtances , cependant la for- ce que ce reſſort lui communique, eſt toujours la même : ainſi , quatre reſſorts égaux com- muniqueront la même force au même corps , ſoit qu'ils la lui communiquent en une , en deux, ou en trois minutes, comme dans les Fig. 77. 78. & 79. & ce tems pourroit être varié à l'infini, ſelon qu'on laiſſeroit à ces reſſorts plus ou moins de liberté d'agir, quoique la force communiquée fût toujours la même; ainſi , le tems n'a rien à faire dans la communication du mouvement.

§. 583. On fait encore une objection con- tre les forces vives, qui paroît d'abord aſſez forte ; elle eſt tirée de la conſidération de ce qui arrive à 2. corps qui ſe choquent avec des vîteſſes qui ſont en raiſon inverſe de leur maſſe, car ſi ces corps ſont ſans reſſorts ſenſibles , ils reſteront en repos après le choc ; or il ſem- bleroit d'abord que le corps, qui a le plus de vîteſſe ayant plus de force dans la doctrine des

E e 4

forces

forces vives, devroit pousser l'autre corps devant lui.

Reponse.

Mais pour entendre comment deux corps
avec des forces inégales peuvent cependant
rester en repos après le choc, considérons un

Fig. 10.

ressort R. qui se détend en même tems des deux
côtés, & qui pousse de part & d'autre des corps
de masse inégale, l'inertie de ces corps étant le
seul obstacle, qu'ils opposent à la détence du
ressort, & cette inertie étant proportionnelle
à leur masse, les vitesses que le ressort communiquera à ces corps, feront en raison inverse de
leur masse; & par conséquent ils auront des
quantités égales de mouvement, mais leurs
forces ne seront pas égales, comme M. Jurin & quelques autres voudroient l'inferer,

Mac-Lau-
rin Piéces
des Prix de
l'Acadé-
mie.

Bernoulli
Piéces des
Prix. Disc.
sur le Mou-
vement.

ces forces seront entr'elles comme la longueur
C B. & la longueur C A. c'est-à-dire, comme
le nombre des ressorts qui ont agi sur eux;
ainsi, leurs forces feront inégales, & se trou-
veront entre elles, comme le quarré de la vîtesse de ces corps multiplié par leur masse.

Or, lorsque le ressort R. s'est détendu jusqu'à un certain point, si ces corps retournoient
vers lui avec les vitesses qu'il leur a communiquées en se détendant, on voit aisément que
chacun de ces corps auroit précisément la force
nécessaire, pour remettre les parties du ressort
qui ont agi contre lui dans leur premier état
de compression, & qu'ils employeroient à fermer ce ressort des forces inégales, puisqu'en
se

se détendant il leur avoit communiqué des forces inégales, qu'ils ont consumées à le fermer, & si le ressort étoit arrêté dans son état de compression, lorsque ces corps viennent de le refermer, les deux corps, dont toute la force a été employée à le fermer, resteroient alors en repos.

Or, quand deux corps qui ne sont point élastiques, se rencontrent avec des vîtesses qui sont en raison inverse de leurs masses, ils sont l'un sur l'autre le même effet que l'on vient de voir, que le corps A. & le corps B. auroient fait sur les parties du ressort R. pour le fermer, & il est aisé de voir par cet exemple comment les corps peuvent consumer des forces inégales dans l'enfoncement de leurs parties, & rester en repos après le choc.

Fig. 20.

§. 584. M. de s'Gravesande a imaginé une expérience qui confirme merveilleusement cette théorie, il affermit dans la Machine de Mariotte une boule de terre glaise, & la fit choquer successivement par une boule de cuivre, dont la masse étoit trois & la vîtesse *un*, & par une autre boule de même métal dont la vîtesse étoit 3. & la masse *un*, & il arriva que l'enfoncement fait par la boule *un*, dont la vîtesse étoit *trois*, fut toujours beauconp plus grand que celui que faisoit la boule 3. avec la vîtesse *un*, ce qui marque l'inégalité des forces ; mais quand ces deux boules avec les mêmes vîtesses

Expérience qui confirme cette reponse.

que

que ci devant choquoient en même tems, la boule de terre glaise suspendue librement à un fil, alors la boule de terre glaise n'étoit point ébranlée, ¡& les deux boules de cuivre restoient en repos & également enfoncées dans la terre glaise, & ces enfoncemens égaux ayant été mesurés, ils se trouverent plus grands que l'enfoncement que la boule *trois* avec la vîtesse *un* avoit fait, lorsqu'elle avoit frappé seule la boule de terre glaise affermie, & moindre que celui qui y avoit été fait par la boule 1. avec la vîtesse 3. car la boule 3. avoit employé sa force à enfoncer la terre glaise, & son enfoncement avoit été augmenté par l'effort de la boule 1. qui a pressé la boule de terre glaise contre la boule 3. ce qui a diminué l'enfoncement de cette boule *un*; ainsi, les corps mous qui se rencontrent avec des vîtesses en raison inverse de leurs masses, restent en repos après le choc, parce qu'ils employent leurs forces à enfoncer mutuellement leurs parties; car ce n'est pas un simple repos qui joint ces parties, mais une véritable force, & pour aplatir un corps & enfoncer ses parties, il faut surmonter cette force qu'on appelle *cohérence*, & il ne se consume dans le choc que la force qui est employée à enfoncer ces parties.

Raisonnement de M. Jurin contre les forces vives.

§. 585. Le raisonnement le plus spécieux que l'on ait fait contre les forces vives, est celui de M. Jurin rapporté dans les *Transactions Philosophiques.*

Il fuppofe un corps placé fur un plan mobile, que l'on fait mouvoir en ligne droite avec la vîteffe *un*, par exemple, il eft fur qu'un corps pofé fur ce plan, & dont on fuppofe que la maffe eft *un*, acquiert la vîteffe *un*, & par conféquent la force *un* par le mouvement du plan.

Il fuppofe enfuite, qu'un reffort capable de donner à ce même corps la vîteffe *un*, foit affujetti fur ce plan, & vienne à fe détendre & à pouffer ce corps dans la même direction dans laquelle il fe meut déja avec le plan, ce reffort en fe détendant communiquera un dégré de vîteffe à ce corps; & par conféquent un degré de force : or dit M. Jurin, quelle fera la force totale de ce corps ? elle fera *deux*, mais fa vîteffe fera auffi *deux*, donc la force de ce corps fera comme fa fimple vîteffe multipliée par fa maffe, & non comme le quarré de cette vîteffe.

Voici en quoi confifte le vice de ce raifonnement : fuppofons pour plus de facilité, au lieu du plan mobile de M. Jurin un bateau, A B. qui avance fur une riviere dans la direction B C. & avec la vîteffe *un*, & le corps P. tranfporté avec le bateau ; ce corps acquert la même vîteffe que le bateau : ainfi, fa vîteffe eft *un*. Si l'on attache dans ce bateau un reffort capable de donner à ce corps P. un degré de vîteffe, ce reffort, qui communiquoit au corps P. hors du bateau la vîteffe *un*, ne la lui communiquera

plus

En quoi confifte le vice de ce raifonnement.

plus, lorsqu'il sera transporté dans le bateau ; car l'appui contre lequel le ressort s'appuye dans le bateau, n'étant pas un appui inébranlable, & le bateau cédant à l'effort, que le ressort fait vers A. ce ressort se détend en même tems des deux côtés, & il faut alors avoir égard à la réaction ; ainsi, ce ressort ne communiquera pas au corps P. la vîtesse *un* dans le bateau, mais il lui communiquera cette vîtesse moins quelque chose, & cette différence sera plus ou moins grande, selon la proportion qui se trouvera entre la masse du bateau AB. & celle du corps P. & la même quantité de force vive, qui étoit dans le bateau AB. dans le ressort R. & dans le corps P. avant que le ressort R. se fût détendu, se retrouvera après sa détente dans le bateau & dans le corps pris ensemble. Ainsi, ce cas que M. Jurin défie tous les Philosophes de concilier avec la doctrine des forces vives, n'est fondé que sur cette fausse supposition que le ressort R. communiquera au corps P. transporté sur un plan mobile ou dans un bateau, la même force qu'il lui communiqueroit, si le ressort étoit appuyé contre un obstacle inébranlable & en repos, mais c'est ce qui n'est point, & ce qui ne peut point être, que dans le seul cas où la masse du vaisseau seroit infinie par rapport à celle du corps.

§. 586. Quoique l'autorité ne doive point être comptée lorsqu'il s'agit de la vérité, cependant je me crois obligé de vous dire que

M.

M. Newton n'admettoit point les forces vives, car le nom de M. Newton vaut presque une objection : ce Philosophe examine dans la derniére Question de son Optique le mouvement d'un bâton infléxible AB. aux deux bouts duquel on a attaché les corps A. & B. & il suppose que que le centre de gravité de ce bâton AB. qu'il ne considére que comme une ligne, se meuve le long de la droite CD. tandis que les corps A. & B. tournent sans cesse autour de ce centre, il arrive que lorsque la ligne AB. est perpendiculaire à CD. (comme dans la Figure 82.) la vîtesse du corps A. est nulle, & celle du corps B. est *deux* ; ainsi, le mouvement de ces corps est alors *deux* : mais quand cette ligne AB. est coïncidente ou presque coïncidente avec la ligne CD. (comme dans la Figure 83.) alors la somme des mouvemens des corps A. & B. devient 4. M. Newton conclut de cette considération, & de celle de l'inertie de la matiére que le mouvement va sans cesse en diminuant dans l'Univers ; & qu'enfin notre Systême aura besoin quelque jour d'être reformé par son Auteur ; & cette conclusion étoit une suite nécessaire de l'inertie de la matiére, & de l'opinion dans laquelle étoit M. Newton, que la quantité de la force étoit égale à la quantité du mouvement ; mais quand on prend pour force le produit de la masse par le quarré de la vîtesse, il est aisé de prouver que la force vive demeure toujours la même, quoique la

quantité

portionnelle à leur quantité de mouvement.

Fig. 82.

Fig. 82.

Fig. 82 & 83.

Phenaméne inexplicable sans la doctrine des forces vives, & qui a fait conclure à M. Newton que la force étoit variable dans l'Univers.

Fig. 82. & 83.

quantité du mouvement varie peut être à chaque inftant dans l'Univers , & que dans tous
les cas , & fpécialement dans celui que je viens
de citer d'après M. Newton , la force vive demeure inébranlable ; quelque foit la pofition de
la ligne A.B. par rapport à la ligne C D. que
parcourt fon centre de gravité. Ainfi les miracles continuels qui réfultent de la pofition
de cette ligne A B. n'ont plus lieu dans la doctrine des forces vives.

§. 587. La force des corps en mouvement
étant proportionnelle à leur maffe & au quarré
de leurs viteffes, il s'enfuit qu'en augmentant
également la viteffe & la maffe d'un corps,
on augmente fa force inégalement.

Les Anciens avoient fait des machines pour
rompre les murs dont la maffe étoit immenfe ,
& qui avec une très-petite viteffe faifoient un
très-grand effet: nous nous fervons d'une induftrie toute contraire dans les nôtres ; car la
poudre fait un très - grand effet en augmentant la viteffe d'une très - petite maffe ; &
une des raifons de la fupériorité de nos Machines fur celles des Anciens, c'eft que la force
des corps augmentant en raifon du quarré de
la viteffe , & feulement en raifon directe de la
maffe, cette force d'augmentation fait un bien
plus grand effet.

§. 588. On a vû dans ce Chapitre que toutes
les

les expériences concourent à prouver les forces vives, mais la Méthaphyfique parle prefque
auffi fortement que la Phyfique en leur faveur.

Defcartes en donnant des Loix du mouve- Pourquoi
ment fauffes, s'étoit égaré en fuivant un beau
principe, celui de la confervation d'une égale
quantité de force dans l'Univers; ce grand Philofophe penfoit que le *femel juffit*, *femper paret*, *
de Seneque, étoit plus convenable à la Puiffance
& à la Sageffe du Créateur, que d'être obligé
de renouveller fans ceffe le mouvement qu'il
avoit une fois imprimé à fon Ouvrage comme
le penfoit M. Newton.

Cette idée fi belle, fi vrai-feinblable, fi digne de la grandeur de la Sageffe de l'Auteur
de la Nature, ne peut cependant fe foûtenir,
quand on fait la force des corps égale à leur
quantité de mouvement : car, indépendamment
du cas que j'ai rapporté d'après M. Newton à
la §. 586. & dans lequel il fe fait une production & un anéantiffement continuel de mouvement par le feul changement de pofition ;
Meffieurs Hughens, Wren & autres ont démontré, que l'on peut augmenter ou diminuer
le mouvement à l'infini dans le choc des corps,
en plaçant les corps, qui fe choquent d'une cer-

taine

Pourquoi
Defcartes
à donné
desLoix de
mouve-
ment fauf-
fes.

---

* Il a commandé une fois, & il obéit toujours à ce qu'il
a ordonné.

taine maniére, & en leur donnant de certaines maſſes.

Mais M. de Leibnits par ſa nouvelle eſtimation des forces, a accordé la raiſon Métaphiſique trouvée par Deſcartes & qu'il n'appliquoit
pas bien & les effets Phyſiques découverts en
partie depuis Deſcartes ; car en diſtinguant,
comme a fait M. de Leibnits , la quantité du
mouvement & la quantité de la force des
corps en mouvement, & en faiſant cette force proportionnelle au produit de la maſſe par
le quarré de la vîteſſe , on trouve que quoique
le mouvement varie à chaque inſtant dans
l'Univers , la même quantité de force vive s'y
conſerve cependant toujours ; car la force ne
ſe détruit point ſans un effet qui la détruiſe , &
cet effet ne peut être que le même degré de
force communiqué à un autre corps , puiſque
celui qui prend , ôte toujours à celui à qui il
prend, autant de force qu'il en retient pour lui ;
ainſi, la production du moindre degré de force
dans un corps, emporte néceſſairement la per-
te d'un égal degré de force dans un autre
corps & réciproquement : ainſi, la force ne
ſçauroit périr en tout, ni en partie, qu'elle
ne ſe retrouve dans l'effet qu'elle a produit, &
l'on peut tirer de-là toutes les Loix du mouvement.

L'égale
conſerva-
tion des
forces vi-

Or, cette conſervation des forces ſeroit une
raiſon Métaphyſique très-forte, toutes choſes
d'ailleurs égales , pour déterminer & eſtimer
la

la force des corps en mouvement par le quarré de leurs vîtesses ; car ce n'est pas le produit
de la masse par la vîtesse qui se trouve, quand
on poursuit la force dans ses effets, mais le
produit de la masse par le quarré de la vîtesse ;
or, que le mouvement périsse & renaisse, il n'y
a rien là de contraire aux bons principes ,
pourvû que la force qui le produit, reste la même ; car vous avez vû au Chapitre 8. que la
vîtesse est un mode de la force motrice : or
quand la vîtesse devient plus ou moins grande ; il n'y a rien de substantiel créé , ou an-
nihilé , la force motrice qui étoit dans les
corps, est seulement modifiée par la variation
de la vîtesse , & cette force elle-même , qui
est quelque chose de réel , & qui dure comme
la matiére, ne sçauroit être détruite , ni produite de nouveau ; car il est aisé de faire voir
géometriquement que dans tout ce qui se passe
entre des corps à ressort de quelque maniére
qu'ils se choquent, la même quantité de force
se conserve inaltérable , si l'on prend pour force
le produit du quarré de la vîtesse par la masse,
mais si les forces des corps en mouvement
n'eussent pas été dans cette raison , la même
quantité des forces vives , qui sont la source
du mouvement dans l'Univers, ne se feroit pas
conservée.

§. 589. Il est vrai qu'il n'y a que dans les
corps à ressort, dans lesquels la force des corps

ves est une
raison très-
forte en
leur faveur

De l'em-
ploi de la
force dans

le choc des corps à reſ- ſort.

en mouvement puiſſe ſe pourſuivre & ſe calculer toute entiére , parce qu'après le choc ces corps ſe reſtituent dans le même état où ils étoient auparavant, & l'on peut trouver l'emploi de leurs forces dans d'autres corps qu'ils ont mis en mouvement , ou dont ils ont augmenté le mouvement ſans altérer leur figure.

Et dans le choc des corps qui n'ont point de reſſort.

§. 590. Quant à ce qui ſe paſſe entre des corps incapables de reſtitution , c'eſt là un de ces cas où il n'eſt pas aiſé de ſuivre la force vive, parce qu'elle a été conſumée à déplacer les parties des corps , à ſurmonter leur cohérence, à rompre leur contexture, à tendre peut être des reſſorts qui ſont entre leurs parties , & que ſçait-on à quoi ? Mais ce qui eſt de bien certain c'eſt que la force ne périt point , elle peut à la vérité paroître perdue , mais on la retrouveroit toujours dans les effets qu'elle a produits , ſi l'on pouvoit toujours appercevoir ces effets.

TABLE
DES MATIERES
Contenuës en cet Ouvrage.

A

DES MATIERES

F

N

O

P

Fin de la Table des Matiéres.

Figures des Chapitres 1. 2. et 3.

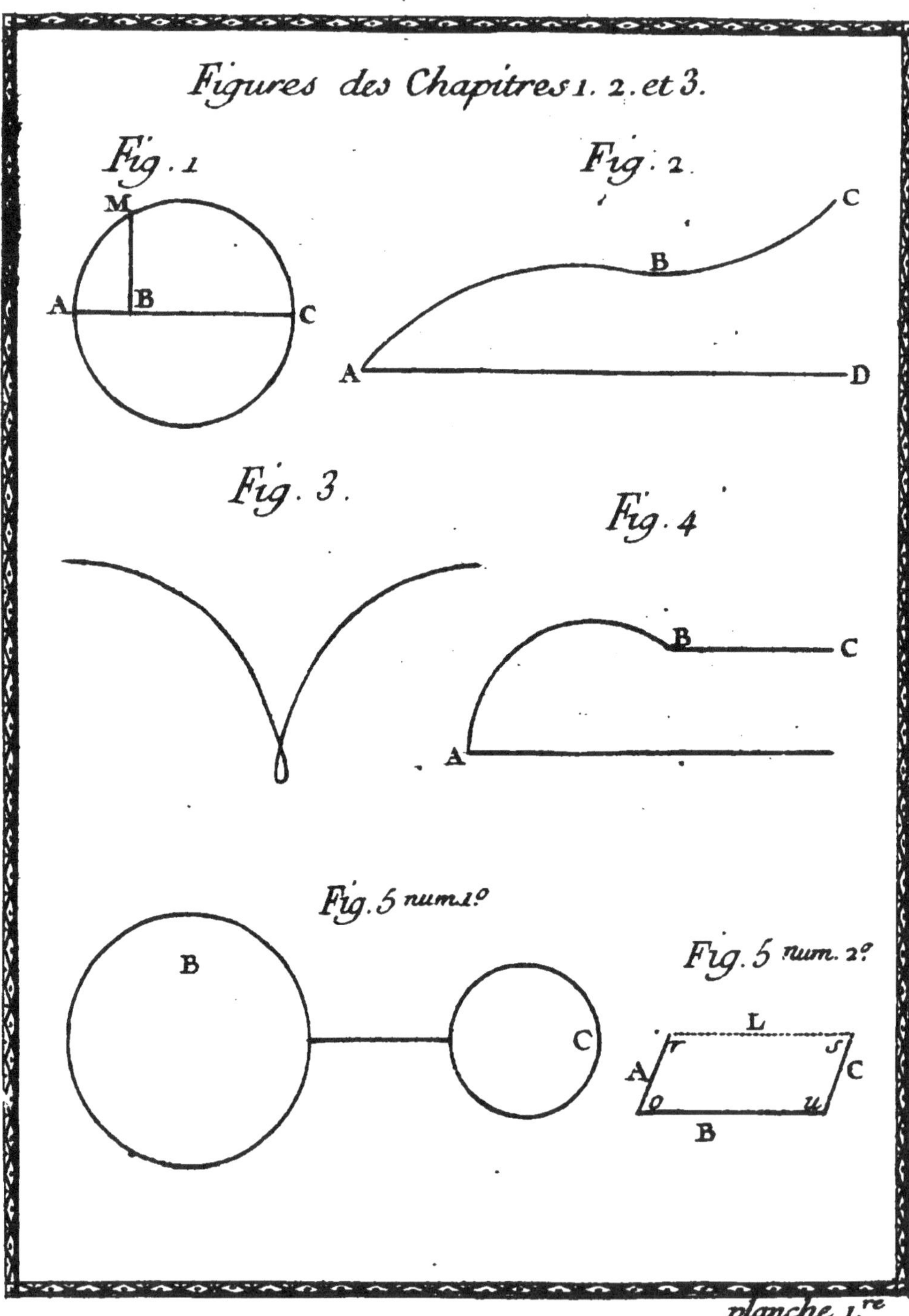
Fig. 1
M
A
B
C
Fig. 2
C
B
A
D
Fig. 3
Fig. 4
B
C
A
Fig. 5 num. 1.º
B
C
Fig. 5 num. 2.º
L
A
C
B
planche 1.re

Figures du chap. neuvième.

Fig. 6

Fig. 7

Fig. 8

Fig. 9

Fig. 10

Planche 2.

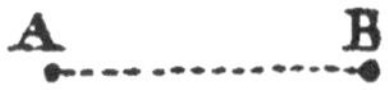

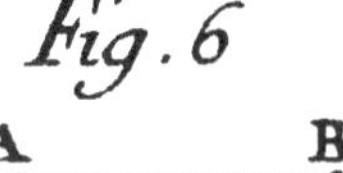

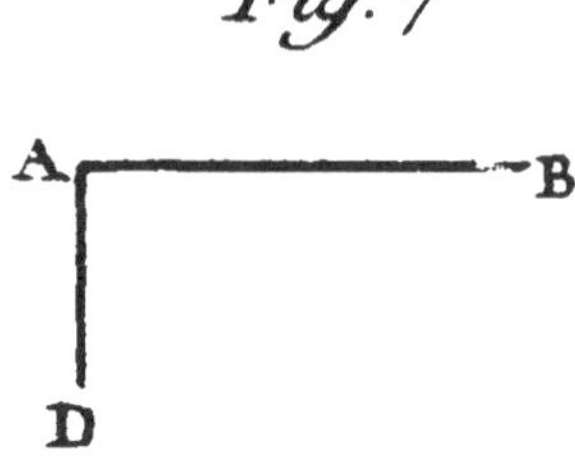

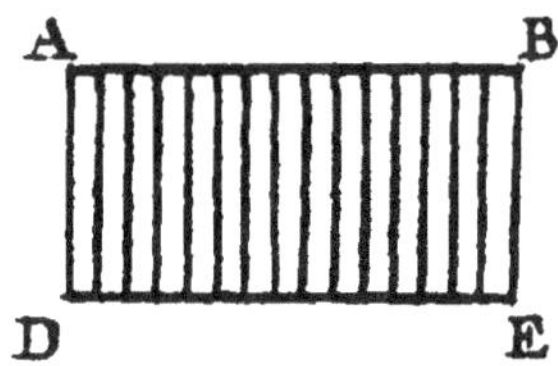

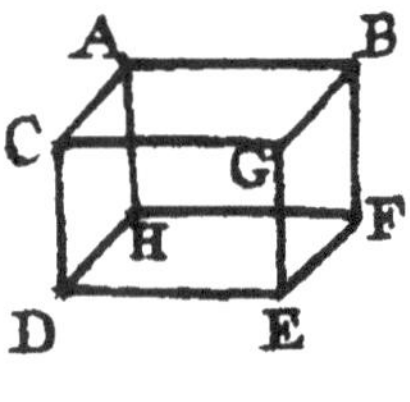

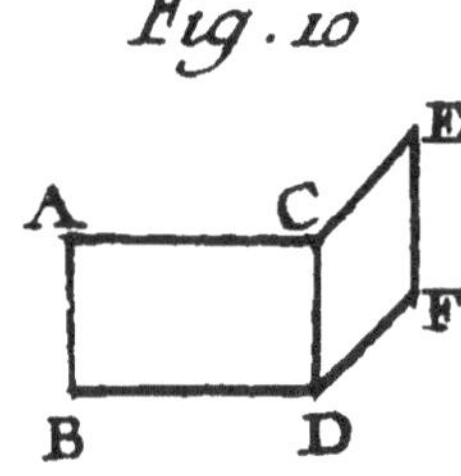

Fig. 11

Fig. 12

Fig. 13

Fig. 14

Fig. 15

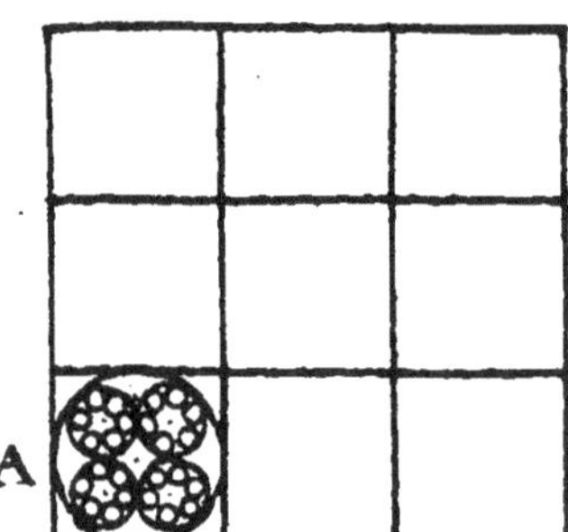

Fig. 16

Fig. 17

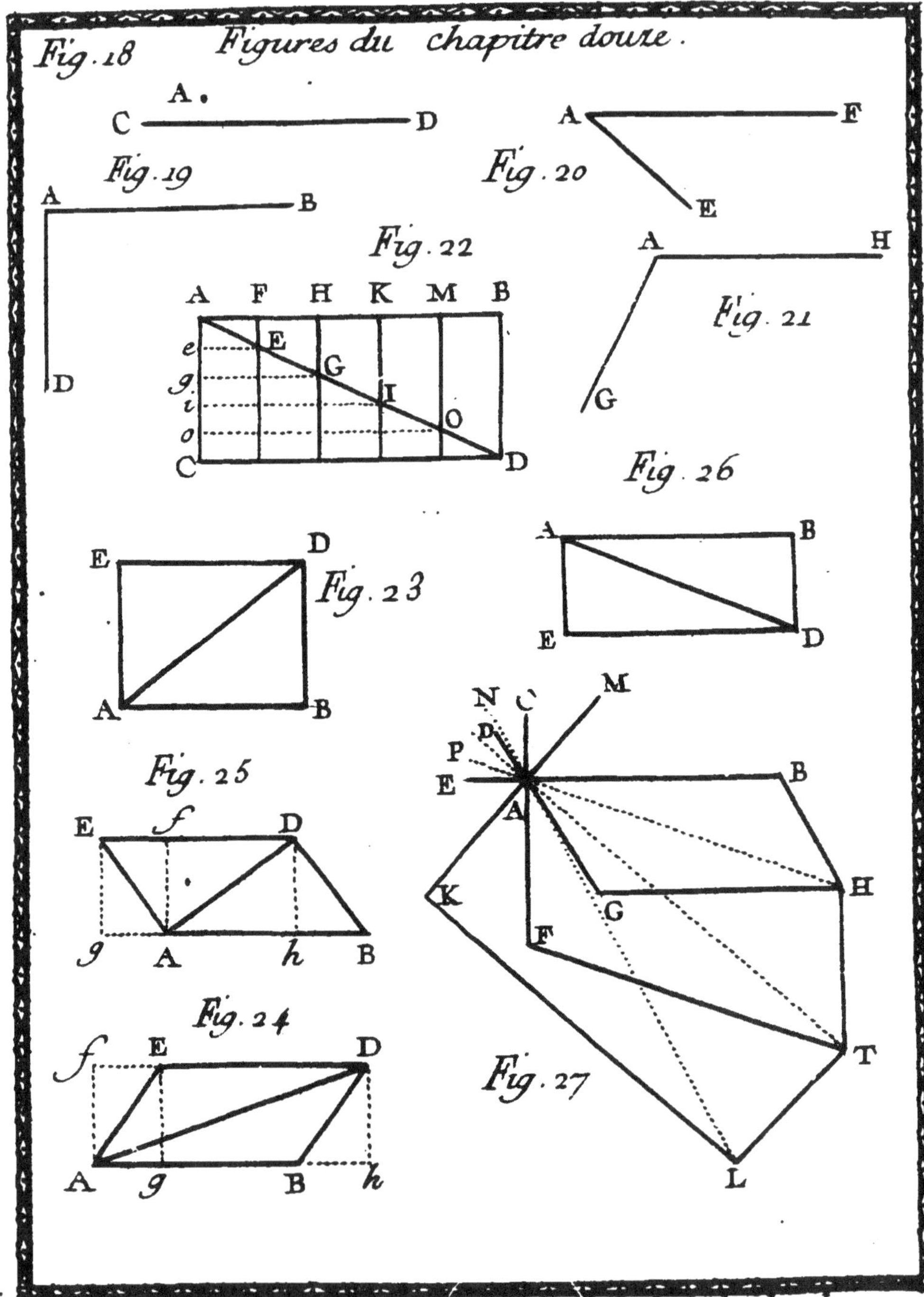

Figures du chapitre douze.
Fig. 18
Fig. 19
Fig. 20
Fig. 21
Fig. 22
Fig. 23
Fig. 24
Fig. 25
Fig. 26
Fig. 27
Planche 4.

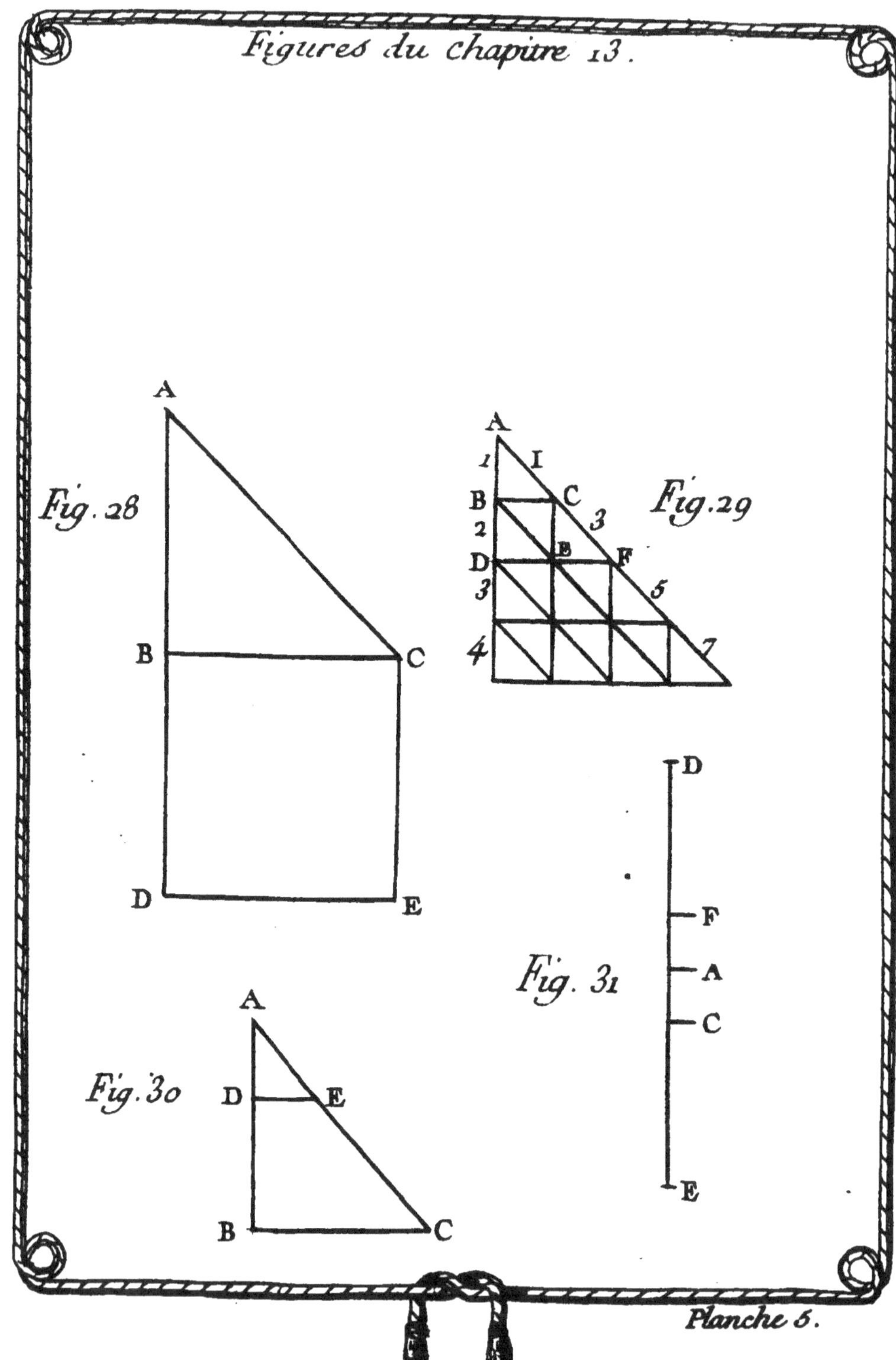

Figures du chapitre 13.
Fig. 28
Fig. 29
Fig. 30
Fig. 31
Planche 6.

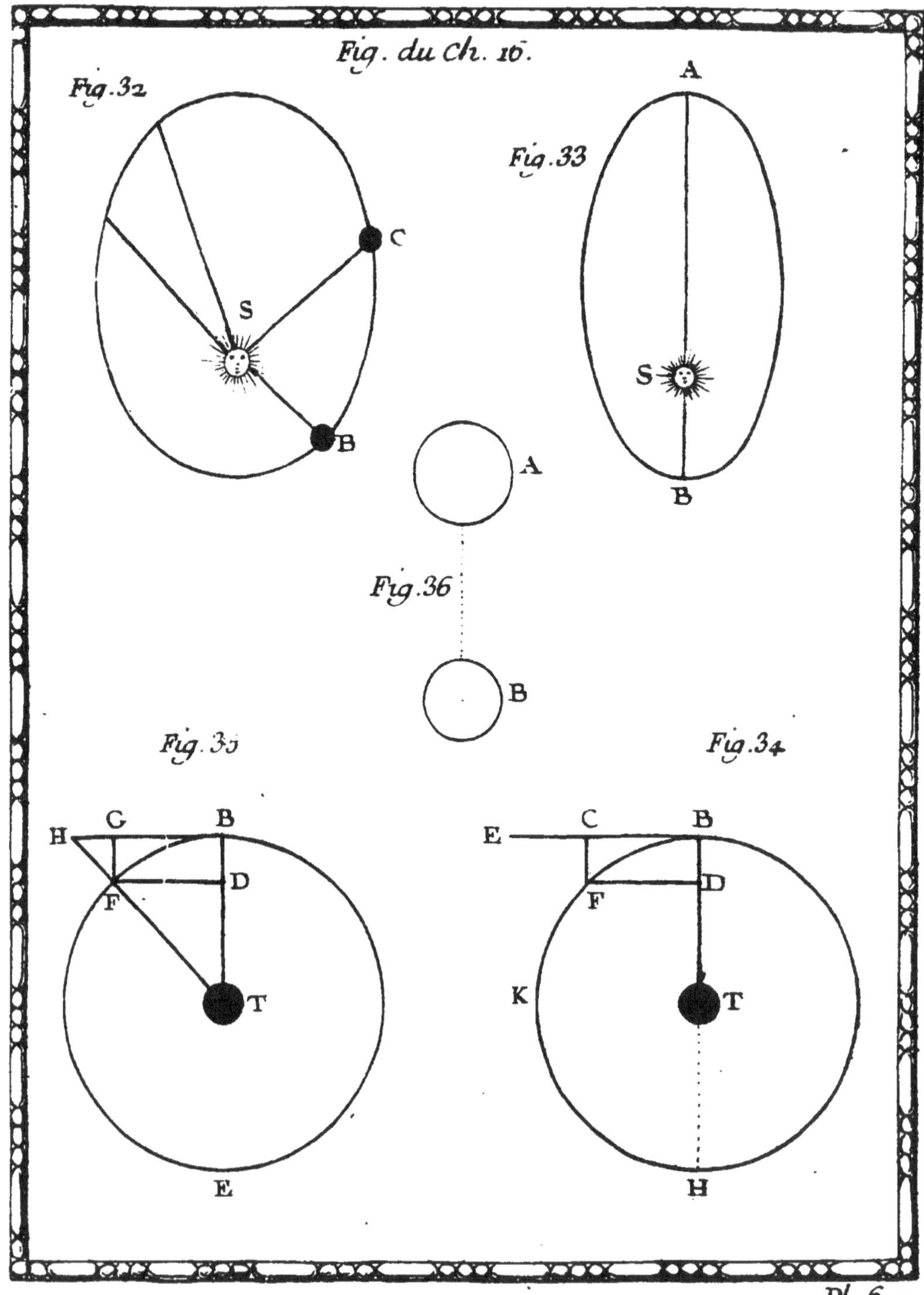

Fig. du Ch. 16.
Fig. 32
Fig. 33
A
C
S
B
S
B
Fig. 36
A
B
Fig. 35
Fig. 34
H G B
D
F
T
E
E C B
D
F
K T
H
Pl. 6

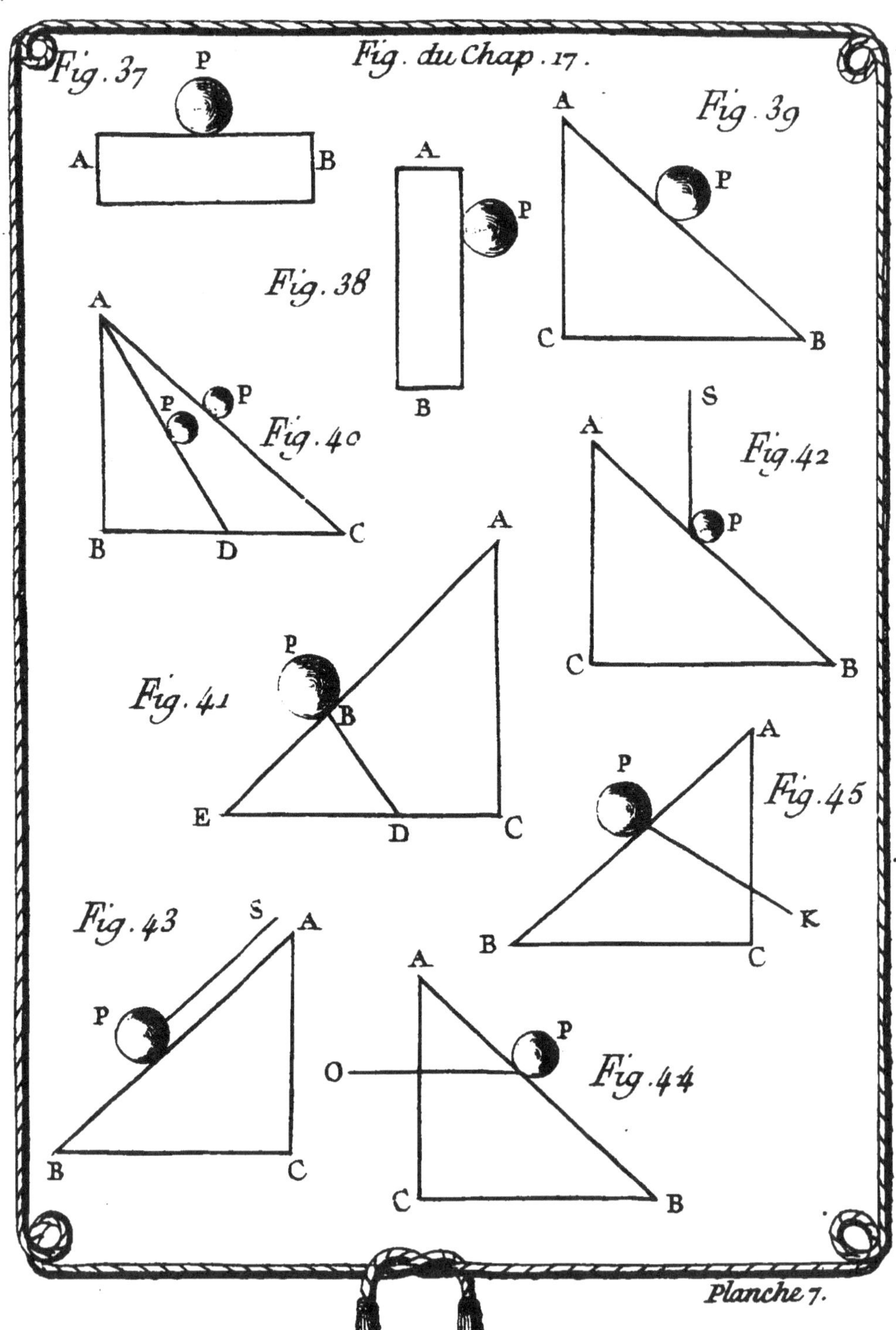

Fig. 37
Fig. du Chap. 17.
Fig. 39
Fig. 38
Fig. 40
Fig. 42
Fig. 41
Fig. 45
Fig. 43
Fig. 44
Planche 7.

Fig. 46
Fig. 47
Fig. 48
Fig. 49
Fig. 50
Fig. 51
Fig. 52
Fig. 53
Fig. 54
Fig. 55

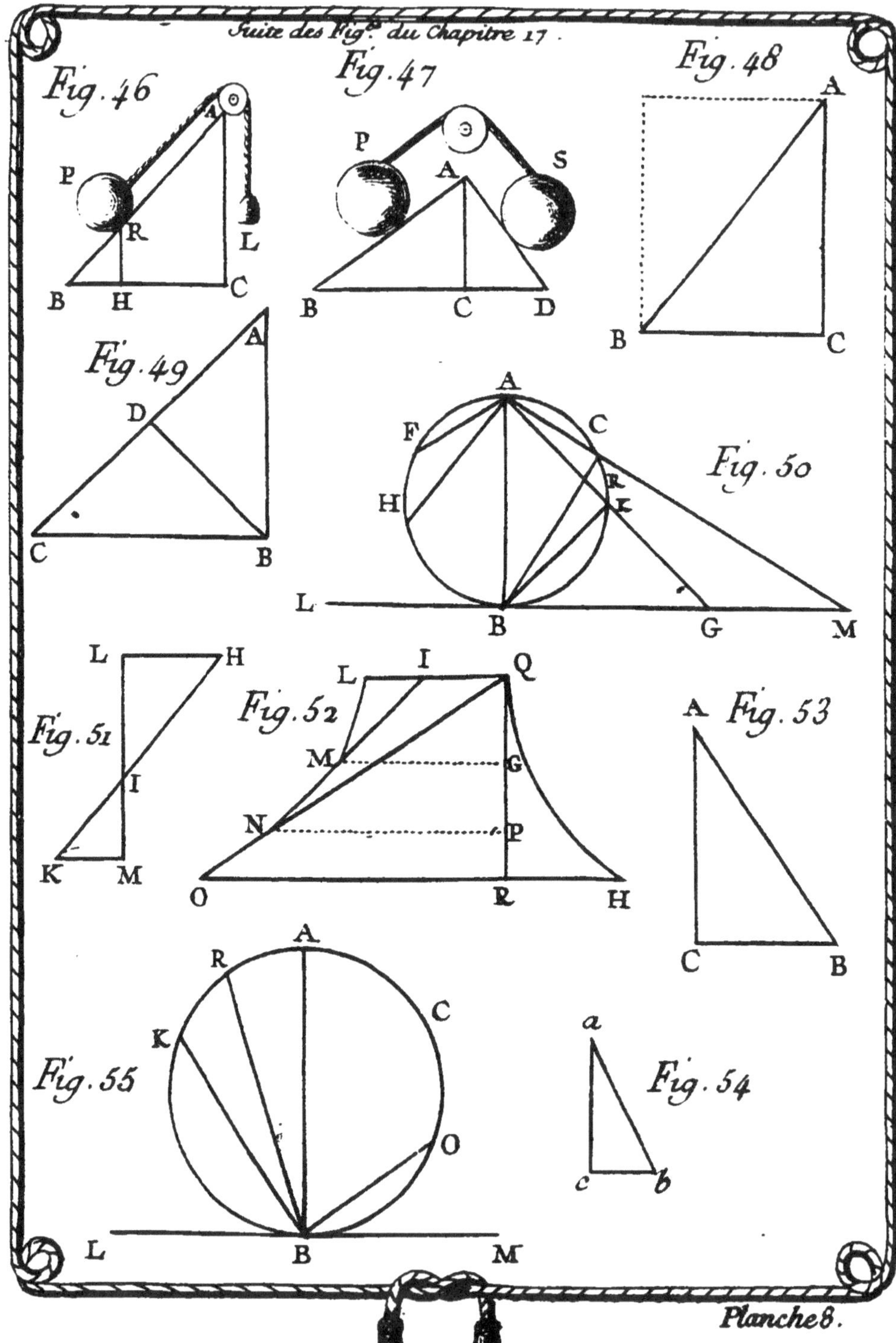

Planche 8.

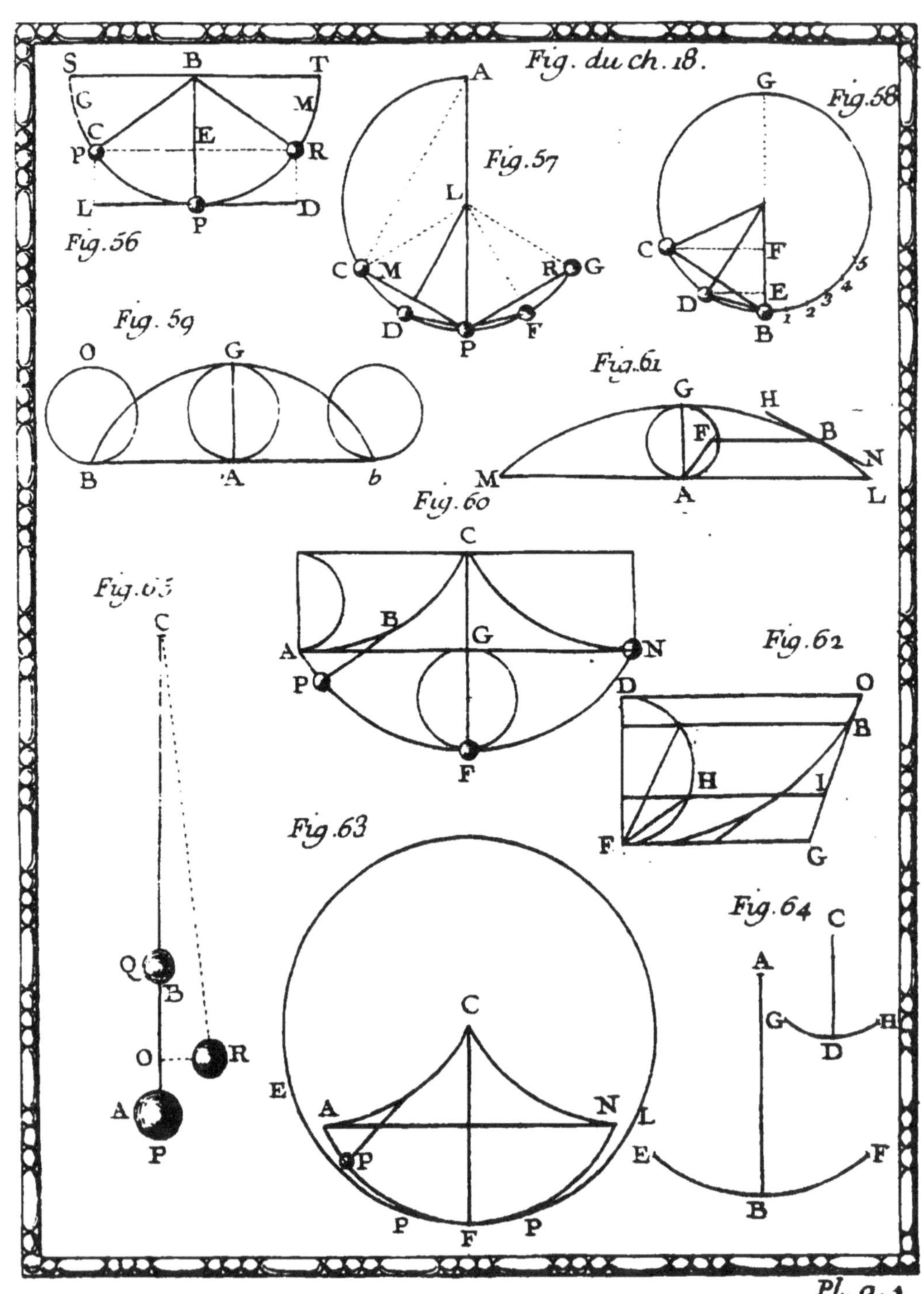

Fig. du ch. 18.
Fig. 56
Fig. 57
Fig. 58
Fig. 59
Fig. 60
Fig. 61
Fig. 62
Fig. 63
Fig. 64
Fig. 65
Pl. 9.

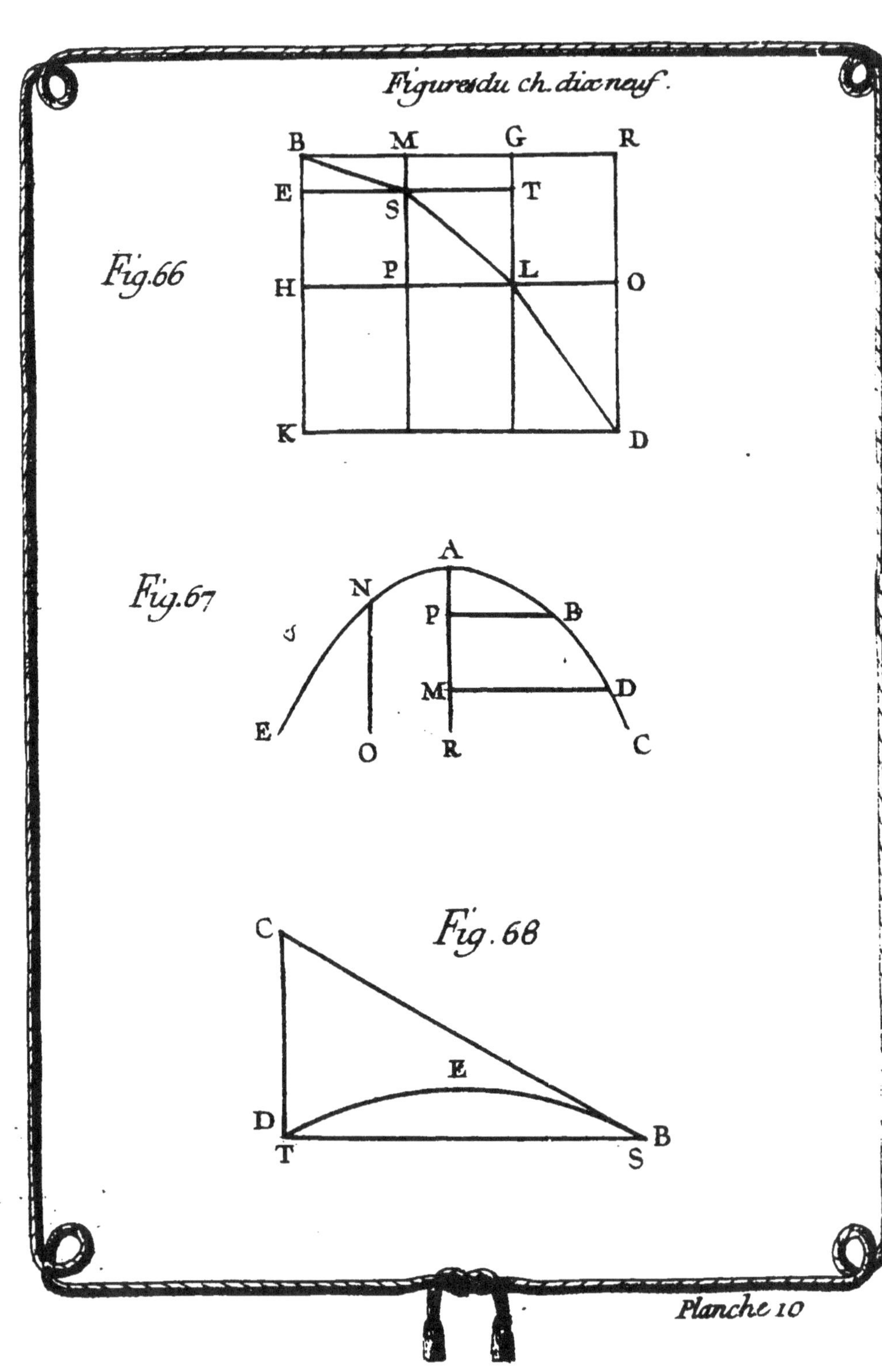

Figures du ch. dix neuf.
Fig. 66
B M G R
E S T
H P L O
K D
Fig. 67
A
N
P B
M D
E
O R C
Fig. 68
C
E
D
T S B
Planche 10

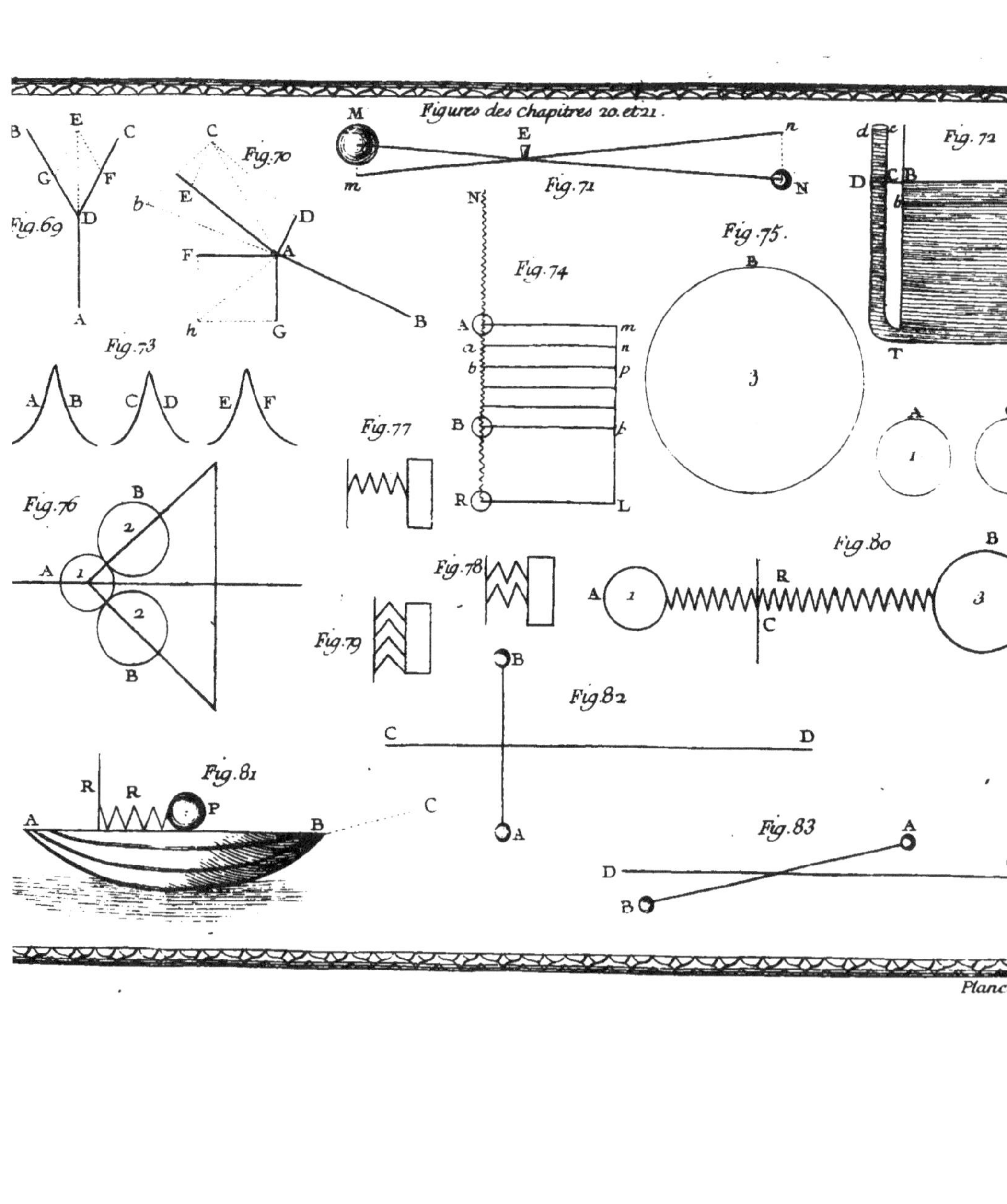

Figures des chapitres 20. et 21.
Fig.69
Fig.70
Fig.71
Fig.72
Fig.73
Fig.74
Fig.75
Fig.76
Fig.77
Fig.78
Fig.79
Fig.80
Fig.81
Fig.82
Fig.83

APPROBATION.

J'Ai lû, par ordre de Monseigneur le Chancelier, un Manuscrit qui a pour titre : *Institutions de Physique*, cet Ouvrage dans lequel on a exposé les principes de la Philosophie de M. Leibnits & ceux de M. Newton, est écrit avec beaucoup de clarté, & je n'y ai rien trouvé qui puisse en empêcher l'Impression. A Paris ce 18 Septembre 1738. *Signé*, PITOT.

PRIVILÉGE DU ROY.

LOUIS, par la grace de Dieu, Roi de France & de Navarre : A nos amés & féaux Conseillers les Gens tenans nos Cours de Parlement, Maîtres des Requêtes ordinaires de notre Hôtel, Grand Conseil, Prévôt de Paris, Baillifs, Sénéchaux, leurs Lieutenans Civils & autres nos Justiciers qu'il appartiendra, SALUT. Notre bien amé LAURENT-FRANÇOIS PRAULT fils, Libraire à Paris, Nous ayant fait remontrer qu'il souhaiteroit faire imprimer & donner au Public un Manuscrit qui a pour titre, *Institutions de Physique* : S'il nous plaisoit lui accorder nos Lettres de Privilége sur ce nécessaires ; offrant pour cet effet de le faire imprimer en bon papier & beaux caractéres, suivant la feuille imprimée & attachée pour modéle sous le contre-scel des Présentes. A ces CAUSES, voulant traiter favorablement ledit Exposant, Nous lui

lui avons permis & permettons par ces Préfen-
tes, de faire imprimer ledit Ouvrage ci-deſſus
ſpécifié en un ou pluſieurs Volumes, conjoin-
tement ou ſéparement, & autant de fois que
bon lui ſemblera, & de le vendre, faire vendre
& débiter par tout notre Royaume pendant le
temps de ſix années conſécutives, à compter du
jour de la date deſdites Préſentes ; Faiſons dé-
fenſes à toutes ſortes de perſonnes de quelque
qualité & condition qu'elles ſoient, d'en introduire d'impreſſion étrangére dans aucun lieu
de notre obéiſſance ; comme auſſi à tous Libraires, Imprimeurs & autres, d'imprimer,
faire imprimer, vendre, faire vendre, débiter,
ni contrefaire ledit Ouvrage ci-deſſus expoſé
en tout ni en partie, ni d'en faire aucuns Extraits
ſous quelque prétexte que ce ſoit d'augmentation, correction, changement de titre, même de traduction étrangére ou autrement, ſans
la permiſſion expreſſe & par écrit dudit Expoſant ou de ceux qui auront droit de lui, à
peine de confiſcation des Exemplaires contre-
faits, de trois mille livres d'amende contre chacun des contrevenans, dont un tiers à nous,
un tiers à l'Hôtel Dieu de Paris, l'autre tiers
audit Expoſant, & de tous dépens, dommages
& intérêts, à la charge que ces Préſentes ſeront
enregiſtrées tout au long ſur le Regiſtre de
la Communauté des Libraires & Imprimeurs
de Paris, dans trois mois de la date d'icelles, que
l'impreſſion de cet Ouvrage ſera faite dans notre

tre Royaume & non ailleurs ; & que l'Impe-
trant se conformera, en tout aux Réglemens de
la Librairie, & notamment à celui du dixiéme
Avril mil sept cent vingt-cinq, & qu'avant que
de l'exposer en vente, le Manuscrit ou Imprimé
qui aura servi de Copie à l'impression dudit Ouvrage, sera remis dans le même état où l'Approbation y aura été donnée, ès mains de notre
très-cher & féal Chevalier le Sieur Daguesseau,
Chancelier de France, Commandeur de nos
Ordres ; & qu'il en sera ensuite remis deux
Exemplaires dans notre Bibliotheque Publique,
un dans notre Château du Louvre, & un dans
celle de notredit très-cher & féal Chevalier le
Sieur Daguesseau, Chancelier de France, Commandeur de nos Ordres ; le tout à peine de nul-
lité des Présentes ; du contenu desquelles vous
mandons & enjoignons de faire jouir l'Exposant
ou ses ayans cause pleinement & paisiblement,
sans souffrir qu'il leur soit fait aucun trouble ou
empêchement : Voulons que la Copie desdites
Présentes, qui sera imprimée tout au long au
commencement ou à la fin dudit Ouvrage, soit
tenue pour dûement signifiée, & qu'aux Copies
collationnées par l'un de nos amés & féaux Conseillers & Secretaires, foi soit ajoûtée comme à
l'Original ; commandons au premier notre
Huissier ou Sergent de faire pour l'exécution
d'icelles tous Actes requis & nécessaires sans
demander autre permission, & nonobstant Cla-
meur de Haro, Charte Normande & Lettres à

ce

ce contraires : Car tel est notre plaisir, donné à Paris le quatorziéme jour d'Avril, l'An de grace mil sept cent quarante, & de notre Régne le vingt-cinquiéme. Par le Roy en son Conseil

Signé, S A I N S O N.

Régistré sur le Registre dix de la Chambre Royale des Libraires & Imprimeurs de Paris N°. 357. Fol. 346. conformément aux anciens Reglemens, confirmés par celui du 28. Février 1723. A Paris le 21. Avril 1740.

Signé, S A U G R A I N, Syndic.

A PARIS. De l'Imprimerie de PRAULT pere.

CATALOGUE

DES LIVRES QUI SE VENDENT
à Paris chez PRAULT fils, Libraire,
Quay de Conty, vis-à-vis la defcente du
Pont-neuf, à la Charité, 1740.

De Monfieur DE VOLTAIRE.

LA Henriade, Poëme, derniere édition, confidérable-
ment augmentée & corrigée, 1737. in-8°.
Elemens de la Philofophie de Newton, feconde édition,
marquée de Londres, in-8°. *figures.*
La Vie de Moliere, avec des Jugemens fur fes Ouvrages,
1739. in-12.
Oedipe, *Tragedie*, in-8°.
Herode & Marianne, *Tragedie*, in-8°.
Brutus, *Tragedie*, in-8°.
L'Indifcret, *Comedie*, in-8°.
L'Enfant Prodigue, *Comedie*, in-8°.

De Monfieur DE CREBILLON *fils*.

Lettres de la Marquife de M**, au Comte de R**, nouvelle
édition, à laquelle on a joint le Silphe, du même Auteur,
2. vol. in-12.
Les Egaremens du Cœur & de l'Efprit, ou les Mémoires de
M. de Meilcourt, 1738. 3. *Parties*, in-12.

De Monfieur l'Abbé PREVOST.

Le Philofophe Anglois, ou la vie de M. de Clevand, nouvelle édition, 8. vol. in-12. les trois derniers volumes fe
vendent féparément.

Mémoires & Avantures d'un homme de qualité qui s'est retiré du monde, 1732. 7. *vol.* in-12. le septiéme se vend séparément.

De Monsieur DE MARIVAUX.

La Vie de Marianne, ou les Avantures de Madame la Comtesse de M***. 8. *Parties* in-12. *elles se vendent séparément.*

Le Payfan parvenu ou les Mémoires de M***. 1736. cinq *Parties* in-12. *elles se vendent séparément.*

Le Spectateur François, 1728. 2. vol. in-12.

De Monsieur DE MONCRIF, *de l'Académie Françoise.*

Effay sur la néceffité & sur les moyens de plaire, seconde édition, 1738. in-12.

Les Ames rivales, hiftoire fabuleufe, & le Temple de Gnide, nouvelle édition, 1732. in-12.

De différens Auteurs.

Hiftoire de la Poëfie Françoise, avec une défense de la Poëfie, *par M. l'Abbé* MASSIEU, de l'Académie Françoise, 1739. in-12.

Les Oeuvres de M l'Abbé DE PONS, contenant divers excellens Ouvrages de belles Lettres, 1738. in-12.

Remarques de Vaugelas fur la Langue Françoise, avec les Notes de Thomas Corneille, nouvelle édition, augmentée de celle de M. Patru, 1738. 3. vol. in-12.

Dictionnaire Italien, Latin, & François, *par M. l'Abbé* ANTONINI, 1738. in-4°. *le Tome second contenant le Dictionnaire François Italien, fous preffe.*

Le Siége de Calais, nouvelle Hiftorique, 1739. in-12. troifiéme édition.

La Payfanne parvenuë, ou les Mémoires de Madame la Marquife de L. V. *par M. le Chevalier* DE MOUY, 1738. *douze Parties*, in-12. *figures.*

Le Diable Boiteux, *par M.* LE SAGE, nouvelle édition 1737. 2. vol. in-12. *figures.*

Les Oeuvres de Madame de Villedieu, nouvelle édition, 12. vol. in-12 *fous preffe.*

Inftitutions de Phyfique, 1740. in-8°. *figures.*

Mémoires de M. DU GUAY-TROUIN, 1740. in-4°.

Hiftoire des Incas du Perou, nouvelle Traduction de
l'Efpagnol de GARCILLASSO DE LA VÉGA, ornée de *Cartes*
& de *Figures*, 1739. 2 vol. in-8°. *fous preffe.*
La Vie du Pape Sixte cinq, traduit de l'Italien de Gregorio
Leti, 1737. 2 vol. in-12. *figures.*
Traité de Mufique Theorique & Pratique, *par M.* RAMEAU,
1737. in-8°. *figures,*

Ouvrages imprimés à Trevoux.

LE Dictionnaire critique & hiftorique, *de M.* BAYLE,
1734. 5 vol in-fol.
Oeuvres diverfes *du même*, édition augmentée de plufieurs
Ouvrages de cet Auteur qui n'ont point encore paru,
1737. 4 vol. in-fol. *On trouve du tome quatrième féparément.*
DuDroit de la Nature & des Gens, *par* PUFFENDORF, avec les
Commentaires de M. DE BARBEYRAC, 1739. 3 vol. in-4°.
Les Devoirs de l'homme & du Citoyen par le même 2. vol.
in-12. 1740.
Hiftoire des Révolutions d'Angleterre, depuis le commen-
cement de la Monarchie, *par le P.* DORLEANS, 1737.
4. vol. in-12. *figures.*
Les interefts prefens des Puiffances de l'Europe, *par M.*
ROUSSET, 1737. 17. vol. in-12.
L'Hiftoire d'Angleterre, *par M.* RAPIN THOIRAS, tomes. 11.
12. & 13. 1737. in-4°.
Memoires de M. le Maréchal DE VILLARS, derniere édition,
1735. 3 vol. in-12.
Memoires de M. le Maréchal Duc DE BERWICK, 1738.
2. vol. in-12.
Les Effais de Michel, Sieur DE MONTAGNE, nouvelle édition,
1739. 6 vol. in-12.
Lettres galantes de Madame DU NOYER, nouvelle édition,
à laquelle on a joint les Memoires, 1738. 6. vol. in-12.
Les Poëfies de M. l'Abbé de Chaulieu, & du Marquis de
la Farre, nouvelle édition, 2. vol. in-8°. 1739.

THEATRES.

Le Théatre François, ou Recüeil des meilleures Pieces de
l'ancien Théatre, 1737. 12. vol. in-12.
LesOeuvres deRacine, dern.Edit. 1736. 2.vol.in-12. *figures.*

Le Théatre de Quinault, nouvelle édition, 1739. 5. vol. in-12.
Oeuvres de Campistron, nouvelle édition, 1739. 2. vol.
Le Théatre de M. de Montfleury, pere & fils, nouvelle
    édition, 1739. 3. vol. in-12.
Oeuvres de Champmeslé, 1735. 2. vol. in-12.
Oeuvres de Renard, derniere édition, 1731. 5. vol. in-12.
Théatre de Legrand, deniére édition, 1731. 4. vol. in-12.
Oeuvres de M. de Crebillon, derniere édition, 1735. 2. vol.
    in-12.
Oeuvres de Théatre de M. Nericault Destouches, 1736. 3.
    vol. in-12.
Le Théatre François & Italien de M. de Boissy, 6. vol. in-8°.
La Bibliotheque des Théatres, 1733. in-8°.
Le Théatre de M. Piron, un volume in-8°. contenant,
    Les Fils ingrats, *Comedie.*
    Calistenes, *Tragedie.*
    Gustave, *Tragedie.*
    Les Courses de Tempé, *Pastorale.*
    La Métromanie, *Comedie.*

Toutes ces Piéces se vendent séparement.

Le nouveau Théatre François, ou Recueil des meilleures
    Piéces représentées depuis quelques années, 1739. 3. vol.
    in-8°. contenant,

Tome premier.	Les Caractéres de Thalie, *Comedie.*
Sabinus, *Tragedie.*	Lisimachus, *Tragedie.*
Abensaïd, *Tragedie.*	Le Fat puni, *Comedie.*
Les Amans déguisés, *Comedie.*	
Pharamond, *Tragedie.*	
Le Retour de Mars, *Comedie.*	*Tome troisiéme.*
	Médus, *Tragedie.*
Tome second.	Le Somnambule, *Comedie.*
	Mahomet II. *Tragedie.*
Teglis, *Tragedie.*	Bajazet premier, *Tragedie.*
Childeric, *Tragedie.*	

Toutes ces Piéces se vendent séparement.

[illegible]

BIBLIOTHÈQUE
NATIONALE

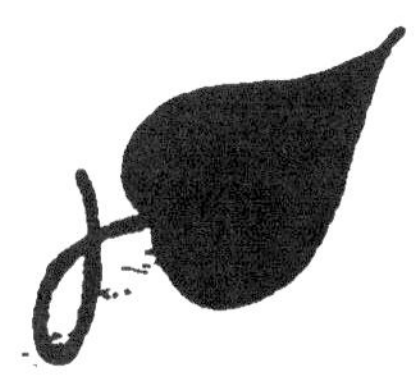

CHÂTEAU
de
SABLÉ

1986